测绘行业职业教育工学结合一体化规划教材

地理信息系统

主　编　赵会丽

副主编　朱文军　杨志军　琚丽君　王翰钊

主　审　杨晓超　曾朝平

黄河水利出版社

·郑州·

内容提要

本书是在参阅有关地理信息系统教材、专著、网页等基础之上,结合多年地图制图与GIS专业教学和研究实践编写而成的。全书共分为7个项目:项目1认识GIS;项目2空间数据的获取;项目3空间数据的处理;项目4空间数据的管理;项目5空间查询与空间分析;项目6 GIS产品输出;项目7 3S技术综合应用。每个项目首先是项目概述、学习目标,然后项目下分多个任务,每个任务包括任务描述、相关知识、任务实施3个部分,内容实用性和适用性强,具有普遍性和可操作性,简明易懂。

本书可作为高、中等职业院校测绘、地理、地质、城市规划、市政管理、土地、资源与环境等专业教材,也可供从事这些专业的相关工作人员参考。

图书在版编目(CIP)数据

地理信息系统/赵会丽主编.—郑州:黄河水利出版社,2015.8 (2022.9 重印)
ISBN 978-7-5509-1106-2

Ⅰ.①地… Ⅱ.①赵… Ⅲ.①地理信息系统 Ⅳ.①P208

中国版本图书馆CIP数据核字(2015)第084171号

策划编辑:陶金志 电话:0371-66025273 E-mail:838739632@qq.com

出 版 社:黄河水利出版社 网址:www.yrcp.com
地址:河南省郑州市顺河路黄委会综合楼14层 邮政编码:450003
发行单位:黄河水利出版社
发行部电话:0371-66026940、66020550、66028024、66022620(传真)
E-mail:hhslcbs@126.com
承印单位:河南承创印务有限公司
开本:787 mm×1 092 mm 1/16
印张:12.5
字数:300千字
版次:2015年8月第1版 印次:2022年9月第2次印刷

定价:35.00元

前 言

地理信息系统(Geographic Information System,简称 GIS)是一种特定而又十分重要的空间信息系统。它是在计算机硬、软件系统支持下,对整个或部分地球表层(包括大气层)空间中的有关地理分布数据进行采集、储存、管理、运算、分析、显示和描述的技术系统。

本书是作者在参阅国内外有关地理信息系统的专著、教材、网页等基础之上,结合多年地图制图与 GIS 专业教学和研究实践编写而成的。全书采用基于工作过程、项目引领、任务驱动的思路编写,以地理空间数据的采集、表达、处理、管理、查询、分析与可视化为主线,围绕地理空间数据的各项处理工作这一核心展开;力求为读者创造一个“真实的学习和工作环境”,使理论教学与实践训练有机结合,相互融通;理论知识的选取紧紧围绕完成工作任务的需要来进行,既能够用理论指导实践,又能从实践中归纳总结,从而提升理论知识的学习和应用,体现“用起来的知识才是有用的知识”。

全书共分为 7 个项目:项目 1 认识 GIS;项目 2 空间数据的获取;项目 3 空间数据的处理;项目 4 空间数据的管理;项目 5 空间查询与空间分析;项目 6 GIS 产品输出;项目 7 3S 技术综合应用。每个项目首先是项目概述、学习目标,然后项目下分多个任务,每个任务包括任务描述、相关知识、任务实施 3 个部分。

本书可作为高、中等职业院校测绘、地理、地质、城市规划、市政管理、土地、资源与环境等专业教材,也可供从事这些专业的相关工作人员参考。

在本书编写过程中,黄河勘测规划设计有限公司信息中心王新福高级工程师参与了大纲的制定,河南省地图院杨晓超高级工程师和郑州测绘学校地图制图与 GIS 教学部曾朝平讲师主审了全书,并提出了许多指导意见,作者在此一并表示感谢。同时,本书在编写过程中,引用了同类教材的部分内容,在此谨向有关作者表示衷心的感谢。

由于编者水平和时间有限,书中难免存在缺点和错误,恳请读者在使用过程中多提宝贵意见,以便今后进一步修改完善。

编 者

2015 年 2 月

目　录

项目1 认识GIS

【项目概述】

通过相关知识的学习,掌握GIS的基本概念,明白GIS是什么以及它能做什么,了解当前几种主流的GIS软件;通过到校企合作单位参观和企业技术人员的讲解,对本课程所对应的岗位有比较直观的认识,初步了解GIS数据生产的工作内容和工作流程,以及从事该岗位工作所需的职业能力和素质要求。

本项目由GIS概述和职业岗位分析2个学习型任务组成,通过任务的实施,为读者从事GIS技术岗位工作打下基础。

【学习目标】

知识目标:

(1)掌握地理信息、地理数据、GIS的基本概念。

(2)掌握GIS的特点,理解GIS与MIS、CAD\CAM的区别与联系。

(3)掌握GIS的组成和类型,理解GIS的相关学科与技术。

技能目标:

(1)能认识GIS的组成,了解GIS的功能。

(2)能进行MapGIS和MapInfo软件的基本操作。

任务1 什么是GIS

【任务描述】

通过相关知识的学习,以及利用GIS软件平台,了解GIS的基本功能模块,进一步理解GIS的基本概念、组成和功能。

【相关知识】

随着计算机技术的迅速发展,人类社会的发展进入信息时代,信息已成为社会赖以发展的重要基础,信息技术乃高新技术之首。地理空间信息技术覆盖许多领域,其中包括遥感、地图制图、测绘和摄影测量等,但要在地理空间信息技术中将这些不同领域的数据整合起来,则需要地理信息系统技术。

1 GIS的基本概念

1.1 信息和数据

数据(Data)是一种载存信息的物理符号,是对客观对象的表示,即数据是一种未经加工的原始资料。数字、文字、符号、图形、图像都是数据。

信息(Information)是用文字、数字、符号、语言、图像等介质来表示事件、事物、现象等的内容、数量或特征,作为生产、建设、经营、管理、分析和决策的依据。比如,一个人的信息包括姓名、性别、民族、籍贯、受教育程度、工资收入等内容。信息具有客观性、适用性、可传输性和共享性等特征。

信息来源于数据,是数据内涵的意义,是数据的内容和解释。例如,从测量数据中可以确定对象的形状、大小和位置等信息;从遥感图像中可以提取探测对象的大小、形状和专题信息。

1.2 地理信息

地理信息(Geographic Information)是指与地理空间分布有关的信息,它是有关地理实体的性质、特征和运动状态的表征及一切有用的知识。地理信息属于空间信息,是对表达地理特征与地理现象之间关系的地理数据的解释。与一般信息的区别在于地理信息具有区域性、多维性和动态性。

区域性是指地理信息的位置定位特征。地理信息的空间位置是通过地理坐标加以表达的。比如用经纬网或公里网来标志空间位置,或用高斯平面直角坐标和国家高程基准来标志空间位置。例如,昆明市位于东经102°10′~103°40′,北纬24°23′~26°22′,市中心位于东经102°42′,北纬25°02′。

多维性是指在一个空间位置上具有多个专题和属性信息。例如,在地面上有一污水处理厂出水口,该出水口不但有平面坐标、高程等信息,还有水流量和污染程度等信息。

动态性是指地理信息的动态变化特征,即时序特征。地理信息时序性可以为超短期的(如地震、地质滑坡)、短期的(如洪涝灾害、秋季低温)、中期的(如西南旱情对农作物的影响)、长期的(如城市化、水土流失)、超长期的(如地壳变动、气候变化)等。这就要求及时采集和更新地理信息,并根据多时相区域性指定特定的区域。例如,在进行土地利用更新调查时,采用先期某个时相的遥感影像数据和当前现势性较强的遥感影像数据进行对比,发现变更区域。

1.3 地理数据

地理数据是各种地理特征和现象间关系的数字化表示,包括空间位置、属性特征及时态特征三部分。空间位置数据描述地物所在位置,既可以采用坐标系统来描述,也可以采用地物间的相对位置,如空间上的距离、邻接、方位等关系来描述;属性特征数据是非空间数据,用来描述一定地理现象或地物的特征,包括语义与统计数据等;时态特征是指地理数据采集或地理现象发生的时刻或时段。

从地理实体到地理数据,然后到地理信息的发展,反映了人类认识的一个巨大飞跃。信息是近代科学的一个专门术语,是客观世界中继物质和能量之后的第三个现代科学的基本概念,已广泛应用于社会的各个领域。

1.4 信息系统

信息系统是指加工和处理信息的系统,可以对信息进行采集、处理、传输、管理、检索、分析等,以便为决策过程提供有用的信息。

在计算机时代,信息系统部分或全部由计算机系统支持,并由计算机硬件、软件、数据和用户四大要素组成。另外,智能化的信息系统还包括知识。信息系统具有四大功能,即对信息的采集、管理、分析、表达。

1.5 地理信息系统

地理信息系统是由计算机硬件、软件和不同的方法组成的系统,该系统设计用来支持空间数据的采集、管理、处理、分析、建模和显示,以便解决复杂的规划和管理问题。

在现代社会中,空间信息的分析和利用已越来越广泛。

在高新技术条件下,飞机已成为主要的作战兵器。尽管隐形飞机正在发展中,但与之相对抗的雷达等防空系统也在发展,如何保证作战飞机能以最安全的路线和方式通过敌人的防空系统呢?在海湾战争中,美国空军电子安全指挥部研制的IMOM软件,可以在标明伊拉克防空情况的电子地图上,通过分析,自动确定并显示最安全的飞行路线图,并可为飞行员指明何时、如何干扰敌方雷达,何处是敌方雷达因地形阻拦而形成的盲区,敌方武器红外或热寻的装置和监视设备的有效范围等,保证了作战飞机以最安全的路线和方式突入敌区,实施空袭。

我国许多城市建立的"110"报警台,以及与之相应的公安指挥自动化系统,都涉及空间信息的分析利用。当接到报警电话后,公安指挥自动化系统可通过电话号码的定位信息,自动显示事发地区的平面图;根据案件的发生地点、类型等,自动确定需要封锁的半径和路口;根据案发地区的警力状况(如人员、武器配置等),迅速调集警力,完成治安任务。

在经济建设中涉及的空间信息的分析和利用的情况更多。例如在市政建设中,在进行旧城改造、开辟或拓宽道路时,如果没有关于地下管网的准确的空间信息,就难以避免煤气管道、电缆等被挖断的情况,往往会造成重大损失。

即使在日常生活中,需要空间信息并对其加以分析利用的情况也比比皆是。当一个人从火车站出来,面对一个繁华而陌生的城市时,如果有一个道路咨询信息系统(如手机导航),那么他只要按一下相关按钮,就可知道自己所处的位置,只要他给出需要到达的地方,系统就会告诉他最便捷的交通路线和方法等。

上述例子中的共同特征是:它们都需要对空间信息根据特定的目的和要求进行分析和利用,而地理信息系统就是一门处理地理空间数据的高新技术。

地理信息系统处理、管理的对象是多种地理空间实体数据及其关系,包括空间定位数据、图形数据、遥感图像数据、属性数据等,用于分析和处理在一定地理区域内分布的各种现象和过程,解决复杂的规划、决策和管理问题。地理信息系统应用领域极为广阔,以上所举的几个例子只是地理信息系统在某些方面的应用。

通过上述的分析和定义可得出GIS的如下基本理解:

(1)GIS的物理外壳是计算机化的技术系统,它又由若干个相互关联的子系统构成,如数据采集子系统、数据管理子系统、数据处理和分析子系统、图形图像处理子系统、数据产品输出子系统等,这些子系统的优劣、结构,直接影响着GIS的硬件平台、功能、效率、数据处理的方式和产品输出的类型等方面。

(2)GIS的操作对象是空间数据,即点、线、面、体等这类有三维要素的地理实体。空间数据的最根本特点是每一个数据都按统一的地理坐标进行编码,实现对其定位、定性和定量的描述,这是GIS区别于其他信息系统的根本标志,也是其技术难点之所在。

(3)GIS的技术优势在于它的数据综合、模拟与分析评价能力,可以得到常规方法或普通信息系统难以得到的重要信息,实现地理空间过程演化的模拟和预测。

(4)GIS与测绘学和地理学有着密切的关系。大地测量、工程测量、矿山测量、地籍测量、航空摄影测量和遥感技术等为GIS中的空间实体提供各种不同比例尺和精度的定位数据;电子速测仪、GPS全球定位技术、解析或数字摄影测量工作站、遥感图像处理系统等现代测绘技术的使用,可直接、快速和自动地获取空间目标的数字信息产品,为 GIS 提供丰富和更为实时的信息源,并促使 GIS 向更高层次发展。地理学是 GIS 的理论依托。有的学者断言,地理信息系统和信息地理学是地理科学第二次革命的主要工具和手段。如果说 GIS 的兴起和发展是地理科学信息革命的一把钥匙,那么,信息地理学的兴起和发展将是打开地理科学信息革命的一扇大门,必将为地理科学的发展开辟一个崭新的天地。GIS 被誉为地学的第三代语言——用数字形式来描述空间实体。

2　GIS 的发展

2.1　国际上 GIS 的发展概况

1963 年,加拿大测量学家 R. F. Tomlinson 首先提出了地理信息这一术语,随着技术的进步、社会的需求、有关组织机构的建立,GIS 迅速发展起来。总的来讲,GIS 的发展可分为以下几个阶段。

2.1.1　20 世纪 60 年代地理信息系统的产生阶段

20 世纪 50 年代,随着电子计算机科学的兴起和它在航空摄影测量学与地图制图学中的应用以及政府部门对土地利用规划与资源管理的要求,人们开始有可能用电子计算机来收集、存储、处理各种与空间和地理分布有关的图形和有属性的数据,并通过计算机对数据的分析来直接为管理和决策服务,这才导致了现代意义上的地理信息系统的问世。

1956 年,奥地利测绘部门首先利用电子计算机建立了地籍数据库,随后各国的土地测绘和管理部门都逐步发展土地信息系统(LIS)用于地籍管理。1971 年建立了世界上第一个 GIS——加拿大地理信息系统(CGIS),用于自然资源的管理和规划。随后,美国哈佛大学研究出 SYMAP 系统软件。由于当时计算机水平的限制,GIS 带有更多的机助制图色彩,地学分析功能极为简单。与此同时,国外许多与 GIS 有关的组织和机构纷纷建立。例如,美国 1966 年成立了城市和区域信息系统协会(URISA),1969 年又建立起州信息系统全国协会(NASIS);国际地理联合会(IGU)于 1968 年设立了地理数据收集和处理委员会(CGDSP)。这些组织和机构的建立为传播 GIS 知识、发展 GIS 技术起了重要的推动作用。

2.1.2　20 世纪 70 年代地理信息系统的发展阶段

由于计算机硬件和软件技术的飞速发展,GIS 朝着实用方向迅速发展,一些发达国家先后建立了许多专业性的土地信息系统和地理信息系统。例如,从 1970 年至 1976 年,美国地质调查局就建成 50 多个 GIS,加拿大、德国、瑞典和日本等国也相继发展了自己的 GIS。与此同时,一些商业公司开始活跃起来,GIS 软件在市场上受到欢迎。许多大学和研究机构开始重视 GIS 软件设计及应用的研究。据统计,在 20 世纪 70 年代有 300 多个系统投入使用,其中较完整的系统软件就有 80 个之多。同时,许多大学(如美国纽约州立大学等)开始注意培养 GIS 方面的人才,创建了 GIS 实验室。

2.1.3　20 世纪 80 年代地理信息系统的突破阶段

随着计算机的发展,推出了图形工作站和个人计算机等性能价格比大为提高的新一代计算机,计算机和空间信息系统在许多部门广泛应用。随着计算机软、硬件技术的发展和普及,地理信息系统也逐渐走向成熟。这一时期是地理信息系统发展的重要时期。计算机价格的大幅度下降,功能较强的微型计算机系统的普及,图形输入、输出和存储设备的快速发展,大大推动了地理信息系统软件的发展。大量的微机 GIS 软件系统的研制,推动了 GIS 的数据处理能力，空间分析功能，人机交互对话技术，地图的输入、编辑和输出技术的进一步发展，GIS 逐渐走向成熟。地理信息系统的应用从解决基础设施的规划（如道路、输电线等）转向更加复杂的区域开发问题。

2.1.4 20 世纪 90 年代地理信息系统技术全面应用阶段

20 世纪 90 年代以来，随着地理信息产业的建立和地球数字化产品的普及应用，GIS 的发展进入用户时代。这一期间，社会对 GIS 的认识普遍提高，对 GIS 的需求大幅度增加，GIS 已成为许多机构（特别是政府决策部门）必备的工作系统。国家级乃至全球级的地理信息系统已成为公众关注的问题，地理信息系统已被列入"信息高速公路"计划，也是美国前副总统戈尔提出的"数字地球"战略的重要组成部分。"数字地球"最初是由美国副总统戈尔于 1998 年 1 月 3 日在加利福尼亚科学中心召开的"OpenGIS Consortium"年会上提出来的，很快得到了很多国家的响应。他认为，"数字地球"是指以地球坐标为依据的、具多分辨率的、由海量数据组成的、能立体表达的虚拟地球。

2.2 我国地理信息系统的发展概况

我国地理信息系统的起步稍晚，但发展势头相当迅猛，大致可分为以下三个阶段。

2.2.1 20 世纪 70 年代的起步阶段

从 20 世纪 70 年代初，我国开始探讨计算机在地图制图和遥感领域中的应用。

1976 年，召开了第一次遥感会议。

1977 年，诞生了我国第一张由计算机输出的全要素地图。

1978 年，召开了第一次全国数据库学术讨论会。

2.2.2 20 世纪 80 年代的发展阶段

自 20 世纪 80 年代起，我国地理信息系统方面的工作开始展开。以 1980 年中国科学院遥感应用研究所成立全国第一个地理信息系统研究室为标志，在几年的起步发展阶段中，我国地理信息系统在理论探索、硬件配置、软件研制、规范制定、区域试验研究、局部系统建立、初步应用试验和技术队伍培养等方面都取得了进步，积累了经验，为在全国范围内展开地理信息系统的研究和应用奠定了基础。地理信息系统进入发展阶段的标志是第七个五年计划。地理信息系统研究作为政府行为，正式被列入国家科技攻关计划，开始了有计划、有组织、有目标的科学研究、应用试验和工程建设工作。许多部门同时开展了地理信息系统研究与开发工作。例如，全国性地理信息系统（或数据库）实体建设，区域地理信息系统研究和建设，城市地理信息系统、地理信息系统基础软件或专题应用软件的研制和地理信息系统教育培训。通过近 5 年的努力，地理信息系统技术上的应用开创了新的局面，并在全国性应用、区域管理、规划和决策中取得了实际的效益。

2.2.3 20 世纪 90 年代的快速发展阶段

自 20 世纪 90 年代起，地理信息系统步入快速发展阶段。执行地理信息系统和遥感联合科技攻关计划，强调地理信息系统的实用化、集成化和工程化，力图使地理信息系统从初步发展时期的研究试验、局部应用走向实用化和生产化，为国民经济重大问题提供分析和决策依据。努力实现基础环境数据库的建设，推进国产软件系统的实用化、遥感和地理信息系统技术一体化。在地理信息系统的区域工作重心上，出现了"东移"和"进城"的趋向，促进了地理信息系统在经济相对发达、技术力量比较雄厚、用户需求更为急迫的地区和城市首先实用化。这期间开展的主要研究及今后尚需进一步发展的领域有：重大自然灾害监测与评估系统的建设和应用;重点产粮区主要农作物估产;城市地理信息系统的建设与应用;数字化测绘技术体系的建立;国家基础地理信息系统建设与应用;专业信息系统与数据库的建设和应用;基础通用软件系统的研制与建立;地理信息系统规范化与标准化;基于地理信息系统的数据产品研制与生产。同时,经营地理信息系统业务的公司逐渐增多,国产的 GIS 软件,如 SuperMap、MapGIS、GEOWAY、GeoStar 等,发展势头强劲,有的已经进入了国际市场,占有了一席之地。

总之,我国地理信息系统事业经过近 30 年的发展,取得了重大的进展。地理信息系统的研究和应用已走向了产业化。

3 地理信息系统的构成

完整的 GIS 主要由四个部分构成,即计算机硬件系统、计算机软件系统、地理空间数据、管理和操作人员,其核心部分是计算机软硬件系统,地理空间数据反映了 GIS 的地理内容,而管理和操作人员则决定系统的工作方式和信息表示方式。地理信息系统的组成可综合表示为图 1-1。

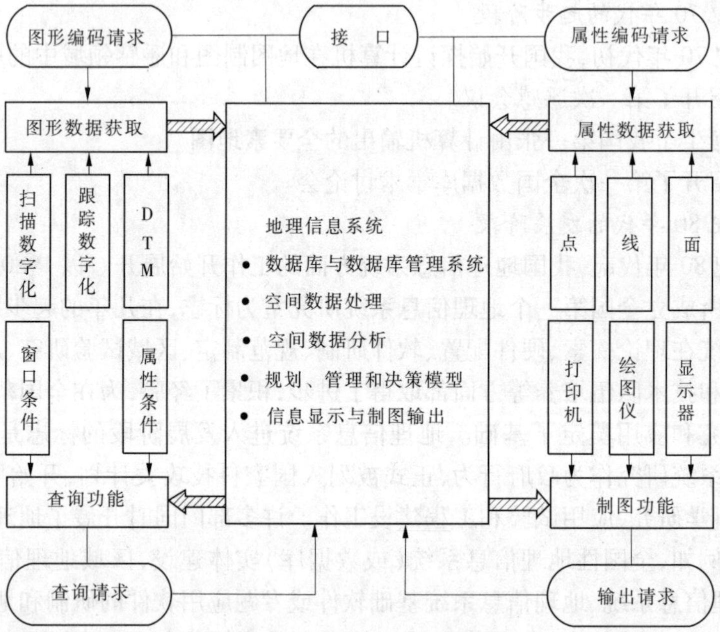

图 1-1 地理信息系统的组成

3.1 计算机硬件系统

计算机硬件是计算机系统中的实际物理装置的总称,可以是电子的、电的、磁的、机械的、光的元件或装置,是 GIS 的物理外壳。系统的规模、精度、速度、功能、形式、使用方法甚至软件都与硬件有极大的关系,受硬件指标的支持或制约。GIS 由于其任务的复杂性和特殊性,必须由计算机设备支持。GIS 硬件配置一般包括四个部分,如图 1-2 所示。

(1)计算机主机。

(2)输入设备:数字化仪、扫描仪、手写笔、光笔等。

(3)存储设备:光盘刻录机、磁盘阵列、光盘塔、活动硬盘等。

(4)输出设备:喷墨绘图仪、喷墨打印机、激光打印机等。

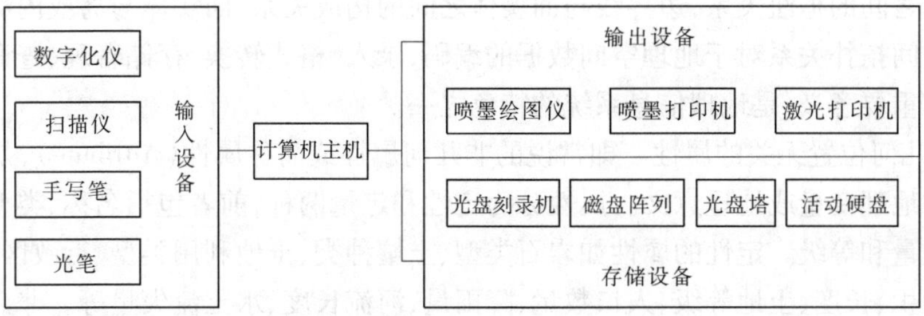

图1-2 GIS硬件的组成

3.2 计算机软件系统

计算机软件系统指GIS运行所必需的各种程序,其层次如图1-3所示。

3.2.1 计算机系统软件

计算机系统软件主要指计算机操作系统。它关系到GIS软件和开发语言使用的有效性,因此也是GIS软硬件环境的重要组成部分。

3.2.2 GIS专业软件和其他支撑软件

GIS专业软件和其他支撑软件包括通用的GIS软件,也包括数据库管理软件等。GIS专业软件一般包含以下主要的核心模块:

(1)数据输入和编辑:支持图形扫描及矢量化,以及对图形和属性数据提供修改和更新等编辑操作。

(2)空间数据管理:能对大型的分布式的多用户数据库进行有效的存储检索和管理。

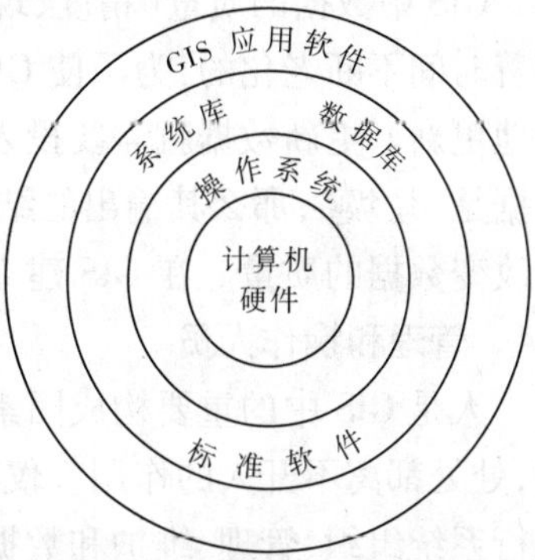

图1-3 计算机软件系统的层次

(3)数据分析与处理:能转换各种标准的矢量格式和栅格格式数据,完成地图投影转换,支持各类空间分析功能。

(4)数据输出:能进行地图制作、报表生成、符号生成、汉字生成和图像显示等。

(5)用户界面:提供生产图形用户界面工具,使用户不用编程就能制作友好和美观的图形用户界面。

(6)系统二次开发:利用提供的应用开发语言,可编写各种复杂的GIS应用系统。

3.3 地理空间数据

地理空间数据是GIS的血液,没有它GIS就无法运行。地理空间数据是指以地球表面空间位置为参照的自然、社会和人文景观数据,可以是图形、图像、文字、表格和数字等,由系统的建立者通过数字化仪、扫描仪、键盘、磁带机或其他通信系统输入到GIS的地理数据库中,是系统程序作用的对象,是GIS所表达的现实世界经过模型抽象的实质性内容。不同用途的GIS,其地理空间数据的种类、精度都是不同的,但基本上包括三种互相联系的数据类型。

(1)某个已知坐标系中的位置。即几何坐标,标志地理实体在某个已知坐标系(如大地坐标系、直角坐标系、极坐标系、自定义坐标系)中的空间位置,可以是经纬度、平面直角坐标、极坐标,也可以是矩阵的行、列数等。

(2)实体间的空间相关性。即拓扑关系,表示点、线、面实体之间的空间联系,如网络结点与网络线之间的枢纽关系,边界线与面实体之间的构成关系,面实体与岛或内部点的包含关系等。空间拓扑关系对于地理空间数据的编码、录入、格式转换、存储管理、查询检索和模型分析都有重要意义,是地理信息系统的特色之一。

(3)与几何位置无关的属性。即常说的非几何属性或简称属性(Attribute),是与地理实体相联系的地理变量或地理意义。属性分为定性和定量两种,前者包括名称、类型、特性等,后者包括数量和等级。定性的属性如岩石类型、土壤种类、土地利用类型、行政区划等,定量的属性如面积、长度、土地等级、人口数量、降雨量、河流长度、水土流失量等。非几何属性一般是经过抽象的概念,通过分类、命名、量算、统计得到的。任何地理实体至少有一个属性,而地理信息系统的分析、检索和表示主要是通过对属性的操作运算实现的。因此,属性的分类系统、量算指标对系统的功能有较大的影响。

GIS 中数据的质量(精度、现势性等)直接影响到 GIS 分析结果的可靠性。由于数据是随着时间不断老化的,为了使 GIS 有效、可靠地发挥作用,GIS 地理数据库中的数据必须不断地更新。更新数据就需要投入,因此 GIS 是需要不断的资金投入的。否则,如果 GIS 中的数据是“垃圾”,那么其输出的结果也将是“垃圾”,不会因为昂贵的设备和高级的技术人才而改变数据的质量。在 GIS 建立初期,GIS 数据采集的经费约占整个系统开发经费的 70%。

3.4 管理和操作人员

人是 GIS 中的重要构成因素。地理信息系统从其设计、建立、运行到维护的整个生命周期,处处都离不开人的作用。仅有系统软硬件和数据还构不成完整的地理信息系统,需要人进行系统组织、管理、维护和数据更新、系统扩充完善、应用程序开发,并灵活采用地理分析模型提取多种信息,为研究和决策服务。

从事 GIS 的工作人员通常可分为以下几类:

一般技术人员——不必知道 GIS 如何工作,任务是数据的输入、结果的输出等。

业务操作人员——应熟练掌握 GIS 的操作,维持 GIS 的日常运行,完成应用任务。

软件技术人员——必须精通 GIS,负责系统的维护、系统的开发、数学模型的建立等。

科研人员——利用 GIS 进行科研工作,并能提出新的应用项目、新的要求和功能等。

管理人员——包括决策、公关等人员,应懂得 GIS 技术,能介绍 GIS 的功能,寻找用户等。

对于一个 GIS 工程,如果只是盲目地引入 GIS 软件,买一些硬件设备,由几个热心的人进行开发、管理和使用,是难以产生应有的效益的,必须有稳定的组织机构来进行 GIS 的开发、管理和使用。

4 地理信息系统的功能

从地理信息数据生产与处理的角度出发,地理信息系统的基本数据流程为数据准备、数据输入、数据管理、数据处理、空间分析和数据输出。因而,地理信息系统软件一般由五部分组成,即空间数据输入管理、空间数据库管理、空间数据分析和处理、空间数据的输出管理及应用模型。

4.1　空间数据输入管理

空间数据输入管理功能是将地理信息系统中各种数据源输入,并将这些数据转换为计算机系统要求的数据格式进行存储。对多种形式、多种来源的信息,可实现多种方式的数据输入。主要有:图形数据输入,如地形图的输入;栅格数据输入,如扫描图像的输入、遥感图像的输入;测量数据输入,如全球定位系统(GPS)数据的输入;属性数据输入,如数字和文字的输入等。

4.2　空间数据库管理

组织和管理数据库中的图形数据、属性数据和拓扑数据,以方便对地理空间数据、属性数据和拓扑数据的查询、更新与编辑处理。

4.3　空间数据分析和处理

空间数据分析和处理是地理信息系统的核心,是地理信息系统区别于其他信息系统的本质特征。其主要功能是对空间数据库中的数据进行计算和分析、处理。例如多边形的面积、周长计算,路径分析,缓冲区分析,空间叠加分析,统计分析等。

4.4　空间数据的输出管理

以表格、图形、图像的方式将地理信息系统中的内容和计算、分析结果输出到显示器、绘图纸或其他介质上。GIS不仅可以输出全要素地图,也可以根据用户需要,分层输出各种专题图、各类统计图、图表及数据等。

4.5　应用模型

由于地理信息系统应用范围非常广泛,常规的地理信息系统软件不能满足特定用户的特殊需求,因而一个优秀的地理信息系统软件会提供二次开发工具,以方便用户开发新的各种应用模型,扩充地理信息系统功能。利用ArcGIS提供的ArcObject组件,用户可以开发满足自己需要的应用程序。

5　地理信息系统与相关学科和技术的关系

地理信息系统是传统科学与现代技术相结合的产物。由于地理信息系统具有强大的空间数据分析能力,因而可为涉及空间数据分析的学科提供技术和方法,同时这些学科的发展又为地理信息系统提供相应的技术与方法。因此,应该了解地理信息系统与相关学科和技术的关系,以便能准确地理解地理信息系统的概念。

GIS是传统科学与现代技术的结合,涉及多门学科和技术。图1-4列出的是一些与GIS关系密切的学科与技术。

GIS是现代科学技术发展和社会需求的产物。人口、资源、环境、灾害是影响人类生存与发展的四大基本问题。为了解决这些问题,必须自然科学、工程技术、社会科学等多学科、多手段联合攻关。于是,许多不同的学科,包括地理学、测量学、地图制图学、摄影测量与遥感学、计算机科学、数学、统计学以及一切与处理和分析空间数据有关的学科,都在寻找一种能采集、存储、检索、变换、处理和显示输出从自然界和人类社会获取的各式各样数据、信息的强有力工具,其归宿就是地理信息系统,或称空间信息系统、资源与环境信息系统。因此,GIS明显地具有多学科交叉的特征,它既要吸取诸多相关学科的精华和营养,逐步形成独立的边缘学科,又将被多个相关学科所运用,并推动它们的发展。GIS的相关学科与技术见图1-5。

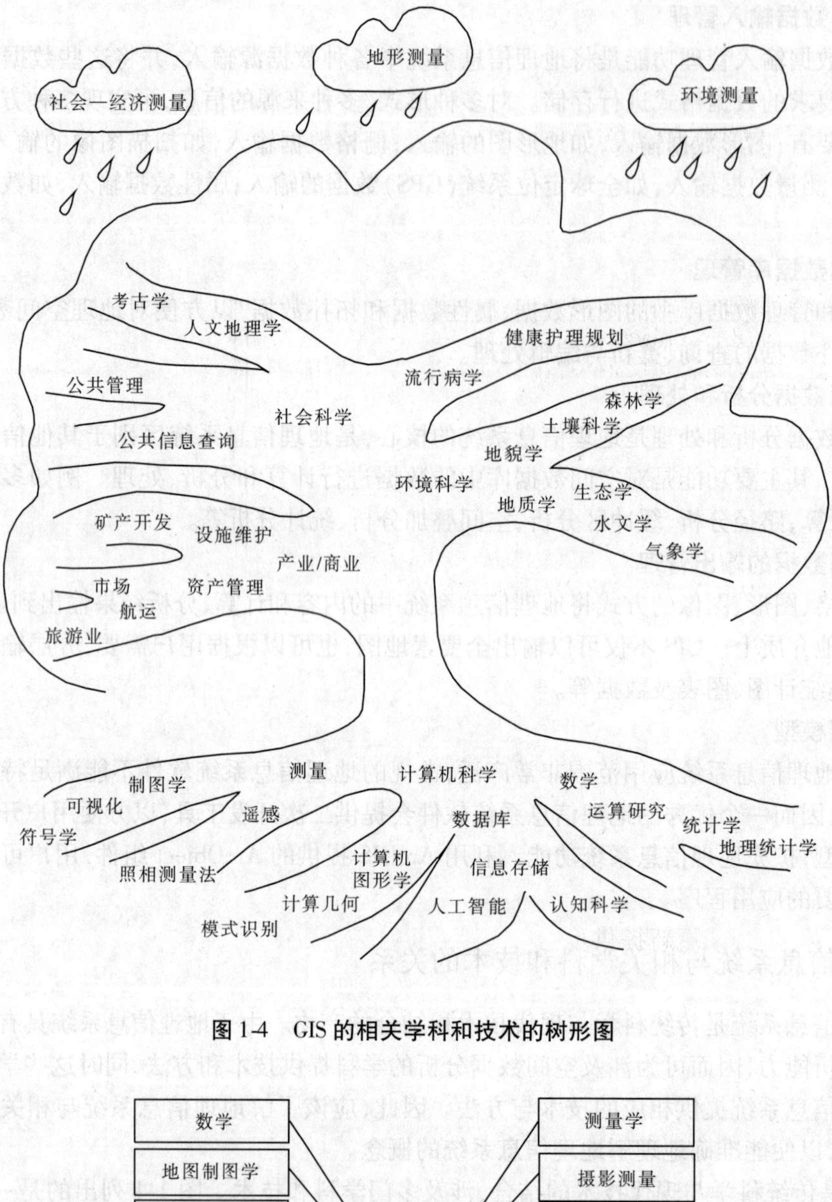

图 1-4　GIS 的相关学科和技术的树形图

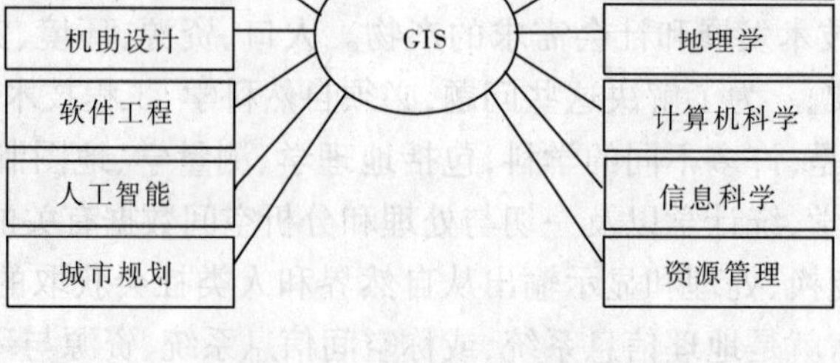

图 1-5　GIS 的相关学科与技术

地理学和测绘学是以地域单元研究人类居住的地球及其部分区域,研究人类环境的结构、功能、演化以及人地关系。空间分析是 GIS 的核心,地理学作为 GIS 空间分析的理论基础,可为 GIS 提供引导空间分析的方法和观点。测绘学和遥感技术不但为 GIS 提供快速、可靠、多时相和廉价的多种信息源,而且它们中的许多理论和算法可直接用于空间数据的变换、处理。

遥感是 20 世纪 60 年代以后发展起来的一门新兴学科。由于遥感信息所具有的多源性,弥补了常规野外测量所获取数据的不足和缺陷,以及在遥感图像处理技术上的巨大成就,因此人们能够从宏观到微观,快速而有效地获取和利用多时相、多波段的地球资源与环境的影像信息,进而为改造自然、造福人类服务。GPS(全球定位系统)是新一代卫星导航和定位系统。美国已于 1993 年完成了整个系统的部署,使其达到全效能服务的阶段。它在测量和勘察领域可以取代常规大地测量来完成各种等级的定位工作。在航空摄影和遥感领域 GPS 遥感对地定位系统很有发展前途。GPS 在舰船、飞机、汽车的导航定位及导弹的精确制导方面应用更为广泛,在地球动力学、重力场、磁场等的研究中也能发挥很大作用。

此外,GIS 最初是从机助制图起步的,早期的 GIS 往往受到地图制图中内容表达、处理和应用方面的习惯影响。但是建立在计算机技术和空间信息技术基础上的 GIS 数据库和空间分析方法,并不受传统地图纸平面的限制。GIS 不应当只是存取和绘制地图的工具,而应当是存取和处理空间实体的有效工具和手段,存取和绘制地图只是其功能之一。

再者,GIS 与计算机科学、数学、运筹学、统计学、认知学等学科也密切相关。计算机辅助设计(CAD)为 GIS 提供了数据输入和图形显示的基础软件;数据库管理系统(DBMS)更是 GIS 的核心;数学的许多分支,尤其是几何学、图论、拓扑学、统计学、决策优化方法等被广泛应用于 GIS 空间数据的分析。

总之,遥感技术可以为资源监测和环境监测提供丰富、实时的宏观信息,并为计算机制图系统和 GIS 的数据更新提供可靠、快速的数据源,但遥感对浩如烟海的社会经济统计数据、人类活动的大量信息却无力获取。计算机制图技术可为地理信息的时空分布和产品输出提供先进的手段,但它本身无区域综合、分析和决策的功能。GPS 技术、数字摄影测量和遥感技术可成为 GIS 数据采集和及时更新的主要技术手段和有力支撑。而 GIS 既能提供信息查询、检索服务,又能提供综合分析评价,它在资源和技术方面的博才与运筹帷幄的优势,是遥感、GPS 和自动制图技术所不及的。因此,只有它们的有机结合,才能使遥感和 GPS 技术所获取的瞬时信息经过积累和延伸,具有反映自然历史发展过程和人为影响的能力,并达到实时处理的功能,为科学管理、规划决策服务。这样,逐步形成了 GIS 与诸多学科之间互相有联系,也有挑战,彼此推动,共同发展的关系和局面。

由此看来,计算机制图、计算机辅助设计、数据库管理系统、遥感图像处理技术等奠定了地理信息系统的技术基础。地理信息系统是这些学科的综合,它与这些学科和系统之间既有联系又有区别,下面将它们逐一加以比较,以突出地理信息系统的特点。

5.1 地理信息系统与数据库管理系统

数据库管理系统目前一般指商用的关系数据库管理系统,如 Oracle、SQL Server、Informix、FoxPro、Sybase 等。它们不仅是一般事务管理系统,如银行系统、财务系统、商业管理系统、飞机订票系统等的基础软件,而且通常也是地理信息系统中属性数据管理的基础软件。目前甚至有些 GIS 的图形数据也交给关系数据库管理系统管理,同时,受 GIS 发展影响,关系数据库管理系统也在向空间数据管理方面扩展,如 Oracle、Informix、Ingres 等都增加了管理空间数据的功能。今后,GIS 中的图形数据和属性数据全部由关系数据库管理系统管理已经成为可能。

但是数据库管理系统和地理信息系统之间还存在着区别。地理信息系统除需要功能强大的空间数据管理功能外,还需要具有图形数据的采集、空间数据的可视化和空间分析等功能。所以,GIS 在硬件和软件方面均比一般事务数据库更加复杂,在功能上也比后者要多得多。例如,电话查号台可看作一个事务数据库系统,它只能回答用户所查询的电话号码,而一个用于通信的地理信息系统除可查询电话号码外,还可提供所有电话用户的地理分布、电话空间分布密度、公共电话的位置与分布、新装用户距离最近的电信公司等信息。

5.2 GIS 与地理学

地理学为 GIS 提供了有关空间分析的基本观点与方法,是地理信息系统的基础理论。GIS 的发展也为地理问题的解决提供了新的技术手段、实现方法和途径,并使地理学研究的数学传统得到充分发挥。

5.3 地理信息系统与 CAD

计算机辅助设计(CAD)是计算机技术用于机械、建筑、工程和产品设计的系统,它主要用于范围广泛的各种产品和工程的图形,大到飞机,小到微芯片等。CAD 主要用来代替或辅助工程师们进行各种设计工作,也可以与计算机辅助制造(CAM)系统共同用于产品加工中作实时控制。

GIS 与 CAD 系统的共同特点是二者都有坐标系统,都能描述和处理图形数据及其空间关系,也都能处理非图形属性数据。它们的主要区别是,CAD 处理的多为规则的几何图形及其组合,图形功能极强,属性功能相对较弱。而 GIS 处理的多为地理空间的自然目标和人工目标,图形关系复杂,需要有丰富的符号库和属性库。GIS 需要有较强的空间分析功能,图形与属性的相互操作十分频繁,且多具有专业化的特征。此外,CAD 一般仅在单幅图上操作,其海量数据的图库管理能力比 GIS 要弱。

但是由于 CAD 具有极强的图形处理能力,也可以设计丰富的符号和连接属性,许多用户都把它作为数字制图系统使用。有些软件公司为了充分利用 CAD 图形处理的优点,在 CAD 基础之上,进一步开发出地理信息系统。如 InterGraph 公司开发了基于 MicroStation 的 MGE,ESRI 公司与 AutoDesk 公司合作推出了 ARC - CAD,AutoDesk 公司最近又推出基于 AutoCAD 的地理信息系统软件(或者说地图数据库管理软件)AutoMap。

5.4 地理信息系统与地图学及机助制图

地理信息系统脱胎于地图,并成为地理信息的一种新载体形式。地图是 GIS 的重要数据来源之一。地图学理论与方法对 GIS 有重要的影响。地图强调的是数据分析、符号化与显示,而地理信息系统则注重于信息分析。

机助制图是地理信息系统的主要技术基础,它涉及 GIS 中的空间数据采集、表示、处理、可视化甚至空间数据的管理。无论是在国际,还是在国内,GIS 早期的技术都主要反映在机助制图方面。机助制图系统或者说数字地图系统,在概念和功能上有很大的差异,它涵盖了相当大的范围,从大比例尺的数字测图系统、电子平板,到小比例尺的地图编辑出版系统、专题图的桌面制图系统、电子地图制作系统及地图数据库系统。它们的功能主要强调空间数据的处理、显示与表达,有些数字制图系统包含空间查询功能。

地理信息系统和数字制图系统的主要区别在于空间分析方面。一个功能完善的地理信息系统可以包含数字制图系统的所有功能，此外它还应具有丰富的空间分析功能。当然在很多情况下，数字制图系统与地理信息系统是很难区分的，特别是对有些桌面制图系统如MapInfo等在归类上就有较大的争议。严格来说，MapInfo目前的版本缺少复杂的空间分析功能，但是它在图文办公自动化、专题制图等方面大有市场，甚至一些老牌的GIS软件公司都开发相应的软件与它竞争。但是，作者仍然认为，要建立一个决策支持型的GIS应用系统，需要对多层的图形数据和属性数据进行深层次的空间分析，以提供对规划、管理和决策有用的信息，各种空间分析如缓冲区分折、叠置分析、地形分析、资源分配等功能是必要的。

5.5　地理信息系统与管理信息系统(MIS)

传统的管理信息系统是以管理为目的，在计算机软硬件支持下，具有搜集、存储、处理、管理、分析能力的信息系统，与地理信息系统的主要区别表现在：

(1)管理信息系统的数据形态主要是数字型与文字型；而地理信息系统除此以外，还包括描述空间位置与形状的坐标信息、描述空间关系的拓扑信息与描述信息有效性的时间信息等。

(2)管理信息系统的外围设备只要有打印机、键盘即可满足需要；地理信息系统还需图形输入设备(数字化仪、扫描仪等)、图形输出设备(图形打印机、绘图仪等)以及图形显示设备(各种高分辨率彩色图形显示卡等)，此外，必要时还有附加的浮点处理器、图形处理卡、图形处理加速卡等。

(3)管理信息系统进行软件开发时，只需普通的数据结构与算法就可适应系统的要求；而地理信息系统需要有关图形和图像的数据结构与算法，图形处理的算法主要用来处理矢量数据，图像处理的算法主要用来处理网格数据。

(4)管理信息系统以批处理方式为主，人机交互方式为辅；而地理信息系统则相反，以人机交互方式为主，批处理方式为辅。

5.6　地理信息系统与图像处理系统

图像处理系统用来搜集、存储、处理和显示网格数据，能及时地提供准确、综合和大范围内动态监测的各种资源与环境数据。它与地理信息系统有以下不同：

(1)图像处理系统用的是网格数据格式，所有信息都以像元集合的形式存储，每个像元代表某一空间坐标上的信息，像元间的位置关系则隐含在行列数中；而地理信息系统一般采用矢量数据格式，以点、线、多边形的集合来表示数据。

(2)图像处理系统的功能主要是进行图像分析，具有复杂的图像分类、图像增强、模式识别、几何纠正等功能，而空间分析功能弱；地理信息系统的功能主要是空间查询与空间分析。

(3)图像处理系统不具备数据库管理功能，不能对属性数据进行处理，这也导致了地理信息系统与图像处理系统之间进行数据传输时，图形信息传输较顺利，属性信息传输异常困难，甚至不可能。

(4)图像处理系统的应用目标是用来提供明确的地图、数字等成品；地理信息系统虽是在计算机制图基础上发展起来的，但制图功能与地图数据库功能已成为次要的功能，空间分析管理和决策是其最重要的目标。

6 地理信息系统的类型

GIS 可以根据不同的分类指标,形成多种分类体系。GIS 常见的分类如下。

6.1 工具型 GIS 与应用型 GIS

根据 GIS 的功能,GIS 可分为工具型 GIS 和应用型 GIS 两种。

工具型 GIS——常称为 GIS 工具、GIS 开发平台、GIS 外壳、GIS 基础软件等,没有具体的应用目标,通常为一组有 GIS 功能的软件包,是建立应用型 GIS 的支撑软件。如 ARC/INFO、MapInfo 等。

应用型 GIS——具有具体的应用目标、一定的规模、特定的服务对象、特定的数据和用户。通常,应用型 GIS 是在工具型 GIS 的支持下建立起来的。

工具型 GIS 是 GIS 研究和开发的核心内容。工具型 GIS 是一组具有图形图像数字化、数据管理、查询检索、分析运算和制图输出等 GIS 基本功能的软件包,通常能适应不同的硬件条件,软件的功能强、性能稳定。只要在工具型 GIS 中加入地理空间数据,开发有关的应用模型和界面,就可成为一个应用型 GIS 了。

在通用的 GIS 工具(GIS 基础软件)支持下建立应用型 GIS,可节省大量的软件开发费用,缩短系统的建立周期,提高系统的技术水平,使开发人员能把精力集中于应用模型的开发,且有利于标准化的实行。

6.2 专题 GIS 与综合 GIS

根据研究对象的性质和内容,可以把应用型 GIS 分为专题 GIS 和综合 GIS。

专题 GIS——具有有限的目标和明确的专业特点,是为特定的专门目的服务的。如水土流失信息系统、草场资源信息系统等。

综合 GIS——以区域综合研究和全面的信息服务为目标,可以有不同的规模,如国家级、省级、县级等。综合 GIS 的例子如加拿大国家信息系统等。

6.3 矢量型 GIS、栅格型 GIS 和混合型 GIS

根据 GIS 的数据结构,可以把 GIS 分为矢量型 GIS、栅格型 GIS 和混合型 GIS。

矢量型 GIS——当空间数据由矢量数据结构表示,即用坐标值来精确地表示点、线、面等地理实体时,这种 GIS 称为矢量型 GIS。

栅格型 GIS——当空间数据由栅格数据结构表示,即以规则的像元阵列来表示空间地物或现象的分布时,这种 GIS 称为栅格型 GIS。

混合型 GIS——矢量、栅格数据结构并存的 GIS。目前,有的 GIS 软件同时具有矢量和栅格两种数据结构,并能实现两种数据结构之间的转换。但这需要增加很多的存储空间和运算处理时间,因而并非是理想的方案。为使系统能用于多种目的,需要研究一种同时具有矢量和栅格两种特性的一体化数据结构。目前,虽然国内外有不少学者对此进行深入研究,但尚无一种较完善的、广泛应用的该类数据结构。

7 GIS 的应用

地理信息系统的博才和运筹帷幄的优势,使它成为国家宏观决策和区域多目标开发的重要技术工具,也成为与空间信息有关各行各业的基本工具。以下简要介绍地理信息系统的一些主要应用方面。

7.1　测绘与地图制图

地理信息系统技术源于机助制图。地理信息系统(GIS)技术与遥感(RS)、全球定位系统(GPS)技术在测绘界的广泛应用,为测绘与地图制图带来了一场革命性的变化。这集中体现在:地图数据获取与成图的技术流程发生根本的改变;地图的成图周期大大缩短;地图成图精度大幅度提高;地图的品种大大丰富。数字地图、网络地图、电子地图等一批崭新的地图形式为广大用户带来了巨大的应用便利。测绘与地图制图进入了一个崭新的时代。

7.2　资源管理

资源管理是地理信息系统最基本的职能,这时系统的主要任务是将各种来源的数据汇集在一起,并通过系统的统计和覆盖分析功能,按多种边界和属性条件,提供区域多种条件组合形式的资源统计和进行原始数据的快速再现。以土地利用类型为例,可以输出不同土地利用类型的分布和面积,按不同高程带划分的土地利用类型,不同坡度区内的土地利用现状,以及不同时期的土地利用变化等,为资源的合理利用、开发和科学管理提供依据。再如,美国资源部和威斯康星州合作建立了以治理土壤侵蚀为主要目的的多用途专用的土地GIS。该系统通过收集耕地面积、湿地分布面积、季节性洪水覆盖面积、土壤类型、专题图件信息、卫星遥感数据等信息,建立了威斯康星州潜在的土壤侵蚀模型,据此,探讨了土壤恶化的机理,提出了合理的改良土壤方案,达到对土壤资源保护的目的。

7.3　城市与区域规划

城市与区域规划中要处理许多不同性质和不同特点的问题,它涉及资源、环境、人口、交通、经济、教育、文化和金融等多个地理变量和大量数据。地理信息系统的数据库管理有利于将这些数据信息归并到统一系统中,最后进行城市与区域多目标的开发和规划,包括城镇总体规划、城市建设用地适宜性评价、环境质量评价、道路交通规划、公共设施配置,以及城市环境的动态监测等。这些规划功能的实现,是以地理信息系统的空间搜索方法、多种信息的叠加处理和一系列分析软件(回归分析、投入产出计算、模糊加权评价、0－1规划模型、系统动力学模型等)加以保证的。我国大城市数量居于世界前列,根据加快中心城市的规划建设、加强城市建设决策科学化的要求,利用地理信息系统作为城市规划、管理和分析的工具,具有十分重要的意义。例如,北京某测绘部门以北京市大比例尺地形图为基础图形数据,在此基础上综合叠加地下及地面的八大类管线(包括上水、污水、电力、通信、燃气、工程管线等)以及测量控制网、规划道路等基础测绘信息,形成一个测绘数据的城市地下管线信息系统,从而实现了对地下管线信息的全面的现代化管理,为城市规划设计与管理部门、市政工程设计与管理部门、城市交通部门、道路建设部门及其他测绘部门等提供地下管线的查询服务。

7.4　灾害监测

利用地理信息系统,借助遥感遥测的数据,可以有效地进行森林火灾的预测预报、洪水灾情监测和洪水淹没损失的估算,为救灾抢险和防洪决策提供及时准确的信息。例如,1994年美国洛杉矶大地震后,就是利用ARC/INFO对灾后应急响应决策提供支持,成为大都市利用GIS技术建立防震减灾系统的成功范例。又如,通过对横滨大地震的震后影响作出评估,建立各类数字地图库,如地质、断层、倒塌建筑等图库,对各类图层进行叠加分析,得出对应急有价值的信息。GIS的建成使有关机构可以对像横滨一样的大都市大地震作出快速响应,最大程度地减少伤亡和损失。再如,根据对我国大兴安岭地区的研究,通过普查分析森林火灾实况,统计分析十几万个气象数据,从中筛选出气温、风速、降水、温度等气象要素、春秋两季植被生长情况和积雪覆盖程度等14个因子,用模糊数学方法建立数学模型,建立微机信息系统的多因子的综合指标森林火险预报方法,其对预报火险等级的准确率可达73%以上。

7.5 环境保护

GIS在环境保护中也取得了很好的应用效果。例如,利用GIS技术建立城市环境监测、分析及预报信息系统,为实现环境监测与管理的科学化、自动化提供最基本的条件。在区域环境质量现状评价过程中,利用GIS技术的辅助,实现对整个区域的环境质量进行客观的、全面的评价,以反映出区域中受污染的程度以及空间分布状态。在野生动植物保护中,世界野生动物基金会采用GIS空间分析功能,帮助世界最大的猫科动物改变它目前濒于灭种的境地。

7.6 国防

现代战争的一个基本特点就是3S技术被广泛地运用到从战略构思到战术安排的各个环节。它往往在一定程度上决定了战争的成败。如海湾战争期间,美国国防制图局为了战争的需要,在工作站上建立了GIS与遥感的集成系统,它能用自动影像匹配和自动目标识别技术,处理卫星和高空侦察机实时获得的战场数字影像,及时地将反映战场现状的正射影像叠加到数字地图上,并将数据直接传送到海湾前线指挥部和五角大楼,为军事决策提供24小时的实时服务。

7.7 决策支持

地理信息系统利用拥有的数据库,通过一系列决策模型的构建和比较分析,为国家宏观决策提供依据。例如系统支持下的土地承载力的研究,可以解决土地资源与人口容量的规划问题。我国在三峡地区研究中,通过利用地理信息系统和机助制图的方法,建立环境监测系统,为三峡宏观决策提供了建库前后环境变化的数量、速度和演变趋势等可靠的数据。

总之,地理信息系统正越来越成为国民经济各有关领域必不可少的应用工具,相信它的不断成熟与完善将为社会的进步与发展做出更大的贡献。

【任务实施】

MapInfo是美国MapInfo公司推出的基于Windows平台的桌面地理信息系统。MapGIS是武汉中地数码科技有限公司研发的大型基础地理信息系统软件平台。下面通过对这两个软件的认识,理解一个普通的GIS应具备的基本功能,从而进一步明确GIS的基本概念。

1. MapInfo软件认识

由于MapInfo软件简单易学、功能强大、二次开发能力强,而且提供了与通用数据库软件快捷方便的接口,因此拥有庞大的用户群。

MapInfo是按照图层组织地图的。即将一幅地图目标分别存储到多个图层中,然后叠加形成地图。每个图层可包含一类或几类地图要素。在MapInfo软件中,每个图层都是以表的方式存在的。

1)MapInfo软件的基本功能

(1)数据输入与输出功能,包括空间数据库、属性数据库的建立、维护与管理,并可以方便地与其他系统进行数据交换。

(2)强大的地图编辑功能。它具有较为完善的专题制图模块及友好的界面,这是其他大多数 GIS 软件所不及的。

(3)功能完备的数据分析、查询功能,包括 SQL 查询、统计分析以及各种地理分析等。

(4)提供 MapBasic 二次开发工具,方便用户针对不同的开发系统制定更为友好的用户界面,并通过开发进一步扩展 MapInfo 的功能。

2)MapInfo 文件组成

MapInfo 是以表的形式来组织信息的,每一个表都是一组 MapInfo 文件,这些文件组成了地图文件和数据库文件。

一个典型的 MapInfo 表由下列文件构成:

(1) *.tab:描述表的数据结构。它是一个小的文本文件,描述包含数据文件的格式。

(2) *.dat 或 *.dbf、*.xls、*.wks:这些文件包含表格数据。若工作中采用 dBASE、FoxBASE、Excel 等文件,MapInfo 表将由一个 *.tab 文件和以上数据或电子表格文件组成。

(3) *.map:该文件描述图形对象。

(4) *.id:这是一个交叉引用文件,用于连接数据和图形对象。

此外,表还可以包含一个索引文件(*.ind),索引文件用丁查找地图对象,如果在表中确定了用于查找的关键字段,该索引就存在于索引文件中。

双击 MapInfo,进入 MapInfo 软件,打开软件安装目录下自带的 sample\data\china 下的演示数据,查看文件组成,体会软件特色。

2. MapGIS 软件认识

1)MapGIS 体系结构

MapGIS 软件分数据输入、图形编辑、库管理、空间分析、数据输出和实用服务六大部分,如图 1-6 所示。根据地学信息来源多种多样、数据类型多、信息量庞大的特点,该系统采用矢量数据和栅格数据混合的结构,力求矢量数据和栅格数据形成一个整体,同时又考虑栅格数据既可以和矢量数据相对独立存在,又可以作为矢量数据的属性,以满足不同问题对矢量数据、栅格数据的不同需要。

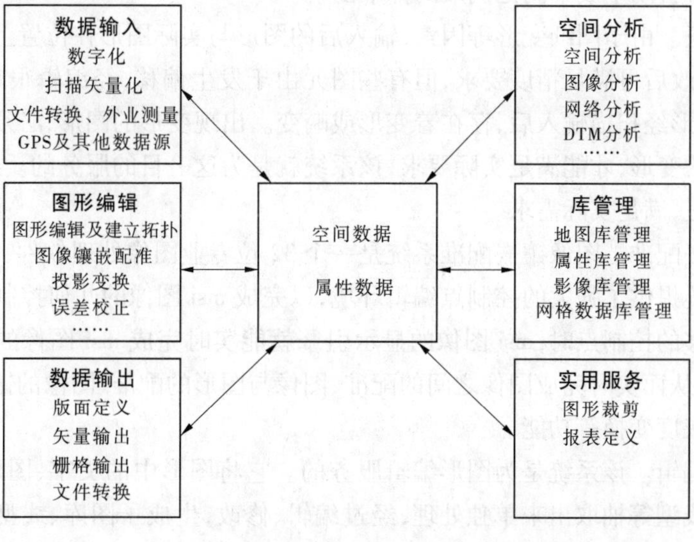

图 1-6　MapGIS 的总体结构图

2)MapGIS 的主要功能

(1)数据输入功能。在建立数据库时,我们需要将各种类型的空间数据转换为数字数据,数据输入是 GIS 的关键之一。MapGIS 提供的数据输入方式有扫描矢量化输入、GPS 输入和其他数据源输入等。

①扫描矢量化输入。扫描矢量化子系统通过扫描仪输入扫描图像,然后通过矢量追踪,确定实体的空间位置。对于高质量的原始资料,扫描是一种省时、高效的数据输入方式。

②GPS 输入。GPS 是确定地球表面精确位置的新工具,它根据一系列卫星的接收信号,快速地计算地球表面特征的位置。由于 GPS 测定的三维空间位置以数字坐标表示,因此不需作任何转换,可直接输入数据库。

③其他数据源输入。MapGIS 升级子系统可接收低版本数据,实现 6. X 与 5. X 版本数据的相互转换,即数据可升可降,供 MapGIS 使用。MapGIS 还可以接收 AutoCAD、ARC/INFO、MapInfo 等软件的公开格式文件。同时,MapGIS 提供了外业测量数据直接成图功能,从而实现了数据采集、录入、成图一体化,大大提高了数据精度,加快了作业流程。

(2)数据处理功能。输入计算机后的数据及分析、统计等生成的数据,在入库、输出的过程中常常要进行数据校正、编辑、图形整饰、误差消除、坐标变换等工作。MapGIS 通过图形编辑、投影变换、误差校正等系统来完成,下面分别介绍。

①图形编辑。该系统用来编辑修改矢量结构的点、线、区域的空间位置及其图形属性,增加或删除点、线、区域边界,并适时自动校正拓扑关系。图形编辑系统是对图形数据库中的图形进行编辑、修改、检索、造区等,从而使输入的图形更准确、更丰富、更漂亮。

②投影变换。地图投影的基本问题是如何将地球表面(椭球面或圆球面)表示在地图平面上。这种表示方法有多种,而不同的投影方法满足不同图件的需要,因此在进行图形数据处理中很可能要从一个地图投影坐标系统转换到另一个投影坐标系统,该系统就是为实现这一功能服务的。本系统共提供了 20 种不同投影间的相互转换及经纬网生成功能,通过图框生成功能可自动生成不同比例尺的标准图框。

③误差校正。由于图纸变形等因素,输入后的图形与实际图形在位置上出现偏差,个别图元经编辑、修改后可满足精度要求,但有些图元由于发生偏移,经编辑很难达到实际要求的精度,说明图形经扫描输入后,存在着变形或畸变。出现变形的图形,必须经过数据校正,消除输入图形的变形,才能满足实际要求,该系统就是为这一目的服务的。通过该系统即可实现图形的校正,满足实际需求。

④图像镶嵌配准。图像镶嵌配准系统是一个 32 位专业图像处理软件,以 msi 图像为处理对象。本系统提供了强大的控制点编辑环境,以完成 msi 图像的几何控制点的编辑处理;当图像具有足够的控制点时,msi 图像的显示引擎就能实时完成 msi 图像的几何变换、重采样和灰度变换,从而实时完成图像之间的配准、图像与图形的配准、图像的镶嵌、图像几何校正、几何变换、灰度变换等功能。

⑤符号库编辑。该系统是为图形编辑服务的。它将图形中的文字、图形符号、注记、填充花纹及各种线型等抽取出来单独处理,经过编辑、修改,生成子图库、线型库、填充图案库和矢量字库,并将其自动存放到系统数据库中,供用户编辑图形时使用。

(3)数据库管理功能。MapGIS 数据库管理分为地图库管理、属性库管理和影像库管理等。

①地图库管理。该系统是地理信息系统的重要组成部分。在数据获取过程中,它用于存储和管理地图信息;在数据处理过程中,它既是资料的提供者,也可以是处理结果的归宿;在检索和输出过程中,它是形成绘图文件或各类地理数据的数据源。图形数据库中的数据经拓扑处理,可形成拓扑数据库,用于各种空间分析。MapGIS 的图形数据库管理系统可同时管理数千幅地理底图,数据容量可达数十千兆,主要用于创建、维护地图库,在图幅进库前建立拓扑结构,对输入的地图数据进行正确性检查,根据用户的要求及图幅的质量,实现图幅配准、图幅校正和图幅接边。

②属性库管理。GIS 应用领域非常广,各领域的专业属性差异甚大,以致不能用一个属性集描述概括所有的应用专业属性。因此,建立动态属性库是非常必要的。动态就是根据用户的要求随时扩充和精简属性库的字段(属性项),修改字段的名称及类型。具备动态库及动态检索的 GIS 软件,就可以利用同一软件管理不同的专业属性,也就可以生成不同应用领域的 GIS 软件。如管网系统,可定义成"自来水管网系统"、"通信管网系统"、"煤气管网系统"等。

该系统能根据用户的需要,方便地建立动态属性库,从而成为一个有力的数据库管理工具。

③影像库管理。该系统支持海量影像数据库的管理、显示、浏览及打印,支持栅格数据与矢量数据的叠加显示,支持影像库的有损压缩和无损压缩。

(4)空间分析功能。地理信息系统与机助制图的重要区别就是它具备对空间数据和非空间数据进行分析和查询的功能。MapGIS 空间分析包括空间分析、数字地形模型(DTM)分析、网络分析、图像分析、电子沙盘等。

①空间分析。空间分析系统是 MapGIS 的一个十分重要的部分,它通过空间叠加分析方法、属性分析方法、数据查询检索来实现 GIS 对地理数据的分析和查询。

②DTM 分析。该系统主要有离散数据网格化、数据插密、绘制等值线图、绘制彩色立体图、剖面分析、面积体积量算、专业分析等功能。

③网络分析。MapGIS 网络分析系统提供方便地管理各类网络(如自来水管网、煤气管网、交通网、通信网等)的手段,用户可以利用此系统迅速直观地构造整个网络,建立与网络元素相关的属性数据库,随时对网络元素及其属性进行编辑和更新。系统提供了丰富有力的网络查询检索及分析功能,用户可用鼠标指点查询,也可输入任意条件进行检索,还可以查看和输出横断面图、纵断面图和三维立体图。系统还提供网络应用中具有普遍意义的最短路径、最佳路径、资源分配、最佳围堵方案等功能,从而可以有效支持紧急情况处理和辅助决策。

④图像分析。该系统是一个新一代的 32 位专业图像(栅格数据)处理分析软件。它能处理栅格化的二维空间分布数据,包括各种遥感数据、航测数据、航空雷达数据,各种摄影的图像数据,经过数据化和网格化处理的地质图、地形图,各种地球物理、地球化学数据和其他专业图像数据。

⑤电子沙盘。该系统是一个 32 位专业软件。本系统提供了强大的三维交互地形可视

化环境,利用 DEM 数据与专业图像数据,可生成近实时的二维和三维透视景观,通过交互地调整飞行方向、观察方向、飞行观察位置、飞行高度等参数,就可生成近实时的飞行鸟瞰景观。系统提供了强大的交互工具,可实时地调节各三维透视参数和三维飞行参数。此外,系统也允许预先精确地编辑飞行路径,然后沿飞行路径进行三维场景飞行浏览。

电子沙盘系统的主要用途包括地形踏勘、野外作业设计、野外作业彩排、环境监测、可视化环境评估、地质构造识别、工程设计、野外选址(电力线路设计及选址、公路铁路设计及选址)、DEM 数据质量评估等。

(5)数据输出功能。将 GIS 的各种成果变成产品满足各种用途的需要,或与其他系统进行交换,是 GIS 中不可缺少的一部分。GIS 的输出产品是指经系统处理分析,可以直接提供给用户使用的各种地图、图表、图像、数据报表或文字报告。MapGIS 的数据输出可通过输出系统、电子表定义输出系统来实现文本、图形、图像、报表等的输出。

①输出。MapGIS 输出系统可将编排好的图形显示到屏幕上或在指定的设备上输出,具有版面编排、矢量或栅格数据处理、不同设备的输出、光栅数据生成、光栅输出驱动、印前出版处理功能。

②电子表定义输出。电子表定义输出系统是一个强有力的多用途报表应用程序。应用该系统可以方便地构造各种类型的表格与报表,在表格内随意地编排各种文字信息,并根据需要打印出来。它可以实现动态数据连接,接收由其他应用程序输出的属性数据,并将这些数据以规定的报表格式打印出来。

③文件转换。文件转换系统为 MapGIS 系统与其他 CAD、CAM 软件系统间架设了一道桥梁,实现了不同系统间所用数据文件的交换,从而达到数据共享的目的。输入输出交换接口提供了 AutoCAD 的 DXF 文件,ARC/INFO 的公开格式、标准格式 E00 格式文件及 DLG 文件与本系统内部矢量文件结构相互转换的功能。

此外,MapGIS 还有其他一些实用功能。

3)MapGIS 的文件管理

点文件(.wt):包括文字注记、符号等。即在输入时,文字和符号都保存在点文件中。在机助制图时,文字注记称为注释(如各种标注等),符号称为子图(如矿点符号、泉符号等)。

线文件(.wl):由境界线、河流、航空线、海岸线等线状地物组成的图元。

面文件(.wp):将各个行政区进行普染色后,就得到了区文件。从理论上说,区是封闭的线组成的区域,因此区是基于线生成的。

工程文件(.mpj):对一系列的点、线、面文件进行管理的描述性文件。其主要记录了各个文件的信息,如目录、可编辑性等。

4)MapGIS 的系统设置

单击系统主菜单上的"系统设置"按钮,设置好工作目录(自己工作目录)、矢量字库目录、系统库目录和系统临时目录(存储临时文件),如图 1-7 所示。

双击 MapGIS 软件自带的"校正演示数据.mpj"工程文件,系统将启动输入编辑子系统并调入相应文件。观察文件类型,并进行文件状态操作。

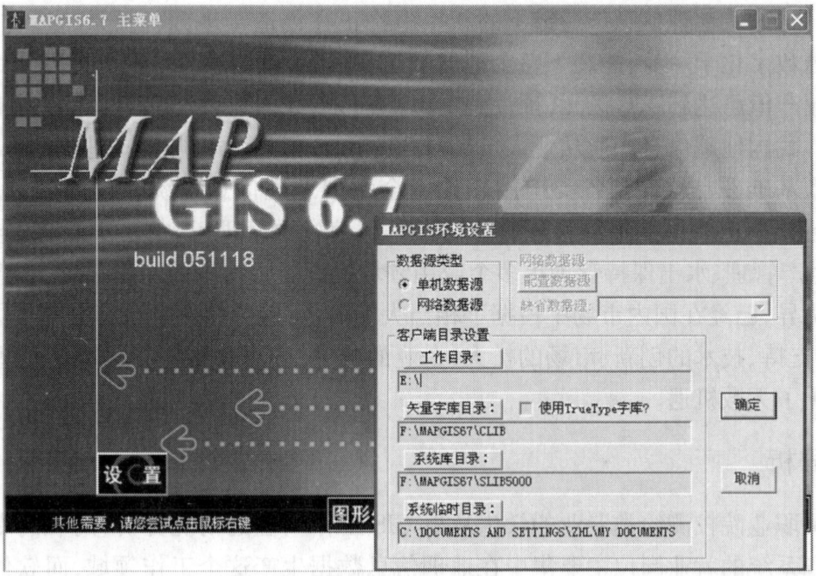

图 1-7 MapGIS 系统设置

任务2 职业岗位分析

【任务描述】

本任务介绍 GIS 所对应的职业工作岗位，目的是让读者对今后所从事的职业有所了解。

【相关知识】

地理信息系统(GIS)是一门集地理科学、测绘、地图制图、摄影测量与遥感、计算机应用等技术为一体的新兴交叉学科，是传统科学与现代技术相结合的产物，是研究有关地学信息以及其他与之有关各类信息的采集、获取、管理和分析的理论方法和技术。

1 岗位描述

20 世纪 80 年代以来，随着信息技术的发展、测绘技术的进步以及国民经济和社会信息化进程的加快，经济社会发展对地理信息资源的需求不断增长，地理信息产业迅速兴起。地理信息产业是指采用地理信息技术对地理信息资源进行生产、开发和提供服务的全部经营活动，以及涉及这些活动的企业集合体。地理信息产业的活动都是围绕地理信息资源的建设和开发利用而产生的，涉及地理信息相关的硬件制造、软件开发、数据生产、产品开发、系统集成、信息与技术服务等各个方面。

地理信息产业已是当今国际公认的高新技术产业，具有广阔的市场需求和发展前景。世界各国纷纷看好这一市场，快马扬鞭，大力发展。早在 1990 年地理信息系统及其相关产品的世界年销售额就达到 15 亿美元。目前，全球地理信息产业产值的年增长率已达 35%以上，成为现代服务业新的经济增长点。

地理信息系统已经得到广泛应用，服务于我们的生活，并带来便利。电子地图、卫星导航、遥感影像，这些地理信息产业链上的新生事物正在创造奇迹，效益已经显现。地理信息系统集地球数字化于一身，能装下整个地球的超量信息，可谓换个角度看世界。目前我国地理信息产业产值已达到420亿元，预计到“十二五”末，我国地理信息产业有望超越2 000亿元总产值。我国地理信息产业从业人员超过30万人，相关企事业单位超过1万家，已经形成了从大型基础平台软件到各类应用软件的全系列地理信息系统软件产品，形成了超过500家的企业群体，在国土资源管理、城市管理、电信资源管理、森林防火管理、电力资源管理、安全生产管理、水土保持管理等多个应用领域发挥了主力军的作用；国产车载导航定位软件质量优异，已经在国内市场中占据了相当大的份额；遥感软件也在努力向市场化方向前进，政策的支持、技术的创新、市场的扩大、企业的成熟、教育的跟进都为我国地理信息产业的发展提供了无数机遇。

2 岗位分析

从全国职业院校测绘类专业的学生从事GIS工作岗位的情况分析，高职高专及中专学生地理信息系统的就业岗位主要集中在地理信息数据生产这个工作领域，而软件开发和系统集成等领域由于其技术要求较高，本科以上地理信息系统专业毕业的学生较集中。地理信息数据生产职业岗位主要涉及地理空间数据和属性数据的采集、处理、分析和应用，以及地理信息数字产品的输出。其工作范围是：

(1)在地理信息系统企业从事地理空间数据的采集、处理、分析、制图与建库工作。

(2)在国土资源、房地产部门从事地籍测量与地籍数据库建设、管理及房地产信息管理工作。

(3)在城乡规划、城市建设部门从事地理信息系统的建设和管理工作。

(4)在农田水利部门从事工程测量和环境监测、土地资源调查与利用等工作。

(5)在政府机关从事与空间位置信息有关的信息交流、环境信息管理等工作。

2.1 岗位素养

(1)具有良好的职业道德，能自觉遵守行业法规、规范和企业规章制度。

(2)具有较强的职业荣誉感，热爱测绘，乐于奉献，吃苦耐劳，不畏艰险。

(3)具有较强的政治责任感和国家版图意识，确保地理空间信息安全。

(4)能够严格遵守测绘技术标准、图式规范和操作规程，确保测绘成果真实准确。

(5)具有创新精神和服务意识。

(6)具有良好的集体意识和团队精神，友爱互助，安全文明作业。

(7)树立法制观念，依法测绘，安全生产，合法经营，公平竞争。

(8)树立信用观念，遵守合同，诚实守信。

2.2 岗位知识和技能

(1)了解地理信息系统的理论前沿、应用前景和最新发展动态，以及地理信息系统产业发展状况。

(2)掌握地理信息系统的基本理论和基本操作技能。

(3)掌握地理信息数据的采集、编辑与数据检核的基本过程。

(4)掌握地理信息数据建库的一般流程。

(5)了解电子地图生产特点及资料收集要求，掌握电子地图制作的一般流程。

(6)熟练掌握至少一种常见 GIS 软件的使用方法。

【任务实施】

到相关测绘地理信息企事业单位参观,请企业技术人员讲解 GIS 数据生产的流程或典型工作任务。

通过网络查阅地图制图与 GIS 专业的招聘岗位及岗位介绍,对 GIS 所对应的岗位进行直观的认识,以及了解从事该岗位所需的职业能力和素质要求。

复习与思考题

1. 什么是地理信息、地理数据?二者的关系如何?
2. 通过网络搜集国内外流行的 GIS 软件,并对产品特点进行比较。
3. 什么是 GIS? GIS 与其他信息系统的主要区别有哪些?
4. GIS 有哪几个主要组成部分?它的基本功能有哪些?
5. 试述 GIS 与相关学科的关系。
6. 举例说明 GIS 的类型。

项目 2　空间数据的获取

【项目概述】

地理空间数据是 GIS 的核心，整个 GIS 都是围绕空间数据的采集、加工、存储、分析和显示展开的。空间数据的获取是建立 GIS 最重要且工作量最大的一项工作，它直接影响到 GIS 的应用潜力、成本和效率。

本项目由地理空间的认识及表达、空间数据的采集、属性数据的输入和空间数据的格式转换 4 个工作任务组成。通过任务的实施，为从事 GIS 数据采集岗位工作打下基础。

【学习目标】

知识目标：

(1) 掌握常见的坐标系和高程系。

(2) 理解地图投影的含义。

(3) 了解地理实体及其类型。

(4) 了解空间数据获取途径，能熟练表述 GIS 的数据特征和采集方法。

(5) 理解矢量数据结构的概念、存储形式，了解其编码方法。

(6) 理解栅格数据结构的概念、存储形式，了解其编码方法。

(7) 熟练掌握属性数据的含义、编码。

技能目标：

(1) 能正确进行文件管理。

(2) 能利用相关设备进行空间数据采集，掌握空间数据采集方法。

(3) 能进行属性数据输入，并将图形与属性进行连接。

(4) 能在不同 GIS 平台之间进行空间数据的格式转换，掌握空间数据格式转换方法。

任务 1　地理空间的认识及表达

【任务描述】

随着社会发展和计算机技术的普及，传统的生活方式正逐渐改变，在许多领域，人们需要使用计算机技术模拟显示现实世界中的各种信息，并对信息进行查询和处理。由此需要认识我们的地理空间并了解地理空间的表达方法。本任务要求通过纸质地图和遥感影像的识读来认识地理空间。

【相关知识】

1　地理空间及其表达

目前，世界各国、各地区已建立了各种规模和各种类型的 GIS，这些系统为经济、国防等各个领域的科学决策提供了依据，发挥了重要的作用。但是不论每个应用型 GIS 的服务目的是什么,每个 GIS 自身的数据必须是在统一的地理参照系下的数据,也就是说要有统一的坐标系和高程系。我国 1952 年前采用海福特椭球,1953 年起改用克拉索夫斯基椭球,1978 年后开始采用 1975 年国际椭球,并以此建立了我国新的、独立的大地坐标系。

1.1　坐标系

坐标系——确定地面点或空间目标位置所采用的参考系。与测量相关的坐标系主要有地理坐标系和平面坐标系。

1.1.1　地理坐标系

地理坐标系——用经纬度来表示地面点的位置。地面上任一点 M 的位置可由经度 λ 和纬度 φ 来决定,记为 $M(\lambda,\varphi)$,如图 2-1 所示。经度:以过英国格林尼治天文台的经线为 0°,向东为东经,向西为西经,范围各为 0°到 180°;纬度:以赤道为 0°,分北纬和南纬,范围各为 0°到 90°。

经纬度具有深刻的地理意义,它标示了物体在地面上的位置,显示其地理方位(经线与东西相应,纬线与南北相应),表示时差。此外,经纬线还标示许多地理现象所处的地理带,如气候、土壤等部门都要利用经纬度来推断地理规律。

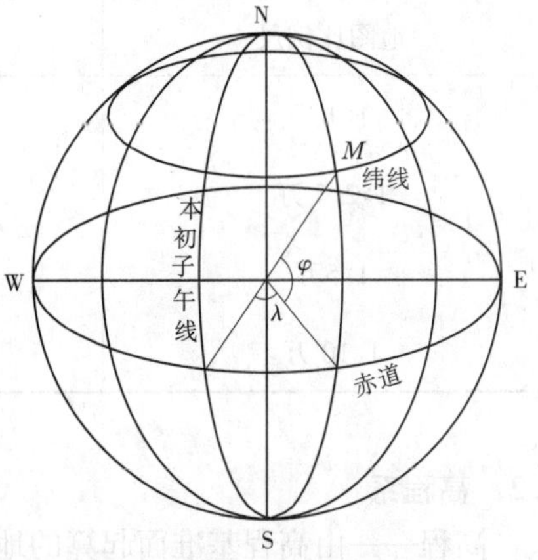

图 2-1　地理坐标

经纬度的测定方法主要有两种,即天文测量和大地测量。

以大地水准面和铅垂线为依据,用天文测量的方法,可获得地面点的天文经纬度。测有天文经纬度坐标(λ,φ)的地面点,称为天文点。

以旋转椭球和法线为基准,用大地测量的方法,根据大地原点和大地基准数据,由大地控制网逐点推算各控制点的坐标(L,B),称为大地经纬度。

新中国成立前,我国实际上没有统一的大地坐标系。新中国成立初期将苏联 1942 年坐标系经联测和平差计算引申到我国,建立了 1954 年北京坐标系。该坐标系的椭球面与我国大地水准面不能很好地符合,产生的误差较大,不能满足我国空间技术、国防尖端技术、经济建设的要求。

我国在积累了 30 年测绘资料的基础上,通过全国天文大地网整体平差,建立了我国的大地坐标系。该坐标系采用 1975 年国际椭球参数,国家大地原点设在陕西省泾阳县永乐镇。该系统坐标统一、精度优良,可直接满足 1:5 000 甚至更大比例尺测图的需要。我国已在国民经济领域使用 1980 年国家大地坐标系,取代了 1954 年北京坐标系。

随着社会的进步,国民经济建设、国防建设和社会发展、科学研究等对国家大地坐标系提出了新的要求,迫切需要采用原点位于地球质量中心的坐标系统(以下简称地心坐标系)作为国家大地坐标系。采用地心坐标系,有利于采用现代空间技术对坐标系进行维护和快速更新,测定高精度大地控制点三维坐标,并提高测图工作效率。

国务院批准自 2008 年 7 月 1 日启用我国的地心坐标系——2000 国家大地坐标系,英文名称为 China Geodetic Coordinate System 2000,英文缩写为 CGCS2000。

1.1.2　平面坐标系

将椭球面上的点通过投影的方法投影到平面上时，通常使用平面坐标系。平面坐标系分为平面极坐标系和平面直角坐标系。

平面极坐标系采用极坐标法，即用某点至极点的距离和方向来表示该点的位置的方法来表示地面点的坐标。

平面直角坐标采用直角坐标（笛卡儿坐标）来确定地面点的平面位置。

可以通过投影将地理坐标转换成平面坐标。

大于1:10万地形图上绘有高斯－克吕格投影平面直角坐标网，其方格为正方形，以公里为单位，因此又称为公里网。公里网在图上的间隔随地形图比例尺的大小而不同。表2-1为几种比例尺地形图的公里网间隔。

表2-1　大比例尺地形图公里网间隔

地图比例尺	公里网间隔（cm）	相应的实地距离（km）
1:1万	10	1
1:2.5万	4	1
1:5万	2	1
1:10万	2	2

1.2　高程系

高程——由高程基准面起算的地面点的高度。高程基准面是根据多年观测的平均海水面（大地水准面）来确定的。

也就是说，高程（也称海拔高程、绝对高程）是指地面点至平均海水面的垂直高度。

地面点之间的高程差，称为相对高程，简称高差。

由于不同地点的验潮站所得的平均海水面之间存在着差异，所以选用不同的基准面就有不同的高程系统。

一个国家一般只能采用一个平均海水面作为统一的高程基准面。我国的高程基准原来采用1956年黄海高程系；由于观测数据的积累，黄海平均海水面发生了微小的变化，因此启用了新的高程系，即1985年国家高程基准。

在采用新的高程基准后，对于一般应用，对已有地图的等高线高程的影响可忽略不计。

1.3　地图投影

随着用途和区域的不同，在地理信息系统中表现地理空间信息时，需要将地图用不同的投影方式表达，以正确地反映地理位置和地理关系特征。由于地球表面是一个椭球面，而地图是一个平面，为解决由不可展的地球椭球面到地图平面的矛盾，采用几何透视或数学分析的方法，将地球上的点投影到可展的曲面（平面、圆柱面或椭圆柱面）上，由此建立该平面上的点和地球椭球面上的点的一一对应关系的方法，称为地图投影，如图2-2所示。

但是，从地球表面到平面的转换总是带有变形，没有一种地图投影是完美的。每种地图投影都保留了某些空间性质，而牺牲了另一些性质。现代投影方法是在数学解析基础上建立的，是建立地球椭球面上的点的坐标(λ,φ)与平面上坐标(x,y)之间的函数关系，地图投影的一般方程式为

$$\begin{cases} x = f_1(\lambda,\varphi) \\ y = f_2(\lambda,\varphi) \end{cases}$$

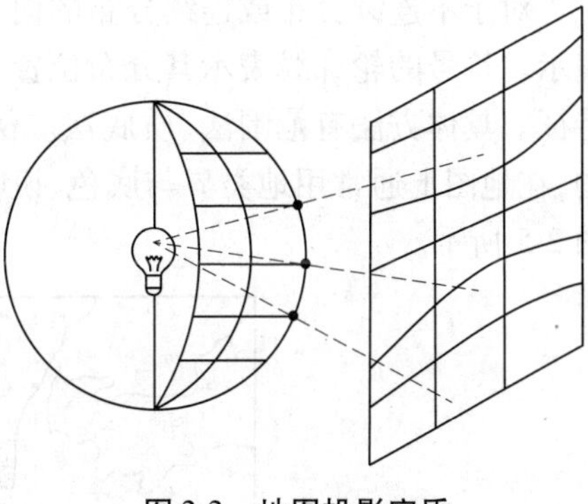

图 2-2　地图投影实质

1.4　地图对地理空间的描述

地图是现实世界的模型，它按照一定的比例、一定的投影原则有选择地将复杂的三维现实世界的某些内容投影到二维平面媒介上，并用符号将这些内容要素表现出来。地图上各种内容要素之间的关系，是按照地图投影建立的数学规则，使地表各点和地图平面上的相应各点保持一定的函数关系，从而在地图上准确地表达地表空间各要素的关系和分布规律，反映它们之间的方向、距离和面积。

在地图学上，把地理空间的实体分为点、线、面三种要素，分别用点状、线状、面状符号来表示，具体分述如下。

(1)点状要素。地面上真正的点状事物很少，一般都占有一定的面积，只是大小不同。这里所谓的点状要素，是指那些面积较小，不能按比例尺表示，又要定位的事物。因此，面状事物和点状事物的界限并不严格。如居民点，在大、中比例尺地图上被表示为面状地物，在小比例尺地图上则被表示为点状地物。

点状要素的质量和数量特征，用点状符号表示。通常以点状符号的形状和颜色表示质量特征，以点状符号的尺寸表示数量特征，将点状符号定位于事物所在的相应位置上。图 2-3为几种点状符号。

(2)线状要素。对于地面上呈线状或带状的事物，如交通线、河流、境界线、构造线等，在地图上，均用线状符号来表示。当然，对于线状和面状实体的区分，也和地图的比例尺有很大的关系。如河流，在小比例尺的地图上，被表示成线状地物，而在大比例尺的地图上，则被表示成面状地物。通常用线状符号的形状和颜色表示质量的差别，用线状符号的尺寸变化(线宽的变化)表示数量特征。图 2-4 是几种线状符号。

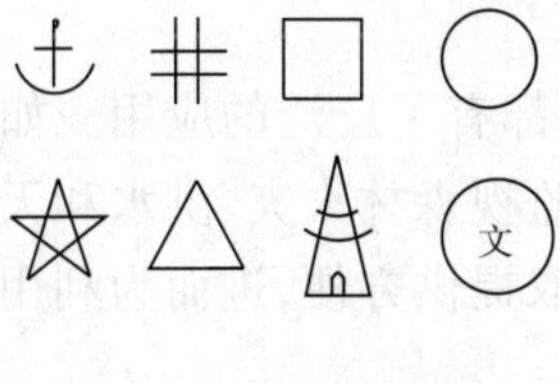

图 2-3　几种点状符号

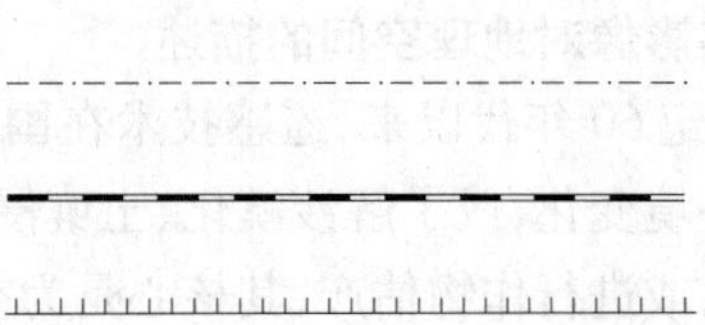

图 2-4　几种线状符号

(3)面状要素。面状分布的地理事物很多，其分布状况并不一样，有连续分布的，如气温、土壤等；有不连续分布的，如森林、油田、农作物等。它们所具有的特征也不尽相同，有的是性质上的差别，如不同类型的土壤；有的是数量上的差异，如气温的高低等。因此，表示它们的方法也不相同。

对于不连续分布或连续分布的面状事物的分布范围和质量特征，一般可以用面状符号表示。符号的轮廓线表示其分布位置和范围，轮廓线内的颜色、网纹或说明符号表示其质量特征。具体方法有范围法、质底法。例如土地利用图中，描述的是一种连续分布的面状事物，在地图上通常用地类界与底色、说明符号以及注记等配合表示地表的土地利用情况，如图 2-5 所示。

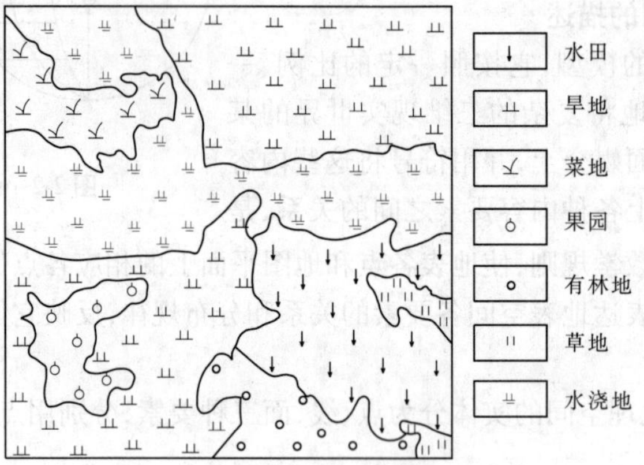

图 2-5　地图对面状要素的描述

对于连续分布的面状事物的数量特征及变化趋势，常常可以用一组线状符号等值线表示，如等温线、等降水量线、等深线、等高线等，其中等高线是 GIS 建库中经常用到的一种数据表示方式。等值线的符号一般是细实线加数字注记。等值线的数值间隔一般是常数，这样，就可以根据等值线的疏密，判断制图对象的变化趋势或分布特征。等值线法适合于表示地面或空间呈连续分布且逐渐变化的地理事物。

通过地图符号形状、大小、颜色的变化及地图注记对这些符号的说明、解释，不仅能表示实体的空间位置、形状、质量和数量特征，而且可以表示各实体之间的相互联系，如相邻、包含、连接等。

地图是地理实体的传统载体，具有存储、分析与显示地理信息的功能，因其直观、综合的特点，曾经有一段时期是地理实体的主要载体。但随着人们对地理信息需求量的增加及对其需求质量和速度的提高，再加之计算机技术的发展，使得用计算机管理空间信息，建立地理信息系统成为可能。

1.5　遥感影像对地理空间的描述

20 世纪 60 年代以来，遥感技术在国民经济的各个方面都有了广泛的应用。如监测地表资源、环境变化，或了解沙漠化、土壤侵蚀等缓慢变化，或监视森林火灾、洪水和天气迅速变化状况，或进行作物估产，其核心是为空间信息资料的获取提供方便，进而为利用空间信息的各行各业服务。

因为卫星遥感可以覆盖全球每一个角落，对任何国家和地区都不存在由于自然或社会因素所造成的信息获取的空白地区，卫星遥感资料可以及时地提供广大地区的同一时相、同一波段、同一比例尺、同一精度的空间信息，航空遥感可以快速获取小范围地区的详细资料，也就是说，遥感技术在空间信息获取的现势性方面得到了很大的提高。

遥感影像对空间信息的描述主要是通过不同的颜色和灰度来表示的。这是因为地物的结构、成分、分布等不同,其反射光谱特性和发射光谱特性也各不相同,传感器记录的各种地物在某一波段的电磁辐射反射能量也各不相同,反映在遥感影像上,则表现为不同的颜色和灰度信息。所以说,通过遥感影像可以获取大量的空间地物的特征信息。通过如图2-6所示的遥感影像,明显地可以获得这个区域的地貌特征和断裂带的信息,用地图的方式表示如图2-7所示。

图2-6　遥感影像对空间信息的描述

还要说明的是,利用遥感影像通常可以获得多层面的信息,对遥感信息的提取一般需要具有专业知识的人员通过遥感解译才能完成。

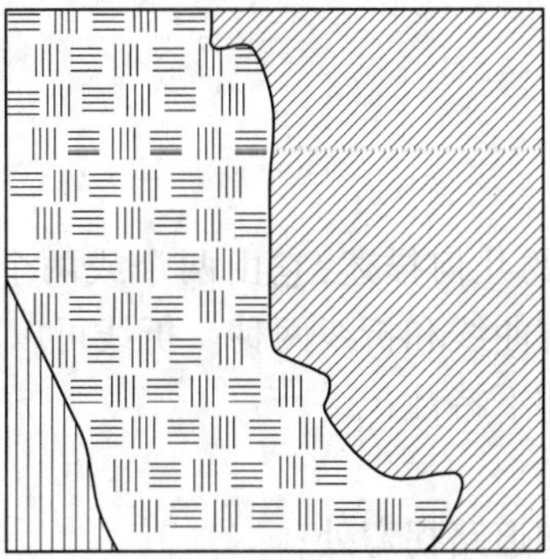

(a)地貌特征信息

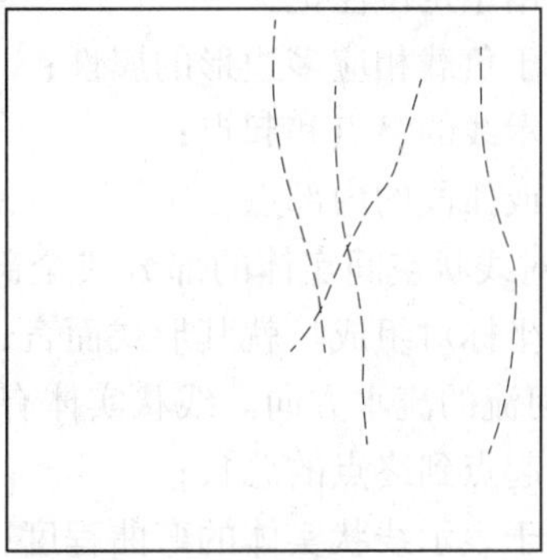

(b)断裂带信息

图2-7　遥感影像表示的专题信息

2　GIS中地理实体

随着信息时代的到来,仅用传统的手段(地图和遥感影像)描述地理信息已存在许多问题:①地图的生产周期太长,目前科研、生产与管理工作都要求及时得到有关地表变化的信息,在这种情况下,传统的地图存储、生产已不能满足需要。②遥感影像因为存在着变形,须首先对其进行纠正,另外,遥感影像因为其成像方式的不同,不同的影像有不同的影像特征,必须经过解译才能变成人们所习惯的地图方式,这需要很大的工作量。

计算机软硬件技术的发展,使得利用计算机把地理信息数字化,并进一步对其进行管理、处理和利用成为可能。对地理信息进行数字化描述,就是要使计算机能够识别现实世界地理事物的形状。现实世界的所有地理事物都可以用地理实体来表达。

2.1　地理实体

GIS的地理数据库是现实世界的地理实体在计算机世界的集合,是一种与现实的地理世界保持一定相似性的实体模型。

所谓实体(Entity),是指自然界、自然现象和社会经济事件中不能再分割的单元。地理实体是地理数据库中的实体,是一种在现实世界中不能再划分为同类现象的现象。

例如,在小比例尺地图中,北京市是一个实体;在大比例尺地图中,一座房子可以是一个实体，如果它不能（或不必要）再被细分成多座房子的话。但在必要时，一座房子又可分为许多房间。因此，实体是一个概括性的、复杂的、具有相对意义的概念或术语。

由于具体研究区域的大小、规模不同，因而对地理空间对象的空间分辨率的要求也不同。

2.2　地理实体的类型

地理实体通常分为点状实体、线状实体、面状实体和体状实体，复杂的地理实体由这些类型的实体构成。

(1)点——对点状的地形、地物要素的几何描述。点状实体是指只有特定的位置，而没有长度的实体。有时对点状实体的描述可附有高程，甚至还需要一个方向。点状实体有如下几类：

实体点——用于代表一个实体；

注记点——用于定位注记；

内点——用于负载相应多边形的属性；

结点——表示线的终点和起点；

节点——线或弧段的内部点。

(2)线——对线状空间实体的部分或全部的几何描述，它由两个或两个以上的一系列按顺序相连接的坐标对组成。就其形式而言，有曲线和折线两种。折线可以附有高程，线也可以有方向，如河流的流水方向。线状实体有如下特性：

长度——从起点到终点的总长；

曲率——用于表示线状实体的弯曲程度，如道路拐弯处；

方向——如流水的方向等。

(3)面——由一条线或一系列线界定的几何表示，是对面状空间实体的几何描述。面状实体也称多边形、区域等，是对湖泊、岛屿、地块等这一类现象的描述。面可能是简单的，也可能是复杂的，可以是由外轮廓线和内轮廓线组成的，也可以是由两个或两个以上的面相邻或叠加而成的，例如，中间有岛的湖泊等。面状实体通常有如下空间特征：

面积——面状实体所占有的范围的大小；

周长——面状实体所占有区域的周长；

独立或相邻——面状实体是独立存在，还是与其他面状实体相邻；

岛或洞——面状实体中是否有岛或洞；

重叠——面状实体之间是否有重叠。

(4)体——对空间三维实体或多面体的几何描述。体状实体用于描述三维空间中的现象与物体，它具有长度、宽度及高度等属性。其形状有简单的、复杂的和带空洞的。实体空间对地质、采矿、海洋、建筑、气象等领域的研究是很重要的。体状实体通常有如下空间特征：体积、岛或洞、表面积等。

2.3　地理目标

地理目标是地理实体在计算机系统内的表示，而地理目标的类型可按空间维数来定义。

例如，对于城市这个地理实体，在小比例尺地图上可作为一个点目标，而在大比例尺地图上将作为若干点、线、面目标的组合体。地理目标在地图上是以地图符号的形式来表示的。

0维——有位置无长度的目标，如点。

1 维——有长度的目标,一般由两个或多个 0 维目标组成,如线。

2 维——有长度和宽度的目标,如多边形。

3 维——有长度、宽度和高度的目标,如三维立体。

2.4　地理实体的描述

对地理实体,通常需要从如下方面进行描述:

编码——用于区别不同的实体,有时同一个实体在不同的时间具有不同的编码。如上行和下行的火车。编码通常包括分类码和识别码。分类码标志实体所属的类别,识别码对每个实体进行标志,是唯一的,用于区别不同的实体。

位置——通常用坐标值的形式(或其他方式)给出实体的空间位置。

类型——指明该地理实体属于哪一种实体类型,或由哪些实体类型组成。

行为——指明该地理实体可以具有哪些行为和功能。

属性——指明该地理实体所对应的非空间信息,如道路的宽度、路面质量、车流量、交通规则等。

说明——用于说明实体数据的来源、质量等相关的信息,即元文件数据。

关系——与其他实体的关系信息。

2.5　地理实体时间维的描述

对于地理实体时间维的描述,如果只是地理实体的属性数据在变化,那么可以把不同时间的属性数据均记录下来,作为该地理实体的属性数据。例如在处理统计区域的人口数时,区域的空间位置不变,只要把新的人口数及对应的时间加入到属性数据表中即可。

当地理实体的空间位置随时间变化时,如政区界线的变化、地块的合并与重新划分等,必须把地理实体的空间特征的变化也记录下来,如记录实体的增加、删除、改变、移动、合并等,同时对实体进行时间标记。

【任务实施】

通过提供大量的地图和相关的遥感影像,分组讨论识读,找出相关地理要素。

通过网络查找相关的地图和遥感影像并进行识读,找出自己熟悉区域对应地理空间的表达。

任务 2　空间数据的采集

【任务描述】

通过相关知识的学习,完成对纸质地图进行扫描,并利用 PhotoShop 软件进行图像预处理,然后利用 MapGIS 软件或 MapInfo 软件进行空间数据的采集。

【相关知识】

1　GIS 的数据源

GIS 的数据源是指建立 GIS 地理数据库所需的各种数据的来源,主要包括地图数据、遥感数据、文本资料、统计资料、实测数据、多媒体数据和已有系统的数据等。

(1)地图数据。地图是 GIS 的主要数据源,因为地图包含着丰富的内容,不仅含有实体的类别和属性,而且含有实体间的空间关系。地图数据主要通过对地图的跟踪数字化和扫描数字化获取。地图数据不仅可以作宏观的分析(用小比例尺地图数据),而且可以作微观的分析(用大比例尺地图数据)。在使用地图数据时,应考虑到地图投影所引起的变形,在需要时进行投影变换,或转换成地理坐标。

地图数据通常用点、线、面及注记来表示地理实体及实体间的关系。

点——居民点、采样点、高程点、控制点等。

线——河流、道路、构造线等。

面——湖泊、海洋、植被等。

注记——地名注记、高程注记等。

(2)遥感数据。遥感数据是GIS的重要数据源。遥感数据含有丰富的资源与环境信息,在GIS支持下,可以与地质、地球物理、地球化学、地球生物、军事应用等方面的信息进行信息复合和综合分析。遥感数据是一种大面积的、动态的、近于实时的数据源,是GIS数据更新的重要手段。

(3)文本资料。文本资料是指各行业、各部门的有关法律文档、行业规范、技术标准、条文条例等。如边界条约等也属于GIS的数据源。

(4)统计资料。国家和军队的许多部门和机构都拥有不同领域(如人口、基础设施建设、兵要地志等)的大量统计资料,这些都是GIS的数据源,尤其是GIS属性数据的重要来源。

(5)实测数据。野外试验、实地测量等获取的数据可以通过转换,直接进入GIS的地理数据库,以便于进行实时的分析和进一步的应用。GPS(全球定位系统)所获取的数据也是GIS的重要数据源。

(6)多媒体数据。多媒体数据(包括声音、视频等)通常可通过通信口传入GIS的地理数据库中,目前其主要功能是辅助GIS的分析和查询。

(7)已有系统的数据。GIS还可以从其他已建成的信息系统和数据库中获取相应的数据。由于规范化、标准化的推广,不同系统间的数据共享和可交换性越来越强,这样就拓展了数据的可用性,增加了数据的潜在价值。

2　空间数据的特征及类型

2.1　空间数据的特征

空间数据是现实世界地理实体或现象在信息世界中的映射,它反映了自然界地理实体向我们传达的基本信息。空间数据即描述空间实体的数据,具有以下基本特征(见图2-8):

(1)属性特征——用以描述事物或现象的特性,即用来说明“是什么”,如事物或现象的类别、等级、数量、名称等。

(2)空间特征——用以描述事物或现象的地理位置及拓扑关系,又称几何特征、定位特征,如界桩的经纬度等。

(3)时间特征——用以描述事物或现象随时间的变化,例如人口数的逐年变化。

由于空间数据具有上述特征,所以其在GIS中的表示是非常复杂的。由于涉及时间特征的时空数据库技术还没有被广泛应用,目前的GIS还较少考虑到空间数据的时间特征,只考虑其属性特征与空间特征的结合。实际上,由于空间数据具有时间维,过时的信息虽不具

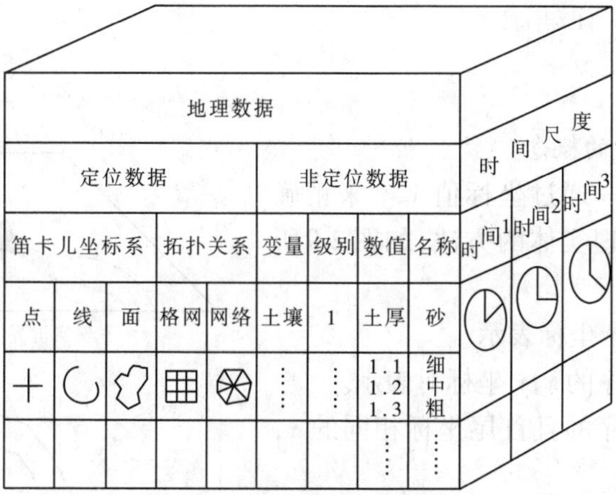

图 2-8　空间数据的基本特征

有现势性,但却可以作为历史性数据保存起来,因而就会大大增加 GIS 表示和处理数据的难度。

2.2　空间数据的类型

根据空间数据的特征,可以把空间数据归纳为三类:

(1)属性数据——描述空间数据属性待征的数据,也称非几何数据,即说明“是什么”,如类型、等级、名称、状态等。

(2)几何数据——描述空间数据空间特征的数据,也称位置数据、定位数据,即说明“在哪里”,如用 x、y 坐标来表示。

(3)关系数据——描述空间数据之间空间关系的数据,如空间数据的相邻、包含等,主要是指拓扑关系。拓扑关系是一种对空间关系进行明确定义的数学方法。

如果根据 GIS 的数据源分类,除上述数据类型外,还可包括影像数据、地形数据和元数据等。

影像数据——主要来源于卫星遥感和航空遥感等,一般为栅格方式。

地形数据——来源于地形等高线图的数字化,已建立的格网状的数字化高程模型(DEM 或 DTM),或其他形式表示的地形表面(如不规则三角网面 TIN)等。

元数据——对空间数据进行推理、分析和总结得到的关于数据的数据,如数据来源、数据权属、数据产生的时间、数据精度、数据分辨率、地理空间参考基准、数据转换方法等。

在具有智能化的 GIS 中还应有规则和知识数据。

2.3　空间数据结构

空间数据结构(Data Structure)——空间数据组织的形式,是指适合于计算机存储、管理、处理的几何数据的逻辑结构。换句话说,是指几何数据以什么形式在计算机中存储和处理。

空间数据结构分为矢量数据结构和栅格数据结构两种。

空间数据编码——空间数据结构的实现,即将遥感数据、地图数据等按一定的数据结构转换为适合于 GIS 存储的数据的过程和方法。

3　矢量数据结构及其编码

3.1　矢量数据结构

3.1.1　矢量数据结构的概念

矢量数据结构——通过坐标值 x,y 来精确地表示点、线、面等地理实体的方法，如图 2-9 所示。

点——由一对 x,y 坐标表示。

线——由一串有序的 x,y 坐标对表示。

面——由一串有序的且首尾坐标相同的 x,y 坐标对表示。

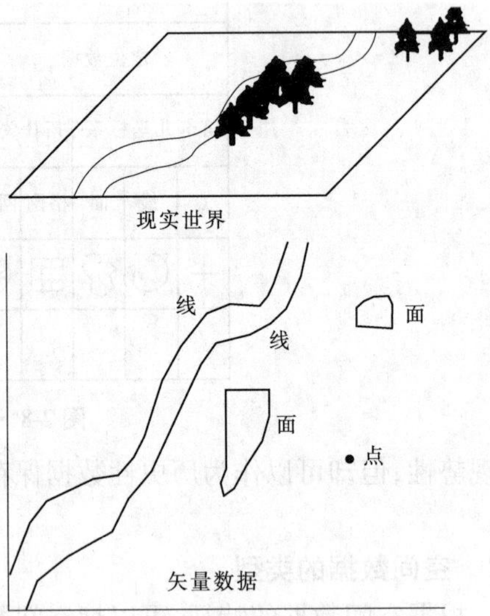

图 2-9　矢量数据结构的空间实体表达

3.1.2　矢量数据结构的特点

矢量数据结构"定位明显，属性隐含"。这里 x,y 可以对应地面点的经纬度，也可以对应平面直角坐标系的 x,y 坐标。矢量数据结构可以表示现实世界中各种复杂的实体，当问题可描述成线和边界时，特别有效。矢量数据冗余度低，结构紧凑，并具有空间实体的拓扑信息，便于深层次分析。矢量数据的输出质量好、精度高。

3.1.3　矢量数据结构的获取

(1)由外业测量获取。

(2)由跟踪数字化获得。

(3)由栅格数据转换获得。利用栅格数据矢量化技术，把栅格数据转换为矢量数据。

3.2　矢量数据的编码

矢量数据的编码方法多种多样，但基本上类似，可触类旁通。

在 GIS 中，矢量数据的编码应考虑以下问题：

(1)矢量数据自身的存储和处理。

(2)与属性数据的联系。

(3)矢量数据之间的空间关系(拓扑关系)。

下面分别介绍矢量数据的简单数据结构和拓扑数据结构。

3.2.1　简单数据结构

矢量数据的简单数据结构没有拓扑关系，又称为面条数据模型，主要用于矢量数据的显示、输出，以及一般的查询和检索。它仅记录空间目标位置坐标和属性信息，而不记录它的拓扑关系。它可能有两种形式：一种是每个点、线、面目标直接跟随它的空间坐标；另一种是点坐标作为一个文件，线和多边形由点号组成。

在第一种形式中，每个实体的坐标都独立存储，毫不顾及相邻的多边形或线状和点状地物。具体如下：

点目标：[标识码，地物编码，(x,y)坐标]

线目标：[标识码，地物编码，(x,y)坐标系列]

面目标：[标识码，地物编码，(x,y)坐标系列]

对面状实体而言,首尾坐标要相等。

标识码:按一定的原则编码,简单情况下可按顺序编号。标识码具有唯一性,是联系矢量数据和与其对应的属性数据的关键字。属性数据单独存放在数据库中。

地物编码:通常把与实体有关的基本属性(如等级、类型、大小等)作为地物编码。地物编码可以有一个或多个。

(x,y)坐标:实体的定位点,对于点实体,如果是有向点,则可以有两个坐标对。

使用这种方法时,除外轮廓线外,多边形的公共边界数据均需获取和存储两次,这就可能会产生裂隙或重叠(见图 2-10),并产生数据冗余。为了消除裂隙或重叠,一般需要编辑。

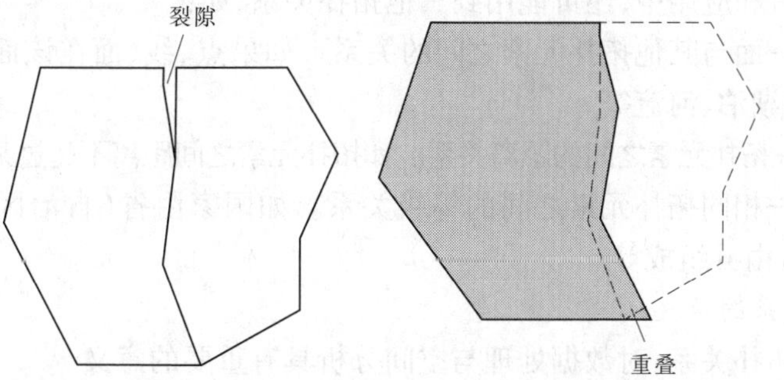

图 2-10　多边形环路中的裂隙与重叠

为克服独立实体编码的某些局限性,可以建立一个包括边界坐标点的点文件,然后建立点、线和多边形的边界表,它们由点位序号构成。方式如下:

点的矢量数据结构:[标识码,地物编码,(x,y)坐标]

线(链)的矢量数据结构:[标识码,地物编码,坐标对数 n,(x,y)坐标序号]

坐标对数 n:构成该线(链)的坐标对的个数。

(x,y)坐标序号:构成线(链)的矢量坐标串所对应的点文件的指针地址。

面(多边形)的矢量数据结构:[标识码,地物编码,链数 n,链标识码集]

链数 n:构成该面(多边形)的链的数目。

链标识码集:所有构成该面(多边形)的链的标识码的集合,共有 n 个。

这样,一个面(多边形)就可由多条链构成,每条链的坐标可由线(链)的矢量数据结构获取。这种方法可保证多边形公共边的唯一性,但多边形的分解和合并不易进行,邻域处理比较复杂,需追踪出公共边,而且在处理“洞”或“岛”之类的多边形嵌套问题时较麻烦,需进行多边形的包含计算等。同时,它仍然没有建立各个多边形实体之间的空间关系。

3.2.2　拓扑数据结构

具有拓扑关系的矢量数据结构就是拓扑数据结构,拓扑数据结构是 GIS 分析和应用功能所必需的。拓扑数据结构的表示方式没有固定的格式,还没有形成标准,但基本原理是相同的。

3.2.2.1　空间数据的拓扑关系

在 GIS 中,为了真实地反映地理实体,不仅要包括实体的位置、形状、大小和属性,还必须反映实体之间的相互关系。这些关系就是指它们之间的邻接关系、关联关系和包含关系等。

地图上的拓扑关系是指图形保持连续状态下变形,但图形关系保持不变的性质。地图上各种图形的形状、大小会随图形的变形而改变,但是拓扑关系则不会改变。为此,也俗称拓扑关系是绘在橡皮上的图形关系，或者说拓扑空间中不考虑距离函数。拓扑关系是一种对空间结构关系进行明确定义的数学方法。

3.2.2.2　最基本的拓扑关系

矢量数据可抽象为点（结点）、线（链、弧段、边）、面（多边形）三种要素，即拓扑元素，最基本的拓扑关系是邻接和关联。

邻接——相同拓扑元素之间的关系。如结点与结点、链与链、面与面等。邻接关系是借助于不同类型的拓扑元素描述的，如面通过链而邻接。

关联——不同拓扑元素之间的关系。如结点与链、链与多边形等。

在 GIS 的分析和应用中，还可能用到其他拓扑关系，如：

包含关系——面与其他拓扑元素之间的关系。如果点、线、面在该面内，则称被该面包含，如某省包含的湖泊、河流等。

几何关系——拓扑元素之间的距离关系。如拓扑元素之间距离不超过某一半径的关系。

层次关系——相同拓扑元素之间的等级关系。如国家由省（自治区、直辖市）组成，省（自治区、直辖市）由县组成等。

3.2.2.3　拓扑关系的意义

空间数据的拓扑关系，对数据处理与空间分析具有重要的意义。

根据拓扑关系，不需要利用坐标或距离，就可以确定一种空间实体相对于另一种空间实体的位置关系。拓扑关系能清楚地反映实体之间的逻辑结构关系，它比几何关系有更大的稳定性，不随地图投影而变化。

利用拓扑关系有利于空间要素的查询。例如某条公路通过哪些地区，某县与哪些县邻接。又如某河流能为哪些地区的居民提供水源，某湖泊周围有哪些土地类型及对生物栖息环境作出评价等。

可以根据拓扑关系重建地理实体。例如根据弧段构建多边形，实现道路的选取，进行最佳路径的选择等。

3.2.2.4　拓扑关系的表示

拓扑数据结构的关键是拓扑关系的表示，而几何数据的表示可参照矢量数据的简单数据结构。在目前的 GIS 中，主要表示基本的拓扑关系，而且表示方法不尽相同。下面举一表示矢量数据拓扑关系的例子，如图 2-11 所示。

在图 2-11 中，A,B,C,D,E 为结点；a,b,c,d,e,f,g 为线段（弧段）；P_0,P_1,P_2,P_3,P_4 为面（多边形）；其边界线段（弧段）方向均为顺时针方向。拓扑关系表示为：

邻接关系：空间图形中同类元素之间的拓扑关系。例如多边形之间的邻接关系 P_2 与 P_3，P_1 与 P_2。又如结点之间的邻接关系 A 与 D，C 与 D 等。

关联关系：空间图形中不同元素之间的拓扑关系。例如结点与弧段的关联关系 A 与 e,a,c；多边形与弧段的关联关系 P_3 与 e,c,f。

包含关系：空间图形中同类但不同级元素之间的拓扑关系。例如多边形 P_1 中包含多边形 P_4。

如果要将结点、弧段、面相互之间所有的拓扑关系表达出来，可以组成四个关系表，即表 2-2 ~ 表 2-5。

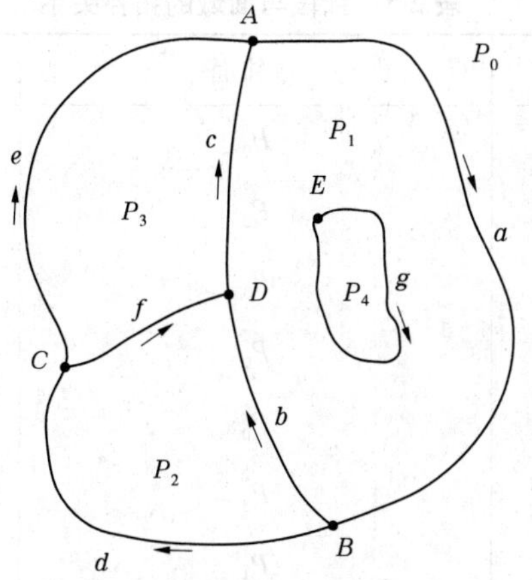

图 2-11　矢量数据的拓扑关系

表 2-2　面域与弧段的拓扑关系

面域	弧段
P_1	$a,b,c,-g$
P_2	b,d,f
P_3	c,f,e

表 2-3　结点与弧段的拓扑关系

结点	弧段
A	a,c,e
B	a,d,b
C	d,c,f
D	b,f,c
E	g

表 2-4　弧段与结点的拓扑关系

弧段	结点
a	A,B
b	B,D
c	D,A
d	B,C
e	C,A
f	C,D
g	E,E

表 2-5　弧段与面域的拓扑关系

弧段	左邻面	右邻面
a	P_0	P_1
b	P_2	P_1
c	P_3	P_1
d	P_0	P_2
e	P_0	P_3
f	P_3	P_2
g	P_1	P_4

上述关系也可以只用其中的部分表来表示，而其余关系则隐含其中，需要时再建立临时关系表。例如表 2-3 对于网络分析非常重要，而对于以面状目标为主的管理系统来说则可以省略；表 2-2 中，弧段前的负号表示面域中含有岛；表 2-4 中每一弧段的左、右结点分别作为始结点和终结点。

4　栅格数据结构及其编码

4.1　基本概念

栅格数据结构——以规则的像元阵列来表示空间地物或现象的分布的数据结构，其阵列中的每个数据表示地物或现象的属性特征。

换句话说，栅格数据结构就是像元阵列，用每个像元的行列号确定位置，用每个像元的值表示实体的类型、等级等的属性编码。

对于栅格数据结构：

点实体——表示为一个像元。

线实体——表示为在一定方向上连接成串的相邻像元的集合。

面实体——表示为聚集在一起的相邻像元的集合。

用栅格结构表示地图，首先要给定每个物体的编码，如给定高程点的编码为 8，烟囱的编码为 7，铁路的编码为 1，居民点的编码为 5，林地的编码为 3，菜地的编码为 4，则图 2-12所示的地图用栅格数据结构表示为图 2-13。

栅格数据表示的是二维表面上的地理数据的离散化数值。在栅格数据中，地表被分割为相互邻接、规则排列的矩形方块（有时也可以是三角形、六边形等），每个地块与一个像元相对应。因此，栅格数据的比例尺就是栅格（像元）的大小与地表相应单元的大小之比，当像元所表示的面积较大时，对长度、面积等的量测有较大影响。每个像元的属性是地表相应区域内地理数据的近似值，因而有可能产生属性方面的偏差。如 Landsat MSS 卫星影像的单个像元对应着地表 79 m × 79 m 的矩形区域，影像记录的光谱数据是每个像元所对应的地表区域内所有地物光谱辐射的总和。

栅格数据记录的是属性数据本身，而位置数据可以由属性数据对应的行列号转换为相应的坐标。因此，栅格数据结构“属性明显，定位隐含”。

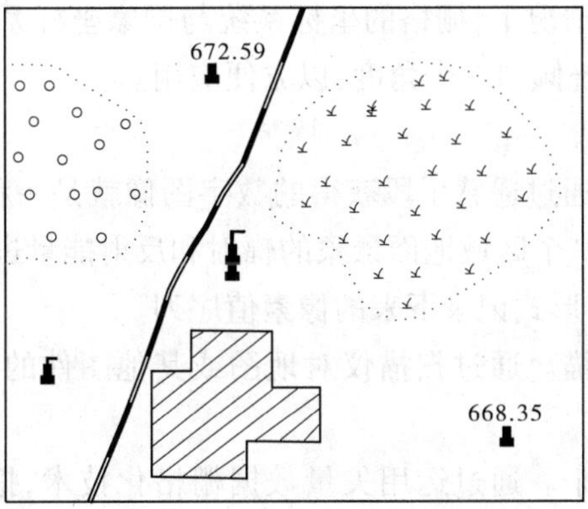

图 2-12　含有点、线、面要素的地图

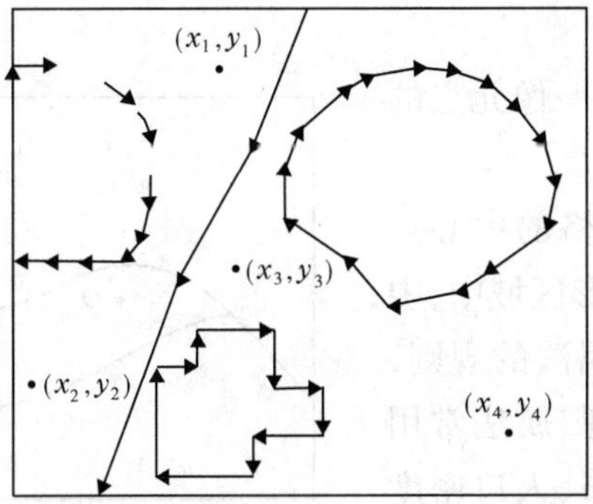

0	0	0	0	0	0	1	0	0	0	0	0
3	3	0	0	8	1	0	4	4	4	0	0
3	3	3	0	0	1	4	4	4	4	4	0
3	3	3	0	1	0	4	4	4	4	4	4
3	3	3	0	1	0	4	4	4	4	4	0
0	0	0	1	7	0	0	4	4	4	0	0
0	0	0	1	5	5	0	0	0	0	0	0
7	0	1	5	5	5	5	0	0	0	0	0
0	0	1	5	5	5	5	0	0	0	8	0
0	1	0	5	5	0	0	0	0	0	0	0

图 2-13　地图的矢量和栅格表示

栅格数据的阵列方式很容易被计算机存储和操作，不仅很直观，而且易于维护和修改。由于栅格数据的结构简单，定位存取性能好，因而在 GIS 中可与影像数据和 DEM 数据进行联合空间分析。但栅格数据也存在着缺点，如数据量大，难以建立实体间的拓扑关系，通过改变分辨率而减少数据量时精度和信息量同时受损等。

一个完整的栅格数据通常由以下几个参数决定。

(1)栅格形状。栅格单元通常为矩形或正方形。特殊的情况下也可以按经纬网划分栅格单元。

(2)栅格单元大小。也就是栅格单元的尺寸，即分辨率。栅格单元的合理尺寸应能有效地逼近空间对象的分布特征，以保证空间数据的精度。但是用栅格来逼近空间实体，不论采用多细小的栅格，与原实体比都会有误差。通常以保证最小图斑不丢失为原则来确定合理的栅格尺寸。设研究区域某要素的最小图斑面积为 S，栅格单元的边长 L 用如下公式计算：

$$L = \frac{1}{2}\sqrt{S}$$

这样就可以保证最小的图斑能够得到反映。

(3)栅格原点。栅格系统的起始坐标应和国家基本比例尺地形图公里网的交点相一致，或者和已有的栅格系统数据相一致，并同时使用公里网的纵横坐标轴作为栅格系统的坐标轴。这样在使用栅格数据时，就容易和矢量数据或已有的栅格数据相配准。

(4)栅格的倾角。通常情况下,栅格的坐标系统与国家坐标系统平行。但有时候,根据应用的需要,可以将栅格系统倾斜一个角度,以方便应用。

4.2　栅格数据的获取

(1)来自于遥感数据。通过遥感手段获得的数字图像就是一种栅格数据。它是遥感传感器在某个特定的时间、对一个区域地面景象的辐射和反射能量进行扫描抽样,并按不同的光谱段分光、量化后,以数字形式记录下来的像素值序列。

(2)来自于对图片的扫描。通过扫描仪对地图或其他图件的扫描,可把资料转换为栅格形式的数据。

(3)由矢量数据转换而来。通过运用矢量数据栅格化技术,把矢量数据转换成栅格数据。这种情况通常是为了有利于 GIS 中的某些操作,如叠加分析等,或者是为了输出。

(4)由手工方法获取。在专题图上均匀划分网格,逐个网格地确定其属性代码的值,最后形成栅格数据文件。

为了保证数据的质量,在确定栅格数据中某一像元点的代码时,通常采用的方法有以下几种。

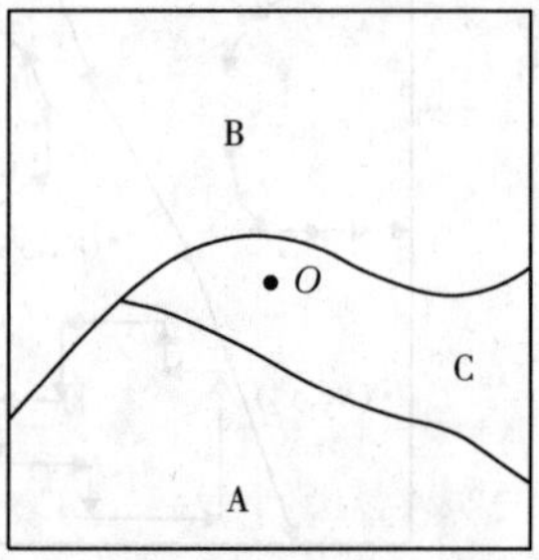

图 2-14　栅格单元代码的确定

中心归属法——每个栅格单元的值由该栅格的中心点所在的面域的属性来确定。在图 2-14 所示的矩形区域中,中心点 O 落在代码为 C 的地物范围内,按中心归属法的规则,该矩形区域相应的栅格单元代码应为 C。中心归属法常用于具有连续分布特性的地理要素,如降雨量分布、人口密度图等。

长度占优法——每个栅格单元的值由该栅格中线段最长的实体的属性来确定。

面积占优法——每个栅格单元的值由该栅格中单元面积最大的实体的属性来确定。在图 2-14 中,显见 B 类地物所占面积最大,故相应栅格代码定为 B。面积占优法常用于分类较细、地物类别斑块较小的情况。

重要性法——根据栅格内不同地物的重要性,选取最重要的地物的类型作为栅格单元的属性值。这种方法适用于具有特殊意义而面积较小的实体要素。

4.3　栅格数据的编码

4.3.1　直接栅格编码

将栅格数据看作一个数据矩阵,逐行(或逐列)记录代码,可以每行都从左到右记录,也可以奇数行从左到右记录,偶数行从右到左记录。如图 2-15 所示的栅格数据可存储记录为:AABB,BBCC,BBCC,BBCC。

A	A	B	B
B	B	C	C
B	B	C	C
B	B	C	C

图 2-15　栅格数据

这种记录栅格数据的文件常称为栅格文件,且常在文件头中存有该栅格数据的长和宽,即行数和列数。这样,具体的像元值就可连续存储了。其特点是处理方便,但没有压缩。

4.3.2　游程长度编码

地理数据往往有较强的相关性,也就是说相邻像元的值往往是相同的。

游程长度编码的基本思想是:按行扫描,将相邻等值的像元合并,并记录代码的重复个数。即在各行(或列)数据的代码发生变化时依次记录该代码以及相同代码重复的个数,从而实现数据的压缩。

例如对图 2-15 所示的栅格数据,其游程长度编码为 A2 B2 B2 C2 B2 C2 B2 C2。若在行与行之间不间断地连续编码,则为 A2 B4 C2 B2 C2 B2 C2。

对于游程长度编码,区域越大,数据的相关性越强,则压缩越大。其特点是,压缩效率高,叠加、合并等运算简单,编码和解码运算快。

游程长度编码在栅格加密时,数据量没有明显增加,压缩效率较高,且易于检索和叠加、合并等操作,运算简单,适用于机器存储容量小,数据需大量压缩,而又要避免因复杂的编码、解码运算而增加处理和操作时间的情况。

栅格数据结构还有链式、块式、四叉树等编码方法,在此不做详细介绍。

5　矢量、栅格数据结构比较

5.1　矢量数据结构与栅格数据结构的比较

矢量数据结构可具体分为点、线、面,可以构成现实世界中各种复杂的实体,当问题可描述成线或边界时,特别有效。矢量数据的结构紧凑,冗余度低,并具有空间实体的拓扑信息,容易定义和操作单个空间实体,便于网络分析。矢量数据的输出质量好、精度高。

但是矢量数据结构的复杂性,导致了操作和算法的复杂化,作为一种基于线和边界的编码方法,其不能有效地支持影像代数运算,例如不能有效地进行点集的集合运算(如叠加),运算效率低而复杂。矢量数据结构的存储比较复杂,导致空间实体的查询十分费时,需要逐点、逐线、逐面地查询。矢量数据和栅格表示的影像数据不能直接运算(如联合查询和空间分析),交互时必须进行矢量和栅格转换。矢量数据与 DEM(数字高程模型)的交互是通过等高线来实现的,不能与 DEM 直接进行联合空间分析。

栅格数据结构是通过空间点的密集而规则的排列表示整体的空间现象的。其数据结构简单,定位存取性能好,可以与影像和 DEM 数据进行联合空间分析,数据共享容易实现,对栅格数据的操作比较容易。

栅格数据的数据量与格网间距的平方成反比,较高的几何精度的代价是数据量的极大增加。因为它只使用行和列来作为空间实体的位置标志,故难以获取空间实体的拓扑信息,难以进行网络分析等操作。栅格数据结构不是面向实体的,各种实体往往是叠加在一起反映出来的,因而难以识别和分离。对点实体的识别需要采用匹配技术,对线实体的识别需采用边缘检测技术,对面实体的识别则需采用影像分类技术,这些技术不仅费时,而且不能保证完全正确。

二者的比较见表 2-6。

通过以上的分析可以看出,矢量数据结构“定位明显,属性隐含”,而栅格数据结构“定位隐含,属性明显”,相应地,矢量数据结构和栅格数据结构的优缺点是互补的,为了有效地实现 GIS 中的各项功能(如与遥感数据的结合,有效的空间分析等),需要同时使用两种数据结构,并在 GIS 中实现两种数据结构的高效转换。

表 2-6　栅格、矢量数据结构特点比较

比较内容	矢量格式	栅格格式
数据量	小	大
图形精度	高	低
图形运算	复杂、高效	简单、低效
遥感影像格式	不一致	一致或接近
输出表示	抽象、昂贵	直观、便宜
数据共享	不易实现	容易实现
拓扑和网络分析	容易实现	不易实现

5.2　矢量格式向栅格格式的转换

许多数据如行政边界、交通干线、土地利用类型、土壤类型等都是用矢量数字化的方法输入计算机或以矢量的方式存在计算机中，表现为点、线、多边形资料。然而，矢量数据直接用于多种数据的复合分析等处理将比较复杂，特别是不同数据要在位置上一一配准，寻找交点并进行分析。相比之下利用栅格数据的形式进行处理则容易得多。加之土地覆盖和土地利用等数据常常从遥感图像中获得，这些数据都是栅格数据，因此矢量数据与它们的叠置复合分析更需要把其从矢量数据的形式转变为栅格数据的形式。

矢量数据的基本坐标是直角坐标 x、y，其坐标原点一般取图的左下角。栅格数据的基本坐标是行和列 (i,j)，其坐标原点一般取图的左上角。两种数据转换时，令直角坐标 x 和 y 分别与行和列对应。由于矢量数据的基本要素是点、线、面，因而只要实现点、线、面的转换，各种线划图形的转换问题基本上可以得到解决。

点的转换十分简单，只需计算出点所在的栅格行列号即可。线的转换基本原理是计算出线所经过的所有栅格，然后将其赋予线的属性值。面的转换要复杂一些。在矢量结构中，多边形面用组成面边界的线段表示，而在栅格结构中，整个面域所在的栅格单元都要用属性值充填。因此，要完成面域的栅格化，首先需要完成多边形边界线段的栅格化，然后用面域属性值充填。所以，矢量的面域向栅格转换又称为多边形填充。常用的多边形填充算法有内部点扩散法、射线法、扫描线法。

5.3　栅格格式向矢量格式的转换

栅格向矢量转换处理的目的是，将栅格数据分析的结果通过矢量绘图装置输出，或者为了数据压缩的需要，将大量的面状栅格数据转换为由少量数据表示的多边形边界，但是主要目的是将各类方法获取的栅格数据加入矢量形式的数据库。转换处理时，基于图像数据的矢量化方法如下。

图像数据是由不同灰阶的影像或线划，通过扫描仪（scanner），按一定的分辨率进行扫描采样，得到的以不同灰度值（0 ~ 255）表示的资料。目前扫描仪的分辨率可达 0.012 5 mm，因此对一般粗度（例如 0.1 mm）的线条，其横断面扫描后平均有 8 个像元，而矢量化要求只允许横断面保持一个栅格的宽度,因此需要进行相应的转换。

具体转换的步骤如图 2-16 所示。

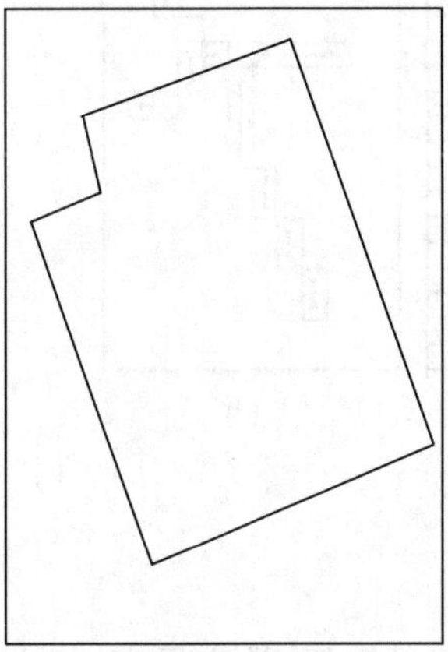

(a)扫描前的矢量数据

5	2	2	124	192	5	1
9	245	212	110	350	12	9
10	156	5	7	110	35	4
141	173	6	6	135	201	8
138	144	8	5	6	166	21
9	178	29	4	4	127	12
5	132	11	7	7	250	211
3	23	214	133	244	155	43
1	7	167	122	12	9	5
0	3	5	5	2	1	0

(b)扫描得到的灰度值

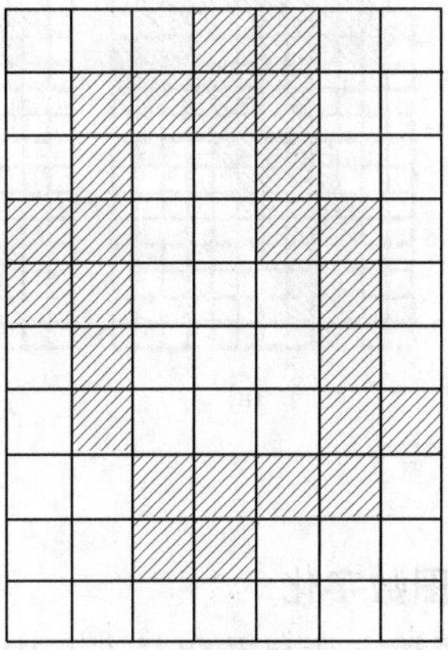

(c)根据给定的阈值二值化后得到的栅格数据

图 2-16　经扫描得到栅格数据的过程

(1)二值化:线划图形扫描后产生栅格数据,这些数据是按 0 ~ 255 的不同灰度值度量的,类似图 2-16(b),设以 $G(i,j)$ 表示。为了将这种 256 或 128 级不同的灰阶压缩到 2 个灰阶,即 0 和 1 两级,首先要在最大与最小灰阶之间定义一个阈值,设阈值为 T,则如果 $G(i,j)$ 大于等于 T,则记此栅格的值为 1,如果 $G(i,j)$ 小于 T,则记此栅格的值为 0,得到一幅二值图,如图 2-16(c)所示。

(2)细化:细化是消除线划横断面栅格数的差异,使得每一条线只保留代表其轴线或周围轮廓线(对面状符号而言)位置的单个栅格的宽度。

(3)跟踪:跟踪的目的是将写入数据文件的细化处理后的栅格数据,整理为从结点出发的线段或闭合的线条,并以矢量形式存储特征栅格点中心的坐标,如图 2-17(d)所示。跟踪时,从图幅西北角开始,按顺时针或逆时针方向,从起始点开始,对八个邻域进行搜索,依次跟踪相邻点,并记录结点坐标,然后搜索闭曲线,直到完成全部栅格数据的矢量化,写入矢量数据库。

栅格—矢量转换过程如图 2-17 所示。

6　空间数据获取

地理空间数据是 GIS 的血液。实际上整个 GIS 都是围绕空间数据的采集、加工、存储、分析和表现展开的。空间数据源、空间数据的采集手段、生产工艺、数据的质量都直接影响到 GIS 应用的潜力、成本和效率。GIS 空间数据采集的任务就是将非电子的数据变成电子数据,并进一步加工处理成符合 GIS 要求的空间数据。

6.1　野外数据采集

对于大比例尺的城市地理信息系统而言,野外数据采集可能是一个主要手段。野外数据采集涉及地形测量的整套技术和生产工艺,详细内容请参阅测量学方面的有关教程。

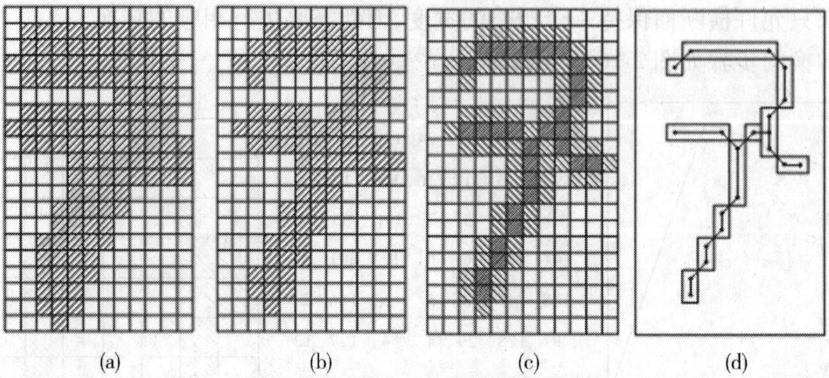

图 2-17　栅格—矢量转换过程

6.2　地图数字化

地图数字化目前仍是 GIS 中获取空间数据的主要手段。它最简便,效率最高,但它的精度比野外测量差。地图数字化有两种作业方式:数字化仪的手扶跟踪数字化和扫描仪的扫描数字化。下面分别介绍。

(1)手扶跟踪数字化。数字化仪根据其采集数据的方式分为机械式、超声波式和全电子式三种,其中全电子式数字化仪精度最高,应用最广。按照其数字化版面的大小可分为 A_0,A_1,A_2,A_3,A_4 等。目前很多单位在大批量数字化时,已不再采用它。

(2)扫描数字化。扫描仪是直接把图形(如地形图)和图像(如遥感影像、照片)扫描输入到计算机中,以像素信息进行存储表示的设备。按其所支持的颜色分类,可分为单色扫描仪和彩色扫描仪;按扫描幅面和操作方式分为滚筒扫描仪、平台扫描仪等。

CCD 扫描仪的工作原理是:用光源照射原稿,投射光线经过一组光学镜头射到 CCD 器件上,再经过模/数转换器、图像数据暂存器等,最终输入到计算机。CCD 感光元件阵列是逐行读取原稿的。为了使投射在原稿上的光线均匀分布,扫描仪中使用的是长条形光源。扫描仪的分辨率是指在原稿的单位长度(英寸)上取样的点数,单位是 dpi,常用的分辨率有 300 ~1 000 dpi。扫描图像的分辨率越高,所需的存储空间就越大。现在多数扫描仪都提供了可选择分辨率的功能。对于复杂图像,可选用较高的分辨率;对于较简单的图像,可选择较低的分辨率。

扫描时,必须先进行扫描参数的设置,具体扫描界面如图 2-18 所示,包括:

(1)扫描模式的设置(分二值、灰度、RGB 彩色),对地形图一般采用二值扫描或灰度扫描,对彩色航片或卫片采用 RGB 彩色扫描,对黑白航片或卫片采用灰度扫描。

(2)扫描分辨率的设置,根据扫描要求,对地形图的扫描一般采用 300 dpi 或更高的分辨率。

(3)针对一些特殊的需要,还可以调整亮度、对比度、色调、GAMMA 曲线等。

(4)设定扫描范围。

扫描参数设置完后,即可通过扫描获得某个地区的栅格数据。

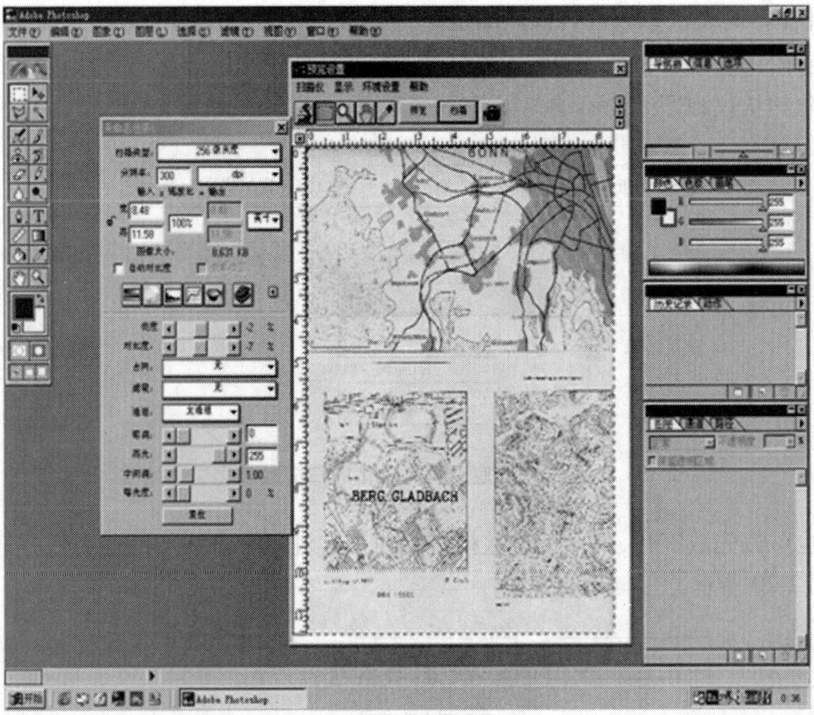

图 2-18　扫描界面

通过扫描获得的是栅格数据,数据量比较大。如一幅 1∶5万的地形图采用 300 dpi 灰度扫描,其数据量就有约 20 MB。除此之外,扫描获得的数据还存在着噪声和中间色调像元的处理问题。噪声是指不属于地图内容的斑点污渍和其他模糊不清的东西形成的像元灰度值。噪声范围很广,没有简单有效的方法能加以完全消除,有的软件能去除一些小的脏点,但有些地图内容如小数点等和小的脏点很难区分。对于中间色调像元,则可以通过选择合适的阈值,选用一些软件如 PhotoShop 等来处理。

一般对获得的栅格数据还要进行一些后续处理,如图像纠正、矢量化等。扫描仪由于性能价格比的提高、输入速度快、不受人为因素的影响、操作简单而越来越受到用户的欢迎,再加之计算机运算速度、存储容量的提高和矢量化软件的踊跃出现,使得扫描输入已成为图形数据输入的主要方法。

扫描数字化的过程如下:

首先是对地图进行扫描。根据扫描仪、地图种类和用户要求的不同等,可分别得到二值影像、灰度影像和彩色影像。扫描的分辨率随用户需要而定,一般在 300 ~ 500 dpi。目前市场上的工程扫描仪都能满足地图扫描分辨率的要求。

地图扫描以后,将数字栅格影像输入到扫描数字化的软件中,接下来进行图形定向,如图 2-19 所示。将图廓点或控制点的大地坐标输入到计算机内,用鼠标点取对应的像点坐标,解算定向参数。由于当前的工程扫描仪误差较大,特别是不均匀的扫描误差加上图纸的不均匀变形,可能产生较大的扫描误差。用图框的四点定向,解算仿射变形参数,难以满足精度要求。有两种方法处理不均匀变形误差:一是扫描标准格网,在每个格网内建立一个误差方程,解算每个格网的改正参数并存入计算机,以后用该扫描仪每扫描一张图纸,用这一系列(每个格网)的改正参数进行误差纠正。二是扫描有公里格网的地形图时,输入每个格网的大地坐标,由每个小格网解算一套改正参数,用每个格网的改正参数纠正该格网内的影像,即可消除扫描仪和图纸的不均匀误差。

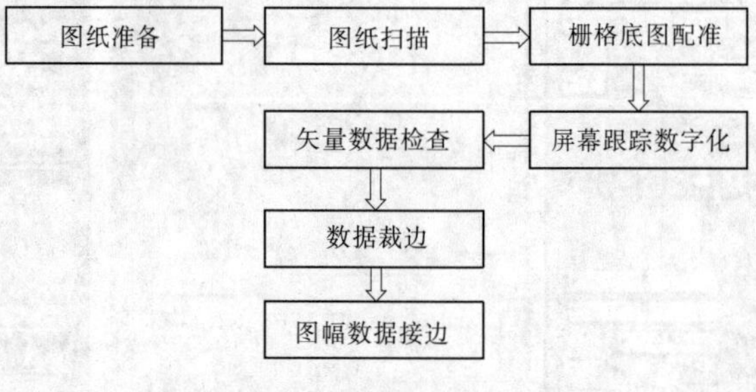

2-19　先配准扫描底图再矢量化的扫描数字化主要流程

当然,也可以先数字化,再对矢量数据进行纠正。过程和方法与上述类似。其大致的工作流程如图 2-20 所示。

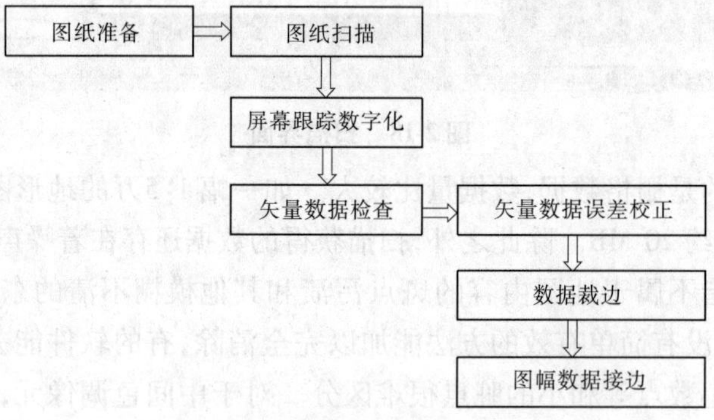

图 2-20　先矢量化再纠正的扫描数字化主要流程

地图扫描数字化可以有两种方式:自动矢量化和交互式矢量化。对于分版的等高线图、水系图、道路网等采用自动矢量化效率较高。对于城市的大比例尺图,可能只有采用交互式矢量化。

自动矢量化一般先将灰度影像变换成二值影像,如果是彩色影像还要先进行分版处理,再从多级的灰度影像变换成二值影像。二值影像自动矢量化的方法有多种,一般包括细化、断线连接、去毛刺、矢量跟踪等。对于等高线的自动矢量化,赋高程是一项重要内容,要保证每条等高线的高程值没有错误。

交互式矢量化是采取人机交互的方式,对地图上每个图形实体逐条线划进行矢量化。当线划的状态比较好时,计算机自动跟踪,到不能跟踪的位置停止,然后人机交互,再继续往前跟踪。为了提高作业效率,有些软件增加计算机自动化的功能,如使用 GeoScan 软件,在一个多边形内或外,点取一点,计算机能自动提取多边形拐点的坐标。对于一些虚线或陡坎线,系统也能自动跳过虚线或陡坎线的毛刺进行自动跟踪。此外,该软件还增加了数字和汉字识别功能,大大提高了地图数字化的作业效率。

6.3　摄影测量、遥感图像处理

摄影测量在我国基本比例尺测图生产中起了关键作用，我国绝大部分1∶1万和1∶5万基本比例尺地形图使用摄影测量方法。同样，在GIS空间数据采集的过程中，随着数字摄影测量、遥感图像处理技术的推广，其亦将起越来越重要的作用。详细内容请参阅航空摄影测量的有关教程。

【任务实施】

地图的扫描矢量化是重要的地理数据获取方式之一。在GIS平台下完成一幅地图的扫描矢量化。

图纸的扫描这里不作介绍。直接进入扫描图像的预处理。

1. 利用PhotoShop预处理图像

当图纸比较大时，扫描需要分块即扫描成多个文件，文件分别命名为“图像-1.jpg”、“图像-2.jpg”、“图像-3.jpg”、“图像-4.jpg”等。PhotoShop预处理图像包括纠斜、拼图、图像文件类型转换。必要时还要进行图像模式的改变。

(1)将训练数据复制，粘贴至各自文件夹内(正确命名文件及文件夹，名字要和内容相符合)。

(2)双击桌面上的PhotoShop快捷图标，启动PhotoShop。

(3)在“文件”下拉菜单中，选择“打开”命令，通过浏览方式将扫描的“图像-1.jpg”载入PhotoShop程序。

(4)在工具条的“吸管工具”处点击鼠标右键，选择“度量工具”，在“图像-1.jpg”上水平边框左侧交角处点击鼠标左键并按着不放，沿边框线拖出一条斜线至上边框右侧交角处，然后松开鼠标，此时会在标准工具栏中显示此线角度(注意记下此角度)。

(5)在“图像”下拉菜单中选择“旋转画布”中的“任意角度”，此时系统会弹出相应对话框(注意此对话框中的角度与前面记下的角度值相同)，旋转方式选中“度(顺时针)”选项，点击“好”按钮，系统会自动完成图像旋转。

重复步骤(4)、(5)完成对所有扫描图像的纠斜。保存并关闭所有图像。

(6)在“文件”下拉菜单中，选择“打开”命令，通过浏览方式将扫描的“图像-1.jpg”载入PhotoShop程序。

(7)通过“图像”下拉菜单的“画布大小”命令打开“画布大小”对话框，如图2-21所示。定位选择左上角，将宽度和高度调整为原来至少两倍的尺寸，用来放要拼接的内容，如图2-22所示。

(8)打开“图像-2.jpg”，将其通过“移动工具”拖动到同“图像-1.jpg”一个窗口。这时在“图像-1.jpg”窗口中将多出一个图层“图层1”，如图2-23所示，接着用“移动工具”把“图层1”中的内容调整到和“背景”中的图形相接，在调整的过程中可以以某一个关键点为依据，通过键盘上的上下左右方向键进行微调，让两部分图像很好地接合在一起。

(9)用同样的方法打开“图像-3.jpg”和“图像-4.jpg”，并将其拼接在“图像-1.jpg”上，形成一张完整的地图。这时将出现“图层2”和“图层3”，如图2-24所示。单击选择图2-24中向右三角形，进行“拼合图层”。最终只有一个图层“背景”。

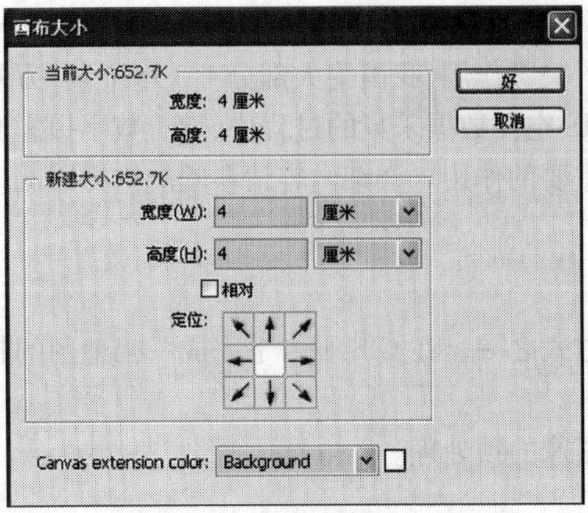

图 2-21　"画布大小"对话框

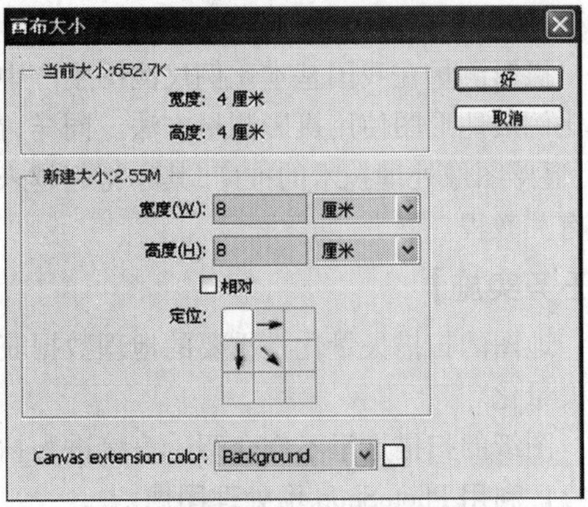

图 2-22　设置"画布大小"为原来两倍

图 2-23　图层 1

图 2-24　图层增加

(10)在"图像"下拉菜单中选择"调整"中的"亮度/对比度",此时系统会弹出相应对话框。在此对话框中分别移动亮度和对比度滑动条按钮,使图形达到"主体突出、背景弱化"的效果即可。

(11)在工具条中选择"裁剪工具",在图像的适当位置按下鼠标左键并按着不放,根据需要拖出一范围,然后点击鼠标右键,选择"裁切",系统即自动对所选范围进行裁剪。

(12)打开"文件"下拉菜单,选择"存储为",在弹出的界面中,设置文件名为"01 - 33",文件类型为"TIFF"(注意必须选此格式),保存路径为各自设置的文件夹内。设置好各项参数后,点击"确定",在弹出的对话框中按图 2-25 所示进行参数设置,注意"图像压缩"要选择"无"。设置好各项参数后,点击"好"按钮,完成文件的格式转换、图像降噪、图像裁剪等前期处理过程。

2. 空间数据的采集

注意:GIS 数据和地图制图数据采集时的区别。

MapGIS 是具有拓扑关系的矢量数据 GIS 软件,而 MapInfo 是没有拓扑关系的简单矢量数据 GIS 软件,利用这两个软件采集空间数据,可以体会简单矢量数据结构和拓扑矢量数据结构的区别。

1)方法 1:在 MapGIS 软件下完成空间数据的采集

(1)图像文件转换及图像配准。

启动 MapGIS 主程序,打开"图像处理"模块中的"图像分析"子系统。

第 1 步:图像文件转换,将 tif 格式转换为 msi。

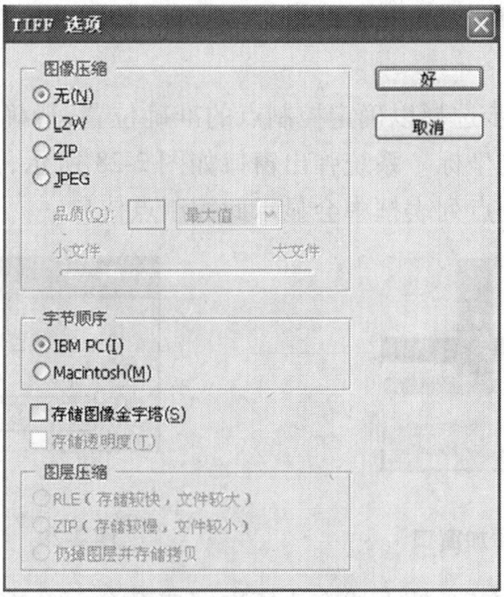

图 2-25　图像保存选项

在“文件”下拉菜单中选择“数据输入”选项，在系统弹出的对话框（见图 2-26）中进行参数设置，然后点击“添加文件”按钮，通过浏览方式添加需转换的“01 - 33. tif”文件（注意在调入文件之前，最好是在 PhotoShop、ACDSee 等图像处理软件中通过调整亮度、对比度等对原图像进行降噪和锐化处理），点击“转换”按钮，系统自动完成转换并将其保存于与源文件“01 - 33. tif”相同的路径之下。转换完毕后，点击“关闭”按钮，关闭此对话框，结束转换。

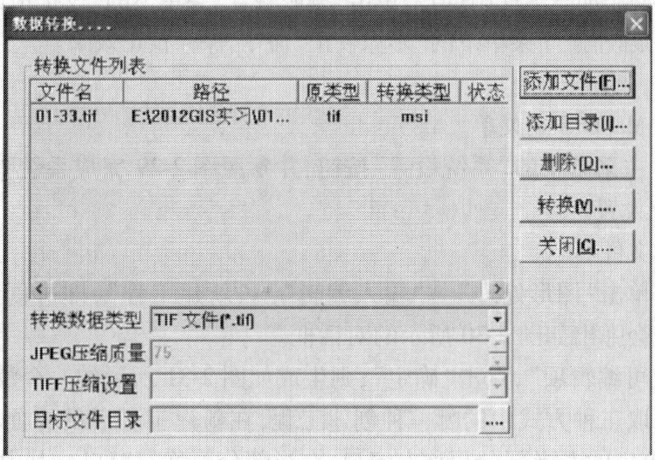

图 2-26　图像数据转换对话框

第 2 步：在“文件”下拉菜单中选择“打开影像”选项，在系统弹出的选择界面中选择“01 - 33. msi”文件，点击“打开”按钮载入影像文件。接下来，要对图像配准。

第 3 步：点击“镶嵌融合”下拉菜单→点击“控制点信息”和“控制点浏览”（其前面打√）→在视图下方控制点信息显示框中显示控制点信息并浏览控制点，很明显控制点不对→点击“镶嵌融合”下拉菜单→选择“删所有控制点”选项，将已有控制点信息删除。

第 4 步：在“镶嵌融合”下拉菜单中选择“添加控制点”选项，将光标移至左边影像窗口中图像左下角坐标图框交角位置，点击鼠标左键，此时系统会弹出另一视图窗口，如图 2-27 所示。

在此窗口中进行进一步选择以确定控制点的准确位置，待确定准确位置后点击空格键确定选择，然后输入相应的坐标。系统弹出窗口如图 2-28 所示，点击“是”按钮完成第一个控制点的选择，这时在控制点列表框中会显示此控制点信息。

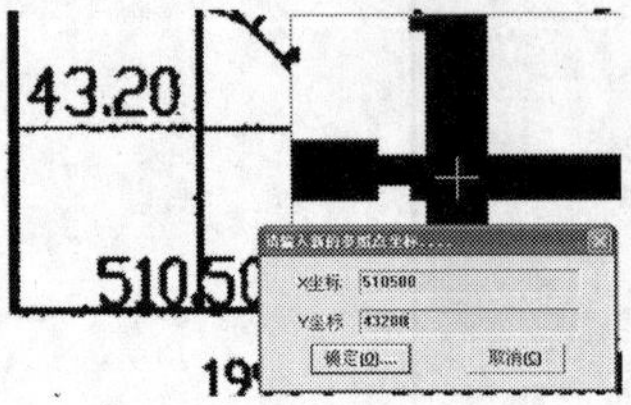

图 2-27　控制点添加窗口

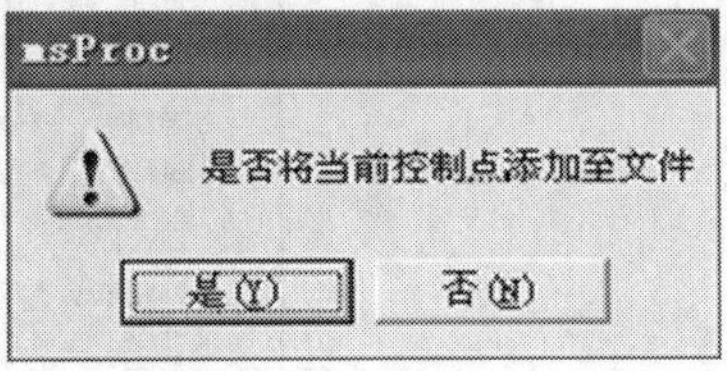

图 2-28　控制点确认提示框

按照逆时针或顺时针方向，按上述方法依次完成其余三个控制点的确定。系统即根据所设置的参数自动完成影像校正。

注意：对于 1∶1万及更小比例尺的图像配准，需要在 MapGIS 的“实用服务”→“投影变换”下，生成相应比例尺的标准图框，利用标准图框作为“参照文件”进行配准。其配准过程如下：接上面第 4 步→单击“镶嵌融合”菜单下的“打开参照文件/参照线文件”，即打开标准图框线文件→单击“镶嵌融合”菜单下的“添加控制点”依次添加至少四个控制点（方法：分别单击左边影像内一点和右边线文件中相应的点，并分别按空格键确认，系统弹出对话框，单击“是”按钮，系统自动添加一个控制点）→单击“镶嵌融合”菜单下的“校正预览”命令，查看校正预览效果→单击“镶嵌融合”菜单下的“影像校正”命令，保存校正效果。

（2）矢量化。

第 1 步：启动 MapGIS 主菜单。

单击 MapGIS 主菜单中的“系统设置”按钮，并参照图 2-29 完成系统参数的设置。点击“确定”，完成系统设置。

第 2 步：创建文件。

①执行命令：单击“图形处理”→“输入编辑”→“新建工程”，即可创建一个新的工程，选择此功能，系统会弹出如图 2-30 所示的对话框。

选择“不生成可编辑项”，点击“确定”，则生成如图 2-31 所示的一个没有文件的工程。

注意：不管采取三种方式中的哪一种创建工程，在新建工程后的界面中，窗口都被分为左右两个部分。窗口的左半部分简称左窗口，右半部分简称右窗口。其中，左窗口的主要作用是对工程中的文件进行管理；右窗口的主要作用则是对文件中的图元进行管理。

②在工程文件界面左窗口中点击鼠标右键，新建地理要素对应的点、线、面文件。分别新建相应的文件“点图元. wt”、“线图元. wl”、“区图元. wp”（注意：矢量化要按照地理要素分文件，文件内部分图层）。

③在输入编辑系统界面左窗口中右击鼠标，在弹出的快捷菜单中选择“添加项目”命令，装入光栅文件，装入素材文件“01 - 33. msi”。

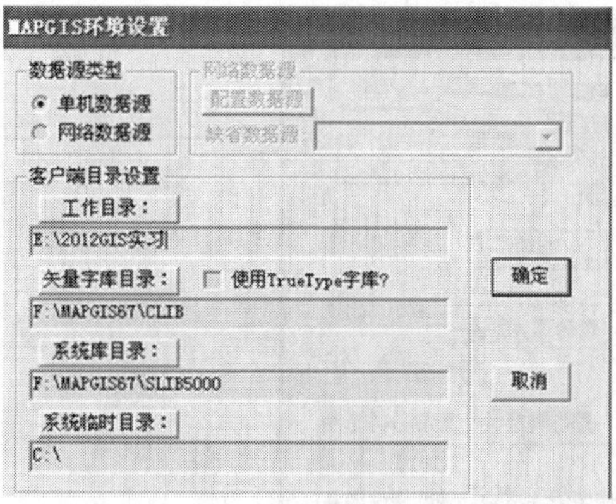

图2-29 系统设置

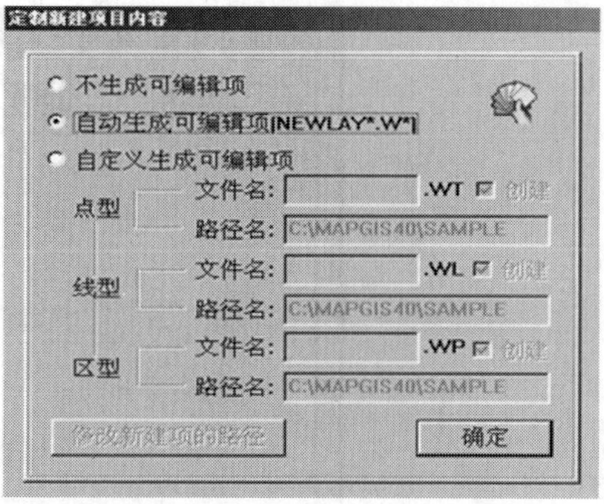

图2-30 MapGIS新建工程初始状态

图2-31 空的工程文件界面

④矢量化，根据底图进行点、线、面数据输入。

第3步：保存工程文件及项目文件。

选定要保存的项目文件，单击鼠标右键，在弹出的快捷菜单中选择“保存所选项”，对项目文件进行保存。在左窗口空白处单击鼠标右键，选择“保存工程”命令，将工程文件保存到文件夹中，文件名为“01－33. mpj”。

第4步：创建工程图例板。

①新建工程文件“工程图例练习. mpj”，新建工程图例，编辑三个分类(1为点，3为线，5为面)，如图2-32所示。

②新建一个点类型图例(名称和描述都为“子图”，分类码为“1”，编码为“1001”。图例参数：子图号19，子图高度、子图宽度20，子图颜色6)，如图2-33所示。

③用上述方法新建一个线类型图例，名称和描述都为“水系”，分类码为“3”，编码为“3001”，线型为“1”，线颜色为“2”，线宽为“0.1”。

④新建一个区类型图例，名称和描述都为“行政区划”，分类码为“5”，编码为“5001”，填充颜色为“3”。

⑤点击“确定”按钮，保存工程图例文件为“工程图例练习. cln”。

在工程文件的左窗口，单击“右键”，选择“关联工程图例”→“打开图例板”。

⑥保存工程文件。

第5步：矢量化。

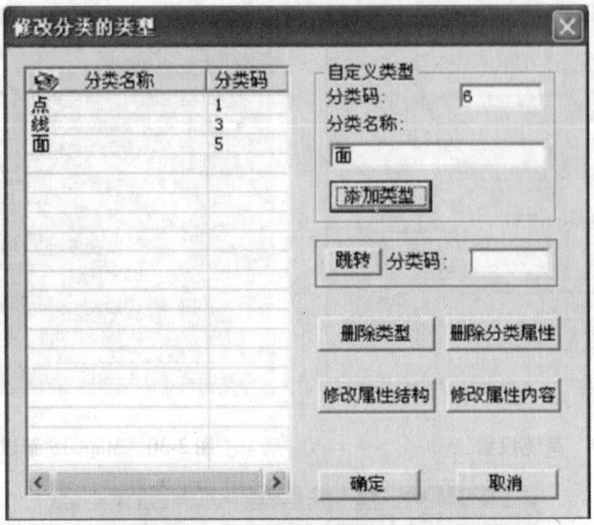

图 2-32　工程图例分类

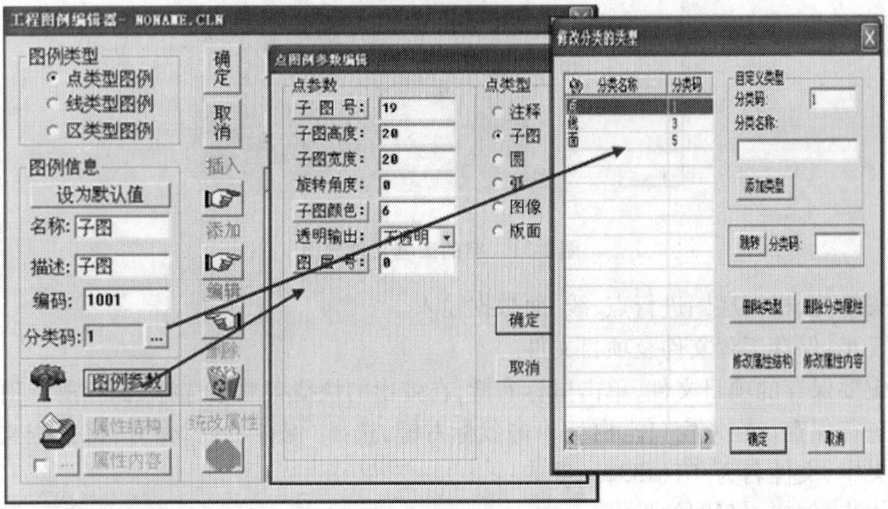

图 2-33　图例及参数

借助于图例板，分别对各图层要素逐一矢量化。在矢量化时，注意以下操作方法与技巧。

取消输入操作：单击右键。

自动封闭线：当输入封闭线时，在快封闭时按下 Ctrl + 鼠标右键。

F4 键（高程递加）：这个功能是供进行等高线矢量化时，为各条线的高程属性进行赋值使用的。在设置了高程矢量化参数后，每按一次 F4 键，当前高程值就递加一个增量。

F5 键（放大屏幕）：以当前光标为中心放大屏幕内容。

F6 键（移动屏幕）：以当前光标为中心移动屏幕。

F7 键（缩小屏幕）：以当前光标为中心缩小屏幕内容。

F8 键（加点）：用来控制在矢量跟踪过程中需要加点的操作。按一次 F8 键，就在当前光标处加一点。

F9 键(退点):用来控制在矢量跟踪过程中需要退点的操作。按一次 F9 键,就退一点。

有时在手动跟踪过程中,由于注释等的影响,跟踪发生错误,这时通过按 F9 键,进行退点操作,消去跟踪错误的点,再通过手动加点跟踪,即可解决。

F11 键(改向):用来控制在矢量跟踪过程中改变跟踪方向的操作。按一次 F11 键,就转到矢量线的另一端进行跟踪。

F12 键(抓线头):在矢量化一条线开始或结束时,可按 F12 键来捕捉需相连接的线头(注意:该功能键要用好,以保证数据的连续和完整)。

注意:矢量化时,不同要素要分文件,文件内部不同性质的地物用不同的参数(线型、颜色、宽度等)区分,并根据读图结果,分别赋予不同的图层。

2)方法 2:在 MapInfo 软件下完成空间数据的采集

(1)图像配准。

第 1 步:双击 MapInfo 软件,进入系统,如图 2-34 所示。

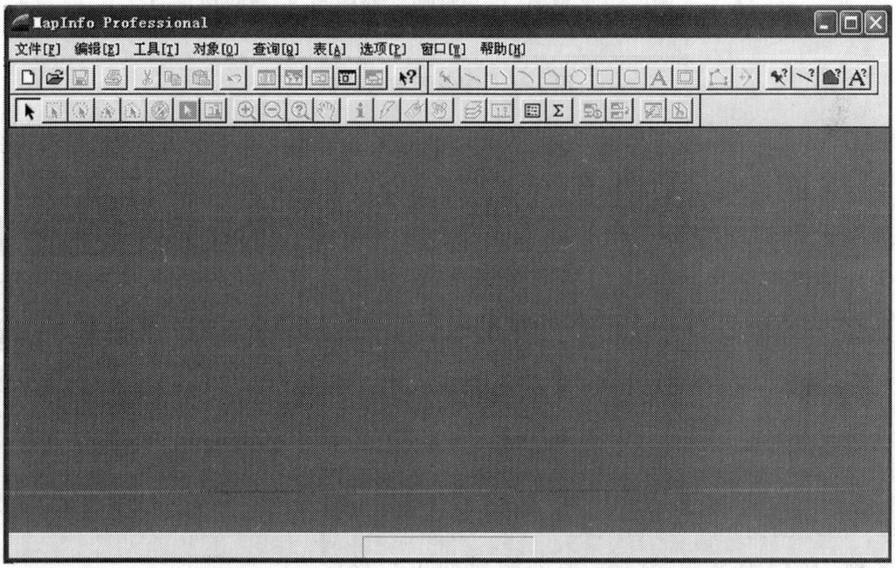

图 2-34　MapInfo 系统

第 2 步:单击"文件"菜单→选择"打开表",出现打开表对话框→将对话框中的"文件类型"选为栅格图像→选择"01 - 33. jpg"文件,单击"打开"按钮→出现提示对话框,如图 2-35 所示,提示:"您想简单地显示图像或配准它使其具有地理坐标吗?"单击"配准"按钮,出现图像配准对话框。单击"投影",出现选择投影对话框,选择与原图匹配的地图投影。根据图像内容,在"类别"框选择"Non - Earth",在"类别项"框选择"Non - Earth(meters)"即单位米,单击"确定",如图 2-36 所示,返回图像配准对话框。

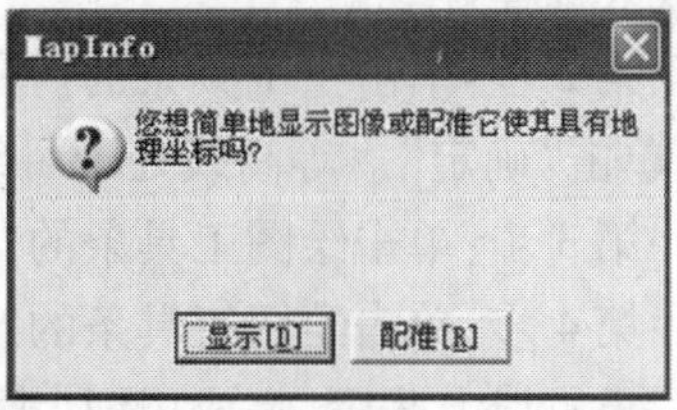

图 2-35　配准提示对话框

图 2-36　图像配准对话框

第 3 步:单击图像配准对话框中预览图像的某个内图廓点,出现增加控制点对话框。在对话框中输入相应控制点的坐标值(注意:将坐标单位由公里换算为米),单击“确定”。

重复第 3 步,继续增加内图廓点,完成四个内图廓点的配准。图像配准对话框中出现配准误差值,如果误差太大,则重新采集控制点,或编辑控制点坐标,直到满意为止。

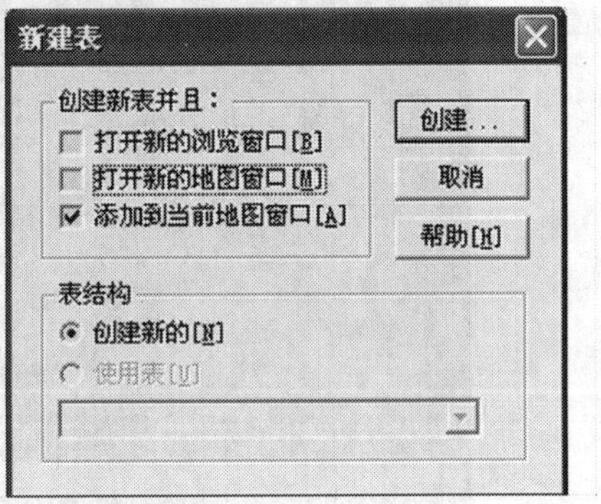

图 2-37　新建表对话框

(2)矢量化。

线状要素的采集。

第 1 步:打开新建表对话框,如图 2-37 所示,选择“添加到当前地图窗口”→“新表结构”→“增加字段”(增加名称、高程等字段,注意:表结构后面可以修改)→“创建新表”,命名为“等高线”,点击“保存”,等高线表即建好。

第 2 步:单击主工具条的“图层控制”按钮,进入图层控制对话框,在等高线的编辑框打钩,单击“确定”。等高线处于可编辑状态,如图 2-38 所示。

第 3 步:单击绘图工具条的“线样式”按钮,设置线的颜色和宽度,点击“确定”。

第 4 步:单击绘图工具条的“折线”按钮,在图上输入等高线。注意:双击鼠标结束。

重复以上步骤,完成田埂、小路、陡坎、水涯线、电力线、沟渠、图廓线等线状要素的输入。

点状要素的采集操作步骤如同线状要素,只是工具选取不同,点要素输入利用绘图工具条中的“符号”工具。

面状要素的采集操作步骤也如同线状要素,只是工具选取不同。选择绘图工具条中的“多边形”编辑工具,数字化面状水系、植被等面状要素。方法同上,但表示结束的鼠标双击使终点与起点自动连接成封闭的多边形。

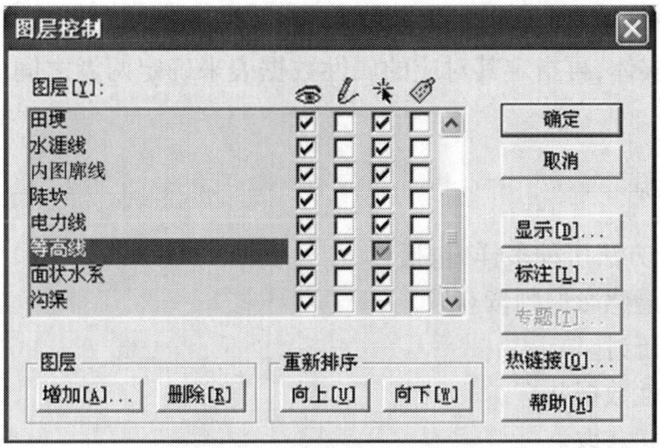

图 2-38　图层控制对话框

注意:面状要素对于邻区公共边部分使用 MapInfo 的 Snap 功能。S 键为 Snap 双向选择键,当 Snap 功能键起作用时,可自动捕捉光标一定范围内已数字化的点,按住 Shift 键则可捕捉公共线段。

如果发现数字化点位不准,在图层可编辑的情况下,选择绘图工具条上的“整形”按钮和“加点”按钮进行调整。

任务 3　属性数据的输入

【任务描述】

属性数据是空间数据的重要组成部分,是地理信息系统进行应用分析的核心对象。如何采集、整理、录入属性数据是数据采集过程中必不可少的内容。本任务要求完成相应属性数据的输入。

【相关知识】

1　属性数据的含义

属性数据是描述空间数据的属性特征的数据。属性数据本身并不属于空间数据的类型。例如,道路可以数字化为一组连续的像素或矢量表示的线实体,并可用一定的颜色、符号把 GIS 的空间数据表示出来,这样,道路的类型就可用相应的符号来表示。而道路的属性数据则是指用户还希望知道的道路宽度、表面类型、建筑方法、建筑日期、人口覆盖、水管、电线、特殊交通规则、每小时的车流量等,这些数据都与道路这一空间实体相关。这些数据可以存储在数据库中,通过给予一个公共标识符与空间实体联系起来。

属性数据的录入主要采用键盘输入的方法,有时也可以辅以字符识别软件。

当属性数据的数据量较小时,可以在输入几何数据的同时,用键盘输入属性;但当属性数据的数据量较大时,一般与几何数据分别输入,并检查无误后转入到数据库中。为了把空间实体的几何数据与属性数据联系起来,必须在几何数据与属性数据之间有一公共标识符。标识符可以在输入几何数据或属性数据时手工输入,也可以由系统自动生成(如用顺序号代表标识符)。只有当几何数据与属性数据有一共同的数据项时,才能将几何数据与属性数据自动地连接起来；当几何数据与属性数据没有公共标识码时，只有通过人机交互的方法，如选取一个空间实体，再指定其对应的属性数据表来确定两者之间的关系，同时自动生成公共标识码。

2 属性数据的来源

属性数据获取的方法多种多样，包括：

(1)摄影测量与遥感影像判读获取。

(2)实地调查或研讨。

(3)其他系统属性数据共享。

(4)数据通信方式获取。

3 属性数据的分类

属性数据根据其性质可分为定性属性、定量属性和时间属性。

(1)定性属性是描述实体性质的属性，例如建筑物结构、植被种类、道路等级等属性。

(2)定量属性是量化实体某一方面量的属性，例如质量、重量、年龄、道路宽度等属性。

(3)时间属性是描述实体时态性质的属性。注意：此属性也可单独作为描述空间实体的一个方面提出，如空间数据可分为几何数据、属性数据、时态数据。

4 属性数据的编码

对于要直接记录到栅格或矢量数据文件中的属性数据，必须先对其进行编码，将各种属性数据变为计算机可以接受的数字或字符形式，便于 GIS 存储管理。属性数据的编码是指确定属性数据的代码的方法和过程，编码的直接产物就是代码。代码是一个或一组有序的易于被计算机或人识别与处理的符号，是计算机鉴别和查找信息的主要依据和手段。

4.1 编码原则

属性数据编码一般要基于以下几个原则：

(1)编码的系统性和科学性。编码系统在逻辑上必须满足所涉及学科的科学分类方法的要求，以体现该类属性本身的自然系统性。另外，它还要能反映出同一类型中不同的级别特点。一个编码系统能否有效运作其核心问题就在于此。

(2)编码的一致性。一致性是指对象的专业名词、术语的定义等必须严格保证一致，代码所定义的同一专业名词、术语必须是唯一的。

(3)编码的标准化和通用性。为满足未来有效的信息传输和交流，所制定的编码系统必须在可能的条件下实现标准化。

(4)编码的简洁性。在满足国家标准的前提下，每一种编码应该以最小的数据量负载最大的信息量，这样，既便于计算机存储和处理，又具有相当的可读性。

(5)编码的可扩展性。虽然代码的码位一般要求紧凑经济、减少冗余代码，但应考虑到实际使用时往往会出现新的类型需要加入到编码系统中，因此编码的设置应留有扩展的余地，避免新对象的出现而使原编码系统失效、造成编码错乱现象。

4.2 代码的功能

鉴别——代码代表对象的名称，是鉴别对象的唯一标识。

分类——当按对象的属性分类，并分别赋予不同的类别代码时，代码又可作为区分分类对象类别的标识。

排序——当按对象产生的时间、所占的空间或其他方面的顺序关系排列，并分别赋予不同的代码时，代码又可作为区别对象排序的标识。

4.3　代码的类型

代码的类型是指代码符号的表示形式，有数字型、字母型、数字和字母混合型三类。

数字型代码——用一个或若干个阿拉伯数字表示对象的代码。特点是结构简单，使用方便，易于排序。但它对对象的特征描述不直观。

字母型代码——用一个或若干个字母表示对象的代码。特点是它比同样位数的数字型代码容量大，还可提供便于识别的信息，易于记忆。但它比同样位数的数字型代码占用更多的计算机存储空间。

数字和字母混合型代码——由数字、字母、专用符组成的代码。它兼有数字型代码和字母型代码的优点，结构严密，直观性好。但组成形式复杂，处理麻烦。

4.4　GIS 中代码的种类

GIS 中的代码可以分为两种：一种是分类码，另一种是标识码。

分类码——根据地理信息分类体系设计出的各专业信息的分类代码，用以标志不同类别的数据，根据它可以从数据中查询出所需类别的全部数据。

标识码(亦称识别码)——在分类码的基础上，对每类数据设计出其全部或主要实体的识别代码，用以对某一类数据中的某个实体，如一块居民地、一条河流、一条道路等进行个体查询检索，从而弥补分类码不能进行个体分离的缺陷。标识码是联系实体的几何信息和属性信息的关键字。

4.5　GIS 中代码的编码方法

编码的一般方法是：

(1)列出全部制图对象清单。

(2)制定对象分类、分级原则和指标，将制图对象进行分类、分级。

(3)拟定分类代码系统。

(4)设定代码及其格式。设定代码使用的字符和数字、码位长度、码位分配等。

(5)建立代码和编码对象的对照表。这是编码最终成果档案，是数据输入计算机进行编码的依据。

属性的科学分类体系无疑是 GIS 中属性编码的基础。目前，较为常用的编码方法有层次分类编码法与多源分类编码法两种基本类型。

层次分类编码法是按照分类对象的从属和层次关系为排列顺序的一种编码方法，它的优点是能明确表示出分类对象的类别，代码结构有严格的隶属关系。图 2-39 以土地利用类型的编码为例，说明了层次分类编码法所构成的编码体系。

多源分类编码法又称独立分类编码法，是指对于一个特定的分类目标，根据诸多不同的分类依据分别进行编码，各位数字代码之间并没有隶属关系。表 2-7 以河流为例说明了多源分类编码法的应用。

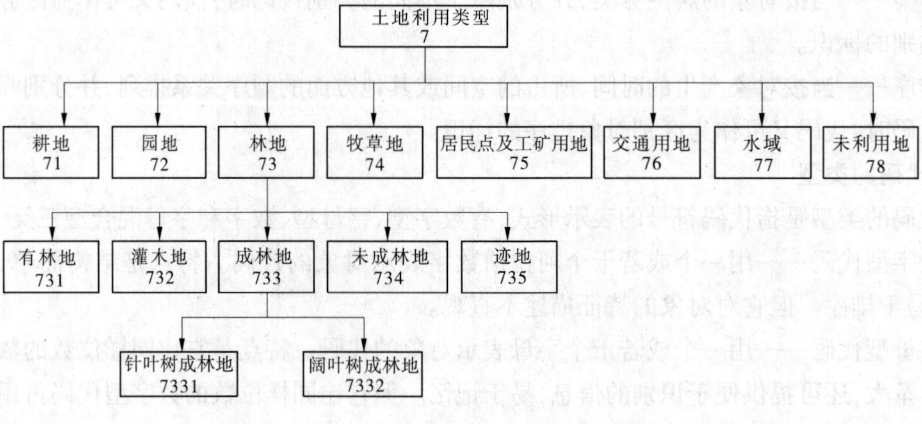

图 2-39　土地利用类型编码（层次分类编码法）

表 2-7　河流编码的标准分类方案和数码系统

标志编号									分类
Ⅰ	Ⅱ	Ⅲ	Ⅳ	Ⅴ	Ⅵ	Ⅶ	Ⅷ	Ⅸ	
1									平原河
2									过渡河
3									山地河
	1								常年河
	2								时令河
	3								消失河
		1							通航河
		2							不通航河
			1						树状河
			2						平行河
			3						筛状河
			4						辐射河
			5						扇形河
			6						迷宫河
				1					主（要河）流：一级
				2					支　流：二级
				3					三级
				4					四级
				5					五级
				6					六级
				7					七级

续表 2-7

标志编号									分类
Ⅰ	Ⅱ	Ⅲ	Ⅳ	Ⅴ	Ⅵ	Ⅶ	Ⅷ	Ⅸ	
					1				河长：一组——1 km 以下
					2				二组——2 km 以下
					3				三组——5 km 以下
					4				四组——10 km 以下
					5				五组——10 km 以上
						1			河宽：一组——5 ~ 10 m
						2			二组——10 ~ 20 m
						3			三组——20 ~ 30 m
						4			四组——30 ~ 60 m
						5			五组——60 ~ 120 m
						6			六组——120 ~ 300 m
						7			七组——300 ~ 500 m
						8			八组——500 m 以上
							1		河流间的最短距离：50 m
							2		50 ~ 100 m
							3		100 ~ 200 m
							4		200 ~ 400 m
							5		400 ~ 500 m
							6		500 ~ 1 000 m
							7		1 000 ~ 2 000 m
									弯曲度：2.5 km 弯曲　深度　宽度
								1	>40　>50 m　>50 m
								2	>40　>50 m　>75 m
								3	>25　>50 m　>75 m
								4	>25　>50 m　>100 m
								5	<25　>75 m　>150 m

例如，河流编码 111114322 表示：平原河，常年流水，通航，河床形状为树状，主流，河长 10 km 以下，河宽 20 ~ 30 m，河流间的最短距离为 50 ~ 100 m，河流弯曲，2.5 km 弯曲的平均数为 40，弯曲的平均深度大于 50 m，弯曲的平均宽度大于 75 m。由此可见，该种编码方法一般具有较大的信息负载量，有利于对空间信息的综合分析。在实际工作中，也往往将以上

两种编码方法结合使用,以达到更理想的效果。

5　属性数据的输入

5.1　属性数据的输入方法

属性数据的输入主要采用键盘交互输入。一般属性数据的输入有两种情况:一种是当属性数据的数据量较小时,可以在输入几何数据的同时,用键盘直接输入属性;另一种是当属性数据的数据量较大时,一般与几何数据分别输入,预先建立属性表输入属性,或从其他统计数据库中导入属性,然后根据关键字与图形数据自动连接,并检查无误后转入到数据库中。

注意:属性数据输入前,一定要编辑属性结构,增加相应的属性字段。一般分文件建立属性结构。

5.2　属性数据与空间数据的连接

为了把空间实体的几何数据与属性数据联系起来,必须在几何数据与属性数据之间有一公共标识符,即关键字。标识符可以在输入几何数据或属性数据时手工输入,也可以由系统自动生成(如用顺序号代表标识符)。只有当几何数据与属性数据有一共同的数据项时,才能将几何数据与属性数据自动地连接起来;当几何数据与属性数据没有公共标识码时,只有通过人机交互的方法,如选取一个空间实体,再指定其对应的属性数据表来确定两者之间的关系,同时自动生成公共标识码。

当空间实体的几何数据与属性数据连接起来之后就可进行各种 GIS 的操作与运算了。当然,不论是在几何数据与属性数据连接之前还是之后,GIS 都应提供灵活而方便的手段以对属性数据进行增加、删除、修改等操作。

【任务实施】

注意:属性数据的输入必须在空间数据全部采集完成并检查无误后进行。

1. 以 MapInfo 系统为例,演示图形数据采集完后属性数据的输入过程

1)建立属性表结构

如图 2-40 所示,在采集完成的空间数据中,包括等高线、池塘、陡坎、植被、沟渠、田埂、高程点、小路等要素,每一类分属一个图层。对于每一类地物要素,在没有创建属性数据表之前,只包括地物的空间信息,属性数据表需要根据实际要求创建。

以图层“等高线”为例,单击“表”菜单→单击“维护表结构”→选择“等高线”图层,添加 ID、名称、高程等属性字段,如图 2-41 所示,得到属性表。

2)属性数据的输入

生成等高线属性表之后即可在表中添加相应属性信息,属性表中的记录与图层中的目标是一一对应的,即图层中有多少目标对象,表中就有多少条记录,如图 2-42 所示。分别输入这些记录,地物属性数据便得以记录和保存。

至此,属性数据的输入基本完成,还可以进一步根据需要进行维护、添加或修改。

2. 以 MapGIS 系统为例,演示图形数据采集完成后属性数据的输入过程

1)编辑属性结构

第 1 步:启动软件,设置系统环境。注意:工作目录设置为自己的工作目录,系统字库和符号库按照要求设置。

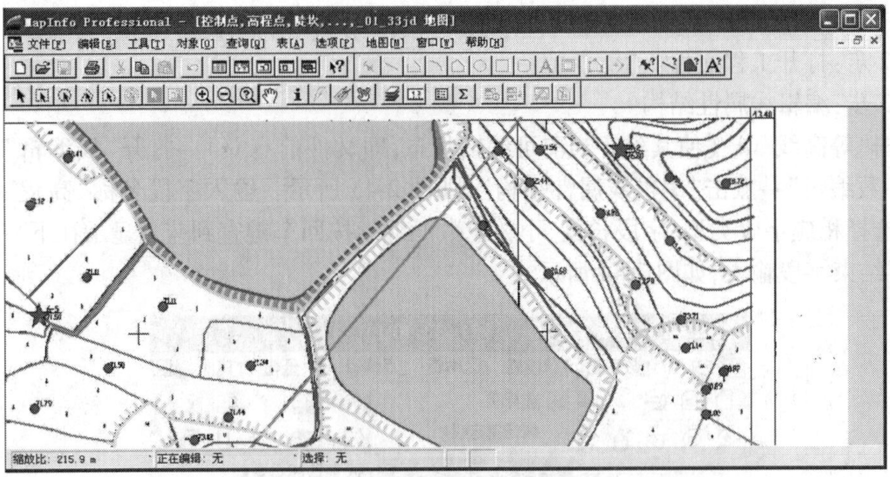

图2-40　数字化地图地物空间关系示意图

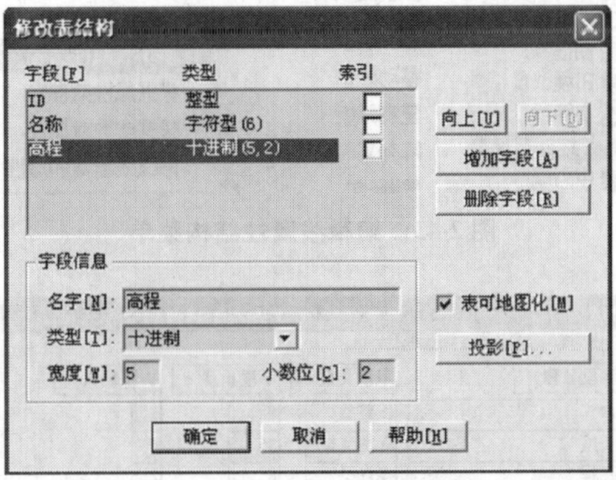

图2-41　修改表结构

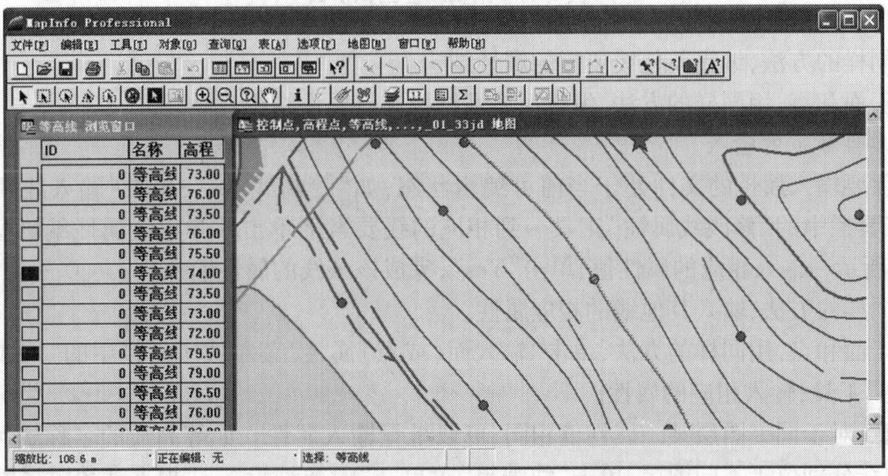

图2-42　属性数据与空间地物的对应关系

双击 MapGIS6.7 主界面图标，启动软件，进行系统设置。

第 2 步：打开工程文件。

第 3 步：编辑线属性结构。

单击“等高线.wl”（使其处于当前可编辑状态，即文件前有√）→打开“线编辑”菜单→选择“参数编辑”→点击“编辑线属性结构”，如图 2-43 所示。输入字段名称“高程”→按回车键→选择相应字段类型、字段长度、小数位数。继续按回车键直到蓝条显示在下一行→单击“OK”结束字段输入，如图 2-44 所示。

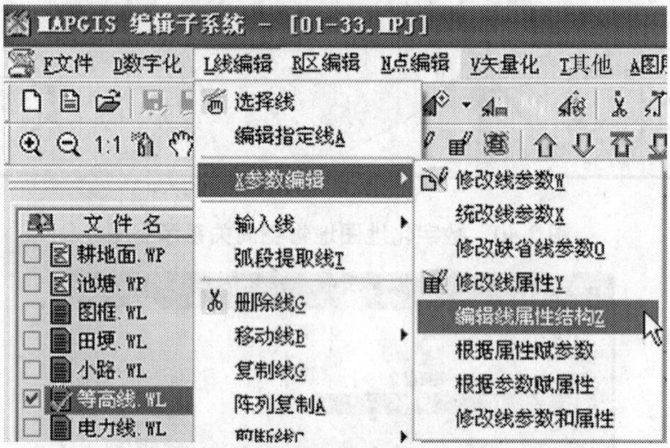

图 2-43　编辑线属性结构菜单

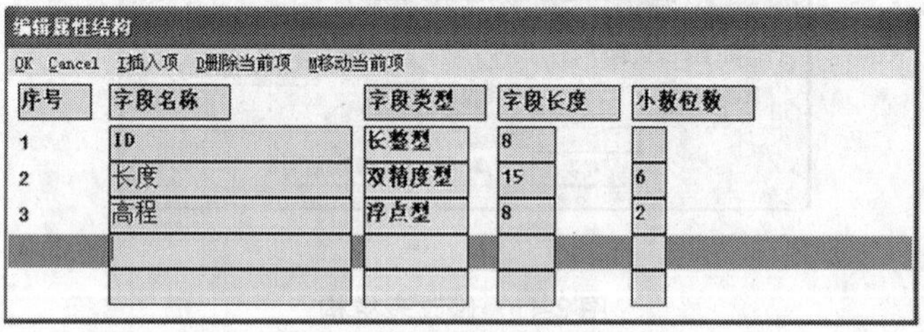

图 2-44　编辑属性结构窗口

用同样的方法，编辑其他线要素的属性结构。

对于面和点，用同样的方法，编辑面属性结构和点属性结构。

2）属性数据的输入

确保要输入属性的文件处于当前可编辑状态，如“等高线.wl”，单击“输入线属性”菜单，或工具栏中的“修改线属性”工具→到相应的线要素上单击→弹出线属性编辑窗口，如图 2-45 所示→输入相应的属性值，单击“Yes”，完成该条线的属性输入。

用同样的方法，输入其他线的相应属性。

对于面和点，用同样的方法，单击“输入面（或点）属性”菜单或工具栏中的“修改面（或点）属性”工具，输入相应的属性。

注意：对于同一图层某一属性值相同，可以批量输入属性。如等高线的名称属性，首曲线、计曲线分别位于不同图层，单击“线编辑”菜单→“参数编辑”→“根据参数赋属性”→弹出窗口如图 2-46 所示→单击“图形参数条件”，选中首曲线所在图层→在“名称”字段给出“首曲线”值。这样，所有的首曲线图层其“名称”字段都赋上了“首曲线”值。

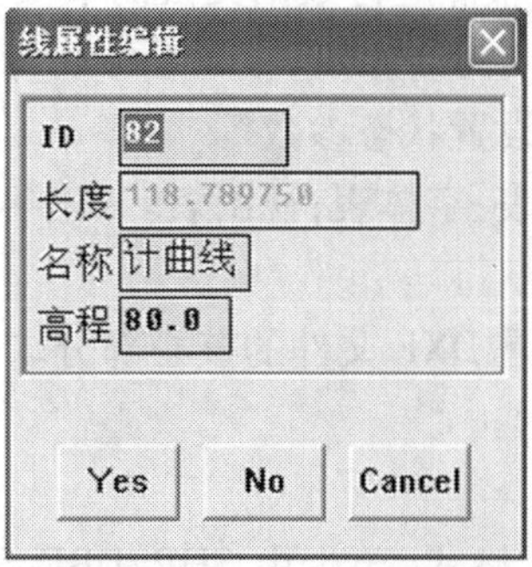

图2-45　线属性编辑窗口

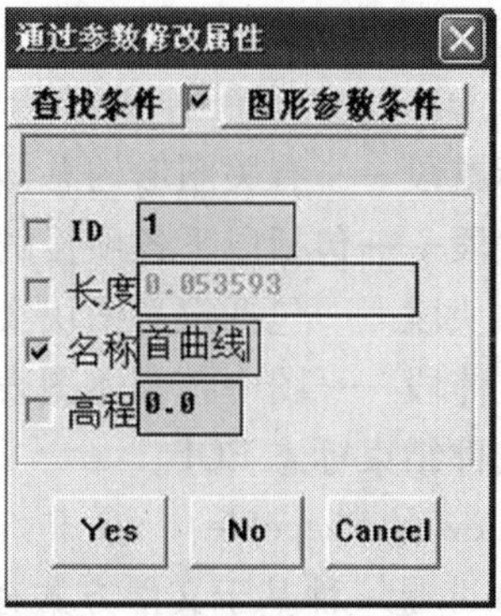

图2-46　通过参数修改属性

任务4　空间数据的格式转换

【任务描述】

随着地理信息系统的普及应用,许多单位存在大量已经数字化了的空间数据。较之传统地图生产资料的来源,用户有更多的选择。为使数据物尽其用,以提高数据获取和数据生产的效益,人们不断对现有数据进行多次开发,以满足越来越多的用户对各类数据的需求,从而导致了数据的商品化和标准化。所以,空间数据转换作为空间数据获取的手段之一,在现代 GIS 建设中起着越来越重要的作用。

本任务要求实现将 MapGIS 数据转入 MapInfo 中,要求转入后空间数据和属性数据内容正确完整,没有丢失。

【相关知识】

1　常用的 GIS 及图形数据格式简介

1.1　MapInfo 的 mif/mid

采用双数据库存储模式,空间数据与属性数据分开存储。MapInfo 通过 mif 及 mid 明码文件(结构公开)与其他软件建立数据接口。mif 及 mid 文件可通过 MapInfo 的菜单命令转入及转出操作来输入和输出。

mif 文件内保存有图形信息,由图形文件头和图形数据段组成。文件头的主要信息是图形属性信息的属性字段的名称、类型、长度;数据段中主要有每个图形实体的图形数据。mid 文件内保存有图形的属性信息,为对应实体的属性数据。通过 mif 文件中每个图形数据与 mid 文件中每个属性数据之间的顺序排列对应关系建立图形和属性的关系。

1.2　AutoCAD 的 DWG/DXF

与 GIS 的制图软件不同,AutoCAD 的文件由多种图形实体组成,其实体采用坐标描述,实体间不具备拓扑描述信息。

DWG 文件是用来存储 AutoCAD 最终图形产品的二进制文件,它是由文件头、实体段、块表段、层表段、字型表段、线型表段、视图表段、图块段组成的。

DXF 文件是 AutoCAD 用以将内部图样信息传递到外部进行数据交换的明码数据文件。

由于 AutoCAD 软件的流行,DXF 文件已成为大多数绘图软件进行数据交换的事实上的标准格式之一。DXF 文件是一种 ASCII 码文本文件,其总体结构分为如下五个段:

(1)标题段——有关图形的总体信息。如系统当前设置状态参数等。

(2)表段——包括以下各项目的定义:线型表;图层表;字体表;视图表。

(3)图块段——包括定义图块实体的描述。

(4)实体段——图中各实体图表的具体描述。该段是 DXF 文件的核心部分。

(5)文件结束标志 EOF。

1.3 ArcView 的 Shapefile

Shapefile 是一种基于文件方式存储 GIS 数据的文件格式,至少由 SHP、DBF、SHX 三个文档组成,分别存储空间信息、属性信息及空间和属性信息之间的关系。每个属性记录有一个一对一相关的 shape 记录。另外,还可以有其他的可选文档,如 SBN、SBX、FBN 等。Shapefile 是 GIS 中比较通用的一种数据格式。

1.4 ARC/INFO 的 Coverage 和 E00

E00 是 ESRI 公司提供的对 ARC/INFO 数据的一种数据交换的标准格式。

Coverage 是 ARC/INFO 的基本存储单元,是一种成熟的矢量数据模型。它是地图中表示某个专题的地理特征的空间信息的逻辑集合。通常一个 Coverage 只描述一种类型的地图要素,如道路、居民区等。Coverage 用弧段(Arc)、结点(Node)、标记点(Label Point)、多边形(Polygon)等相互关联的拓扑结构记录空间数据,数据结构比较复杂,属性缺省存储在 Info 表中。

2 数据格式转换方法

数据格式转换就是将具有相同信息但存储格式不同的数据从原存储格式转换到目标存储格式的过程。数据格式转换一般由计算机程序来完成。多数 GIS 及制图软件本身提供数据转换功能,可以方便地进行不同数据格式之间的转换。

空间数据转换的内容主要包括三个方面的信息:其一是空间定位信息(实体的坐标);其二是空间关系(如一条弧段的起结点、终结点、左多边形、右多边形等);其三是属性数据。

2.1 操作方法

空间数据转换目前主要通过外部交换文件进行。系统之间的数据一般要通过 2 ~ 3 次转换。如图 2-47 所示,从系统 A 的内部数据转换到系统 B 可能经过 2 ~ 3 次转换。先从 A 的内部文件转到 A 的外部交换文件,如果系统 B 能够直接读系统 A 的外部交换文件,转换 2 次即可;否则要从 A 的外部交换文件转到 B 的外部交换文件,再从 B 的外部交换文件转到 B 的内部文件,此时经过 3 次转换。

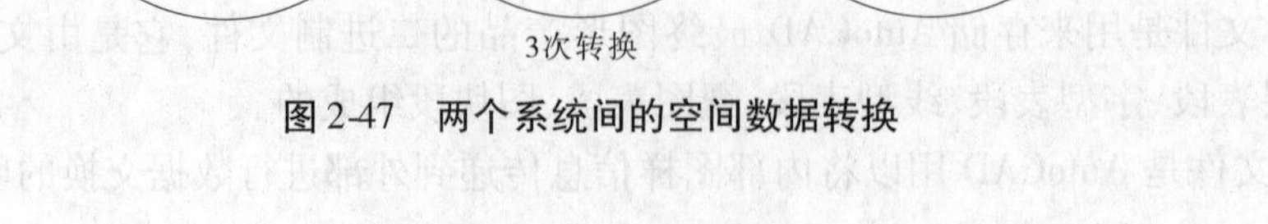

图 2-47 两个系统间的空间数据转换

下面以使用 MapInfo 的通用转换器为例,介绍数据格式转换的操作方法。

(1)打开 MapInfo,在“工具”中选择“通用转换器”,弹出通用转换器对话框,如图 2-48、图 2-49 所示。

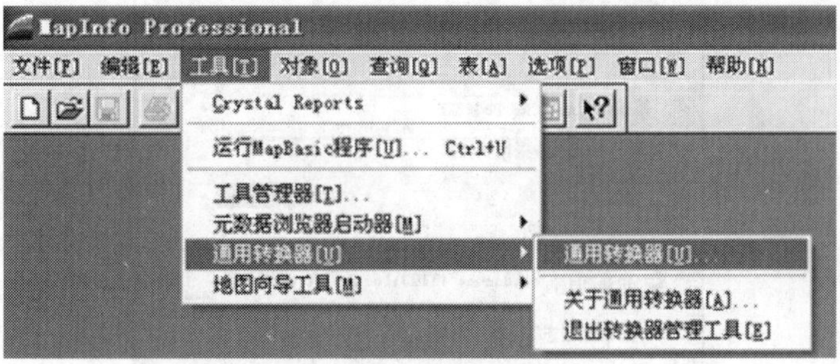

图 2-48　选择“通用转换器”

(2)选择被转换文件的数据格式以及文件的路径。“源”中“格式”后的下拉列表中列出了在目前环境下能够转换的所有数据格式,如图 2-50 所示。

图 2-49　通用转换器对话框

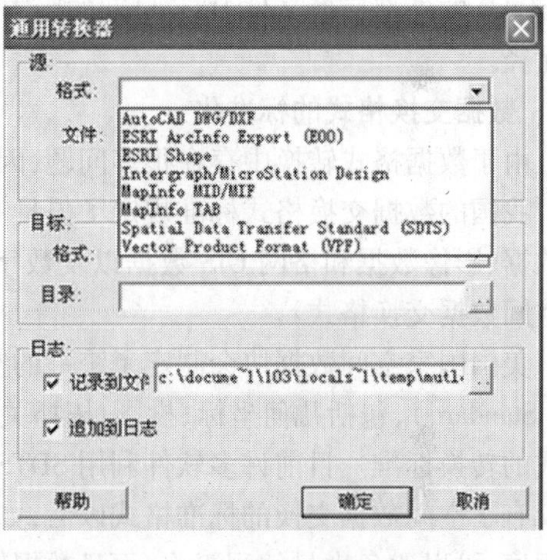

图 2-50　可供转换的数据格式

(3)选择转换后的数据格式以及文件的存储位置。“目标”中“格式”后的下拉列表列出了已选文件能够转换成的数据格式,按实际情况进行选择,如图 2-51 所示。

(4)点击“确定”,完成转换。

2.2　转换产生的问题

由于每个 GIS 的数据结构和数据模型不完全相同,在空间数据转换过程中往往丢失,甚至得不到有关信息。一般情况下,空间目标的定位信息能够完整地进行转换。但是有些基于 CAD 的系统,如 AutoCAD 和 MicroStation,它们可能包含数学曲线,如三点圆、圆弧、光滑曲线等,而 GIS 中一般没有这些图形元素,所以在转换时 GIS 一般将它们内插成折线,这样难免会损失精度。

转换过程中最容易丢失的信息是拓扑关系的信息和属性信息。如果数据模型基本一致,拓扑关系的信息在转换过程中丢失后,可以通过在数据转换后的系统中重构拓扑关系而得以恢复,但是数据结构不一样时,如 MapInfo 等软件没有拓扑关系,空间数据的转入和转出就不可能带有拓扑关系。对于属性数据,大部分 GIS 都能够进行转换,但用户经常用到的

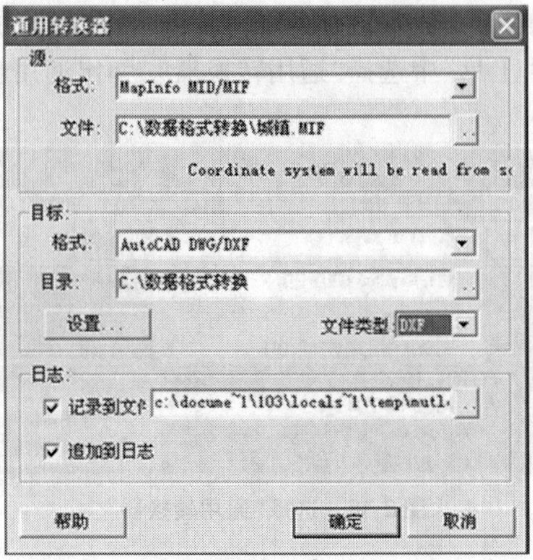

图 2-51　选择转换前后的文档和格式

AutoCAD 的外部交换文件 DXF 早期的版本不含有属性数据,此时要得到属性数据需通过其他途径。

2.3　数据交换格式的标准化

由于数据格式转换中存在很多问题,因此需要一个统一的标准来确定数据交换格式。

我国的数据交换格式标准规定了矢量和栅格两种空间数据的交换格式,适用于多种矢量数据、影像数据和格网 GIS 数据以及数字高程模型(DEM)等的数据交换。具体参见《地球空间数据交换格式》。

美国国家空间数据协会制定了统一的空间数据格式规范 SDTS(Spatial Data Transformation Standard),包括几何坐标、投影、拓扑关系、属性数据、数据字典,也包括不同的空间数据格式的转换标准。目前许多软件利用 SDTS 提供了标准的空间数据交换格式。

有了空间数据交换的标准格式以后,如果每个系统都提供读写这一标准格式空间数据的程序,可以避免大量编程工作,而且数据转换仅需要 2 次即可。如图 2-52 所示,从系统 A 的内部文件到标准空间数据交换文件,再从标准空间数据交换文件到系统 B 的内部文件仅需 2 次转换,而且它省去为每种 GIS 软件都编写一个数据交换程序的步骤。

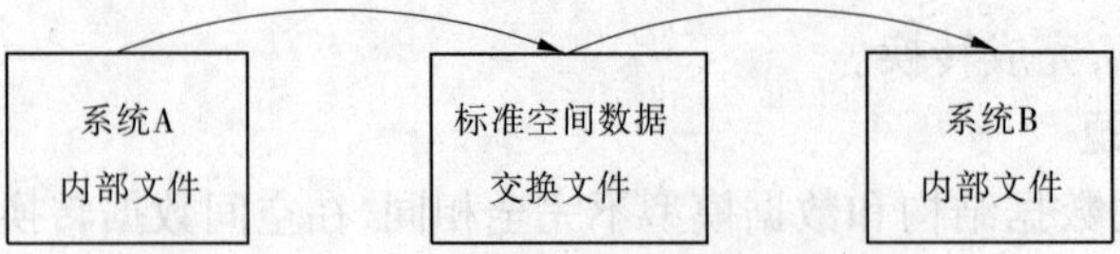

图 2-52　通过标准格式的空间数据交换

有了空间数据交换标准以后省去了软件开发商用于数据转换的软件的编程工作。但是对用户来说,仍然需要 2 次转换。能否将空间数据的转换变成 1 次,或者不进行转换?这就是 OpenGIS 的思想,即实现不同 GIS 软件系统之间空间数据的互操作。OpenGIS 最初和最简单的设想是制定一套读写空间数据的标准函数,每个系统软件都按这一套标准提供读写自己系统空间数据的驱动程序,其他软件就可以通过调用这一程序,直接读到对方的内部数据。如图 2-53 所示,从系统 A 到系统 B 只需要 1 次转换。

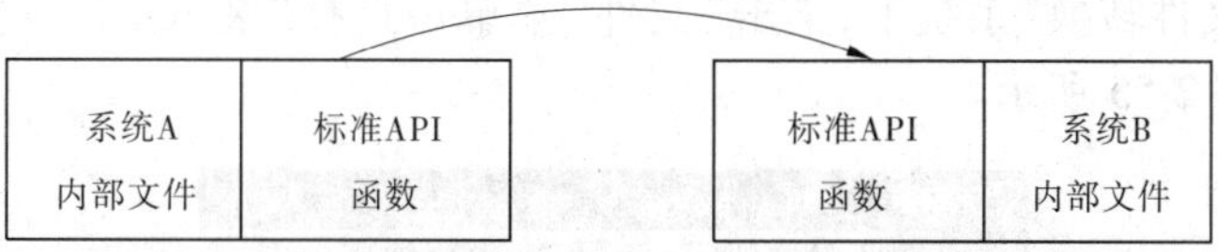

图 2-53　通过 OpenGIS 的空间数据交换

如果将系统 A 的数据转成系统 B 自己的内部文件,需要 1 次转换;如果不想以系统 B 的数据格式保存,只需在内存进行处理,处理完以后仍以原来的数据格式存储,则并不需要进行空间数据文件的转换。在这种工作模式中,有些软件不通过 OpenGIS 也能读取其他 GIS 软件的内部格式,直接进行空间数据的查询与分析。如吉奥之星的 Internet GIS – GeoSurf 即可直接读取多种 GIS 平台的数据,在网上进行查询与分析。

【任务实施】

本任务要求将误差校正后且拓扑关系正确的 MapGIS 格式的数据(*. wl, *. wp, *. wt)转入 MapInfo。注意:要保证空间数据和属性数据的准确性和完整性。

1. 转换前的预处理

为了保证 MapGIS 格式文件转换到 MapInfo 中能够正确显示,坐标正确,需要在 MapGIS 中生成一个比图框范围更大的图幅范围文件,然后输出为 DXF 格式,最后在 MapInfo 系统中转入为 mif 格式(本工作属于辅助但又是必要的)。

第 1 步:启动 MapGIS 软件→进行系统设置(方法同前)→点击“图形处理”→选择“输入编辑”→打开“01 – 33. mpj”工程文件→在工作区右窗口中,新建线文件“图幅 GD. wl”→利用“输入线”工具,选择“矩形”,画出一个比图幅稍大的矩形框→保存线文件,保存工程文件→退出“输入编辑”系统。

第 2 步:启动 MapGIS 软件→进行系统设置(方法同前)→点击“图形处理”→选择“文件转换”→进入“文件转换”系统,如图 2-54 所示。

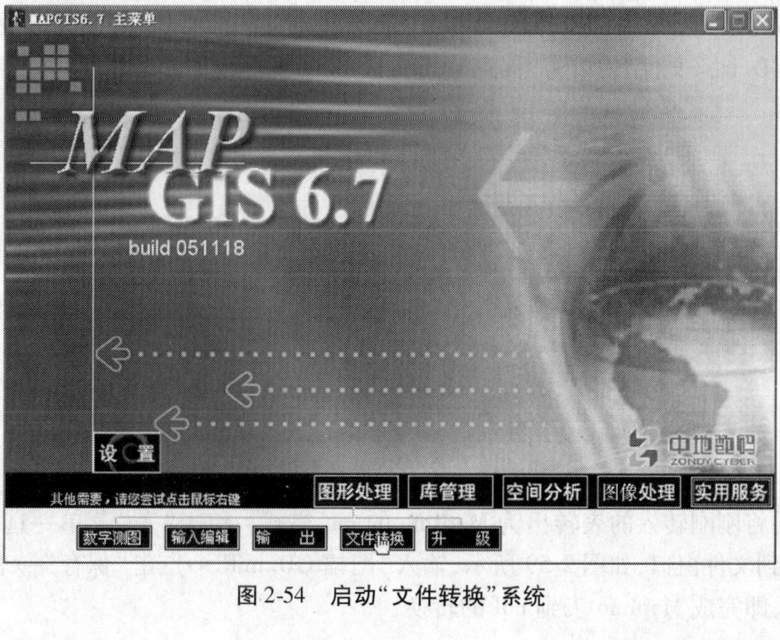

图 2-54　启动“文件转换”系统

第 3 步:在“文件转换”系统下,单击“文件”菜单→选择“装入线”→装入相应的“图幅 GD. wl”文件,如图 2-55 所示。

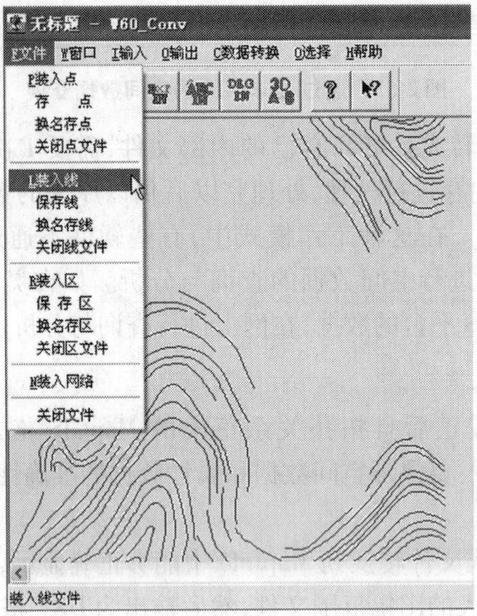

图 2-55　“文件转换”系统窗口

第 4 步:在“文件转换”系统下,单击“输出”菜单→选择“GIS 数据方式输出 DXF”→选择线文件“图幅 GD. wl”→点击“确定”→弹出“打开 AutoDesk 的 dxf 数据”。

输入相应的文件名“图幅 GD. DXF”→点击“保存”→弹出选择高程字段窗口,单击“取消”,即完成 MapGIS 到 DXF 的转换。

第 5 步:启动 MapInfo 软件→单击“表”菜单→选择“转入”,如图 2-56 所示→转入文件“图幅 GD. DXF”→弹出对话框,如图 2-57 所示,单击“投影”。注意:投影选择窗口中“类别项”选择“Non – Earth(meters)”,如图 2-58 所示→点击“确定”→弹出“转入到表”对话框→输入“图幅 GD. tab”文件名,单击“保存”,即完成 DXF 到 MapInfo 表的转换。

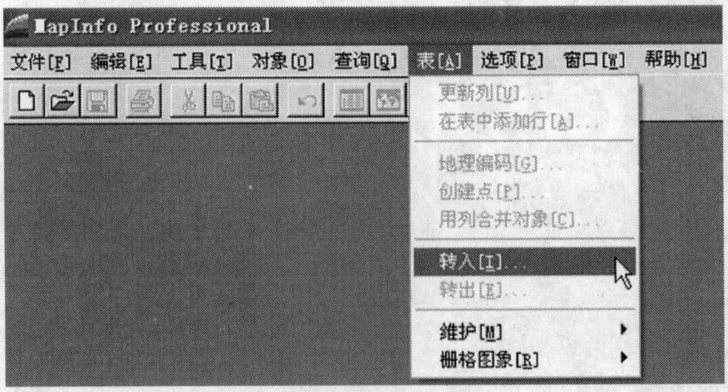

图 2-56　MapInfo 系统

第 6 步:将刚刚转入的表转出为 MapInfo 的 mif 格式。单击“表”菜单→选择“转出”→弹出转出表到文件窗口,如图 2-59 所示,输入“图幅 GD. mif”→点击“保存”→表转出到“图幅 GD. mif”,即完成 MapInfo 表到 mif 的转换。

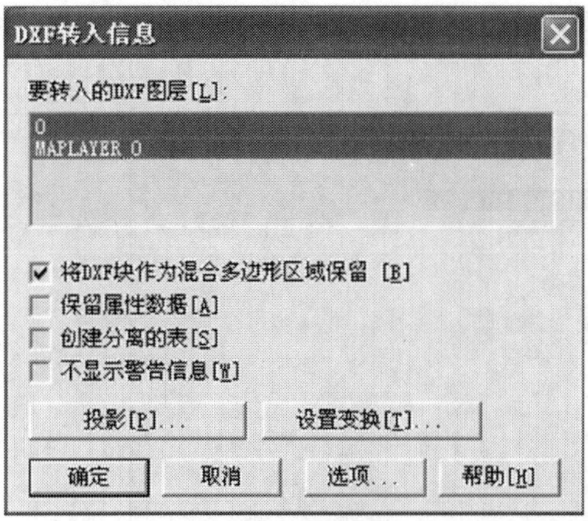

图 2-57　DXF 转入信息窗口

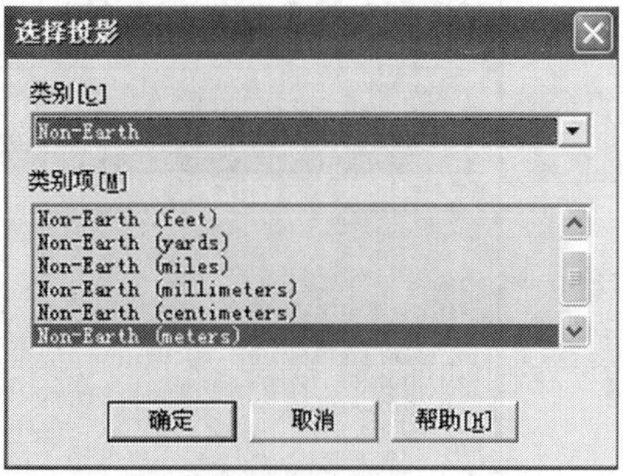

图 2-58　选择投影窗口

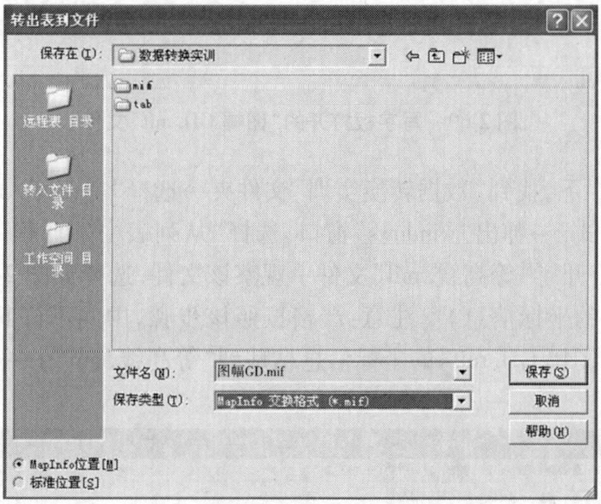

图 2-59　转出表到文件窗口

2. 线文件的转换

完成 MapGIS 的线文件(*. wl)到 MapInfo 的 tab 的转换。

第 1 步:启动 MapGIS 软件→进行系统设置(方法同前)→点击“图形处理”→选择“文件转换”→进入“文件转换”系统。

第 2 步:在“文件转换”系统下,单击“文件”菜单→选择“装入线”→装入相应的“等高线. wl”文件。

第 3 步:在“文件转换”系统下,单击“输出”菜单→选择“输出 MapInfo 格式”→选择线文件“等高线. wl”→点击“确定”→另存为“等高线. mif”→点击“保存”,即完成 MapGIS 的线文件到 MapInfo 的 mif 的转换。

第 4 步:在“资源管理器”下,找到“数据转换实训”文件夹→选择“图幅 GD. mif”文件→点击鼠标右键→选择“打开方式”→弹出“windows”窗口,选择“从列表中选择程序”→点击“确定”→选择写字板程序→打开了“图幅 GD. mif”文件→观察该文件,选择如图 2-60 所示的色条显示内容(“图幅 GD. mif”的坐标信息),复制到粘贴板。

第 5 步:用同样的方法,打开“等高线. mif”文件。

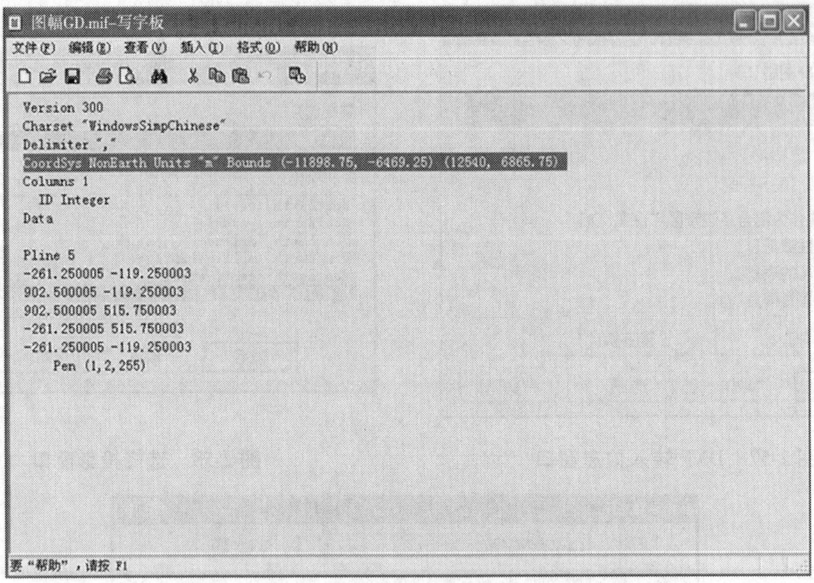

图 2-60　写字板打开的"图幅 GD. mif"文件

在"资源管理器"下,找到"数据转换实训"文件夹→选择"等高线. mif"文件→点击鼠标右键→选择"打开方式"→弹出"windows"窗口,选择"从列表中选择程序"→点击"确定"→选择写字板程序→打开了"等高线. mif"文件→观察该文件,选择如图 2-61 所示的色条显示内容("等高线. mif"的坐标信息)。注意:严格按照该步骤,中间不许其他任何操作。使用 Ctrl + V 键粘贴(将"图幅 GD. mif"的坐标信息粘贴到"等高线. mif")→点击"保存"按钮,保存该文件。

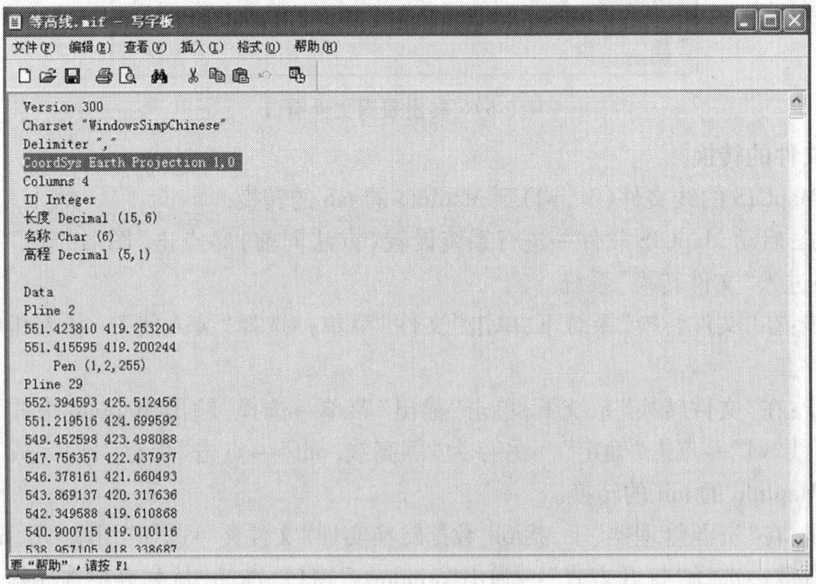

图 2-61　写字板打开的"等高线. mif"文件

第 6 步:启动 MapInfo 软件→单击"表"菜单→选择"转入"→转入文件"等高线. mif"→点

击“确定”→弹出转入到表窗口,输入“等高线. tab”,点击“保存”,如图 2-62 所示。

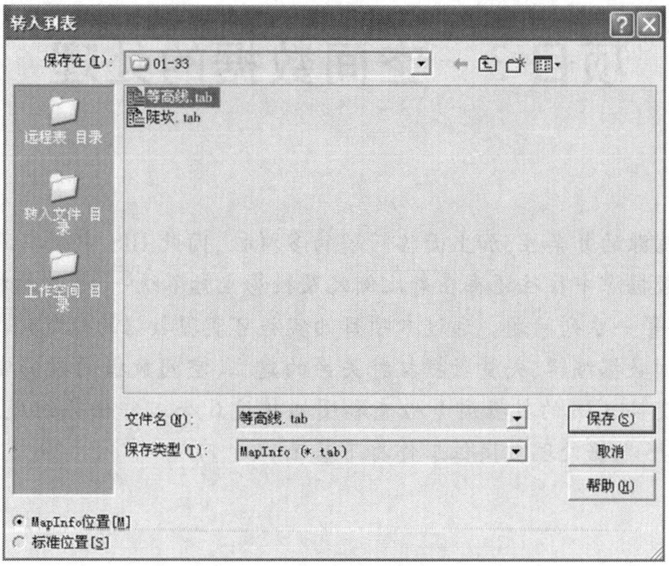

图 2-62　转入到表窗口

第 7 步:在 MapInfo 系统下,单击“窗口”菜单→选择“新建地图窗口”→显示“等高线地图”。

第 8 步:在 MapInfo 系统下,单击主工具条中的“I”(信息)工具→到等高线要素上单击→查看属性是否完整准确,如果完整,则完成 MapGIS 线文件到 MapInfo 的转换。

用同样的方法,转入其他的线文件。注意:都要从“图幅 GD. mif”文件中粘贴坐标信息。

3. 面文件的转换

重复线文件转换的第 1 ~8 步,完成 MapGIS 面文件(＊. wp)到 MapInfo 的转换。

4. 点文件的转换

重复线文件转换的第 1 ~8 步,完成 MapGIS 点文件(＊. wt)到 MapInfo 的转换。

5. MapInfo 软件中的检查

在 MapInfo 软件中,查看转换后的点、线、面图形数据和属性数据是否正确、完整。

启动 MapInfo,进入软件→单击“文件”菜单→打开转换后的所有表文件,注意:选择显示在当前地图窗口→查看空间数据和属性数据是否完整准确,如果准确且无遗漏,则完成 MapGIS 格式到 MapInfo 的转换。

复习与思考题

1. 地理信息系统的空间数据获取方式有哪些？你了解哪几种方式？
2. 空间数据具有哪些基本特征？空间数据有哪些类型？
3. 什么叫矢量数据结构？什么叫栅格数据结构？它们的获取方式分别有哪些？
4. 矢量数据和栅格数据有何优缺点？
5. 什么是拓扑关系？结合实际举例说明空间地物的拓扑关系。拓扑关系有哪些类型？
6. 本书中,对矢量数据和栅格数据介绍了哪些编码方法？你还了解其他的编码方法吗？

项目3 空间数据的处理

【项目概述】

由于空间数据源的复杂性,加上面临问题的多样性,因此 GIS 中数据源种类繁多,表达方法各不相同。数据源中往往还存在着比例尺及投影坐标不统一、数据结构类型不一致、数据冗余、数据错误等一系列问题。通过本项目的实施可实现数据的规范化。

本项目由空间数据编辑、矢量数据拓扑关系的建立、空间数据的投影变换、空间数据的几何校正和图形变换、GIS 的数据质量检查和图幅接边 6 个工作任务组成。通过任务的实施,为读者从事 GIS 数据处理员岗位工作打下基础。

【学习目标】

知识目标:

(1)掌握拓扑关系的含义。

(2)掌握空间数据误差校正、投影变换、图幅接边的内容和方法。

(3)掌握地理实体要素编辑与处理方法。

技能目标:

(1)能进行地理实体要素编辑与处理、建立矢量数据拓扑关系。

(2)能进行空间数据误差校正、投影变换。

(3)能进行图幅接边。

任务1 空间数据编辑

【任务描述】

由于空间数据源本身的误差,以及数据采集过程中的错误,获得的空间数据存在各种误差。为了"净化"数据,满足空间分析与应用的需要,在采集完数据之后,必须对数据进行必要的检查和编辑。

数据编辑是数据处理的主要环节,其贯穿于整个数据采集与处理过程。本任务要求对地图扫描矢量化完成的 1∶500 空间数据进行相关编辑检查,使其符合数据质量的要求。

【相关知识】

地理信息系统中对空间数据的编辑主要是对输入的图形数据和属性数据进行检查、改错、更新及加工,是 GIS 空间数据在装入 GIS 地理数据库前的准备工作,是实现 GIS 功能的基础。

1 误差或错误的检查

通过扫描数字化所获取的原始空间数据,都不可避免地存在着错误或误差,属性数据在建库输入时,也难免存在错误,所以对图形数据和属性数据进行检查、编辑是很有必要的。

1.1　空间数据的误差类型

图形数据和属性数据的误差主要包括以下几个方面：

(1)空间数据的不完整或重复：主要包括空间点、线、面数据的丢失或重复，区域中心点的遗漏，栅格数据矢量化时引起的断线等。

(2)空间数据位置的不准确：主要包括空间点位的不准确、线段过长或过短、线段的断裂、相邻多边形结点的不重合等。

(3)空间数据的比例尺不准确。

(4)空间数据的变形。

(5)空间数据和属性数据连接有误。

(6)属性数据不完整。

图3-1是几种数字化误差的示例。

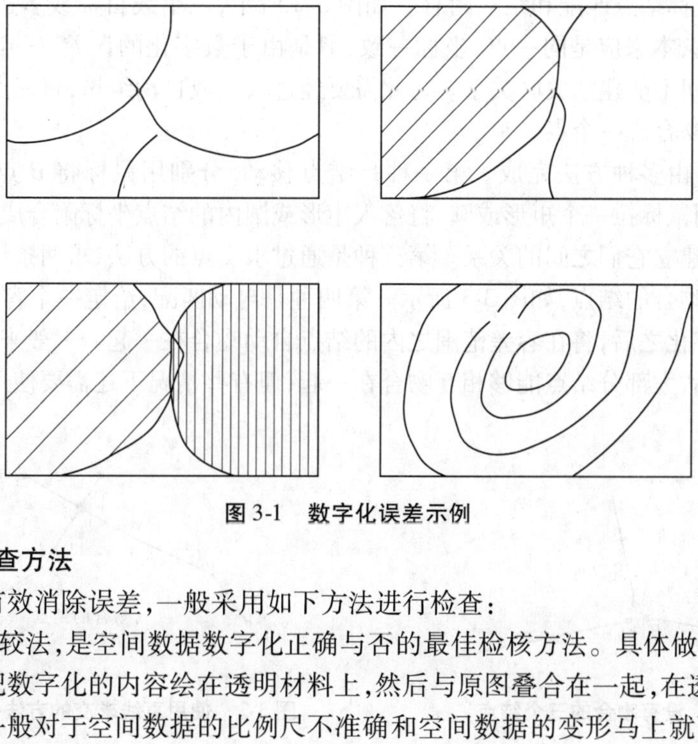

图3-1　数字化误差示例

1.2　数据的检查方法

为发现并有效消除误差，一般采用如下方法进行检查：

(1)叠合比较法，是空间数据数字化正确与否的最佳检核方法。具体做法是：按与原图相同的比例尺把数字化的内容绘在透明材料上，然后与原图叠合在一起，在透光桌上仔细地观察和比较。一般对于空间数据的比例尺不准确和空间数据的变形马上就可以观察出来，对于空间数据的位置不完整和不准确则须用粗笔把遗漏、位置错误的地方明显地标注出来。如果数字化的范围比较大，分块数字化时，除检核一幅图内的差错外，还应检核已存入计算机的其他图幅的接边情况。

(2)目视检查法，指在屏幕上用目视检查的方法，检查一些明显的数字化误差与错误，如图3-1所示，包括线段过长或过短、多边形的重叠和裂口、线段的断裂等。

(3)逻辑检查法，如根据数据拓扑一致性进行检验，将弧段连成多边形，进行数字化误差的检查。有许多软件已能自动进行多边形结点的自动平差。另外，对属性数据的检查一般也最先用这种方法，检查属性数据的值是否超过其取值范围，属性数据之间或属性数据与地理实体之间是否有荒谬的组合。对空间数据比例尺的不准确和变形，可以通过比例变换和纠正来处理。

2 图形编辑

图形编辑是纠正数据采集错误的重要手段，主要包括点、线、面实体的增加、删除、移动、拷贝、旋转、撤销与恢复编辑（Undo 与 Redo）等。图形编辑基本的功能要求是：具有友好的人机界面，即操作灵活、易于理解、响应迅速等；具有对几何数据和属性编码的修改功能，如点、线、面的增加、删除、修改等；具有分层显示和窗口功能，便于用户的使用。

2.1 结点的编辑

结点即是线目标（或称弧段）的端点。结点的编辑在图形处理中是经常被使用的功能，尤其在地理信息系统中非常重要。它是建立点、线、面关联拓扑关系的桥梁和纽带。地理信息系统中相当多的工作是处理结点编辑问题。

2.1.1 结点吻合（Snap）

结点吻合或称结点匹配和结点附合。如图 3-2 所示，三个线目标或多边形的边界弧段中的结点 A、B、C，本来应是同一点，坐标一致，但是由于数字化的误差，三点坐标不完全一致，造成它们之间不能建立关联关系。为此需要经过人工或自动编辑，将三点坐标匹配成一致，或者说三点吻合成一个点。

结点匹配可由多种方法完成。第一种是结点移动，分别用鼠标将 B 点和 C 点移到 A 点。第二种是用鼠标拉一个矩形或圆，将落入矩形或圆内的结点坐标附合成一致，即求它们的中点坐标，并建立它们之间的关系。第三种是通过求交点的方法，求两条线的交点或延长线的交点，即是吻合的结点，如图 3-3 所示。第四种是自动匹配，给定一个容差，在图形数字化时或图形数字化之后，将在容差范围之内的结点自动吻合在一起。一般来说，如果结点容差设置合适的话，大部分结点能够相互吻合在一起，但有些情况下还需要使用前三种方法进行人工编辑。

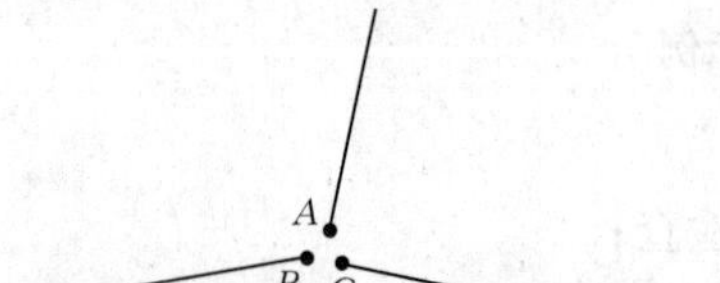

图 3-2 没有吻合的三个结点

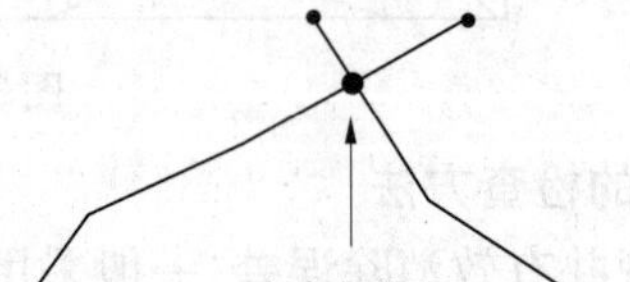

图 3-3 使用直线求交的方法使结点吻合

2.1.2 结点与线的吻合

在数字化过程中，经常遇到一个结点与一个线状目标的中间相交，这时由于测量误差，它也可能不完全交于线目标上，而需要进行编辑，称为结点与线的吻合，如图 3-4 所示。编辑的方法也有多种：一是结点移动，将结点移动到线目标上；二是使用线段求交，求出 AB 与 CD 的交点；三是使用自动编辑的方法，在给定的容差内，将它们自动求交并吻合在一起。

结点与结点的吻合以及结点与线目标的吻合可能有两种情况需要考虑：一是仅要求它们的坐标一致，而不建立关联关系；二是不仅要求坐标一致，而且要求建立它们之间的空间关联关系。在后一种情况下，图 3-5 中 CD 所在的线目标要分裂成两段，即增加一个结点，结点 A 再与该结点进行吻合，并建立它们之间的关联关系。但对于前一种情况，线目标 CD 不变，仅对 A 点的坐标作一定修改，使它位于直线 CD 上。

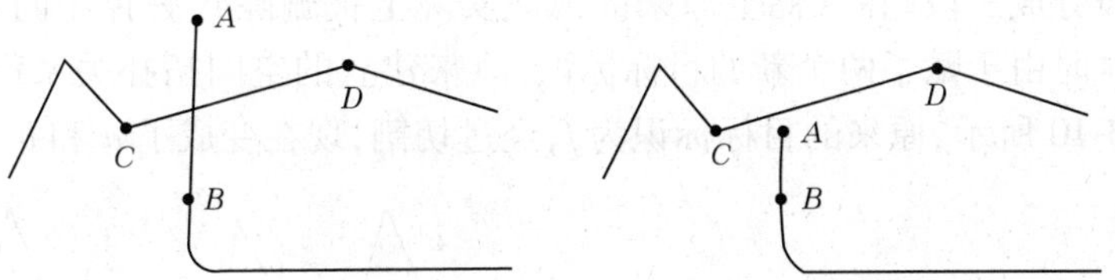

图 3-4　结点与线不吻合的情况

2.1.3　清除假结点

由仅有两个线目标相关联的结点称为假结点，如图 3-6 所示。有些系统要求将这种假结点清除掉（如 ARC/INFO），即将线目标 a 和 b 合并成一条线，使它们之间不存在结点。但有些系统并不要求清除假结点，如 GeoStar、MapGIS 等，因为这些所谓的假结点并不影响空间查询、空间分析和制图。

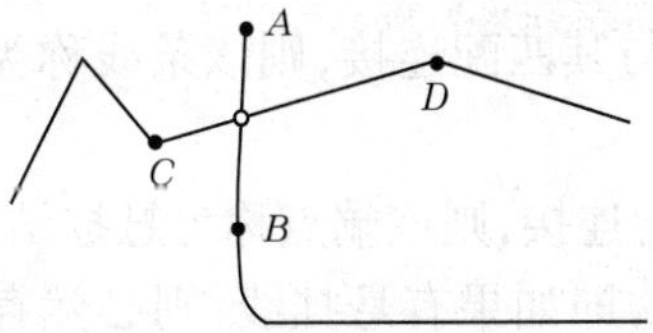

图 3-5　结点与线的吻合

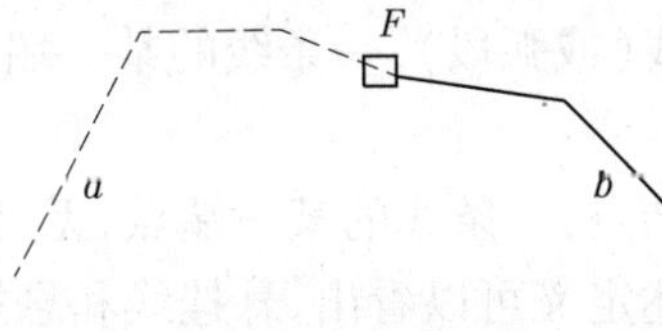

图 3-6　两个线目标间的假结点

2.2　图形编辑

这里仅对线目标或多边形的边界弧段的顶点的编辑作简单介绍，因为这一操作在图形编辑中使用频繁。

2.2.1　删除与增加一个顶点

如图 3-7 所示，删除顶点 P，此时由于删除顶点后线目标的顶点个数比原来少，所以该线目标不用整体删除，只是在原来存储的位置重写一次坐标，拓扑关系不变。相反，对有些系统来说，如果要在 ij 之间增加一个顶点，则操作和处理都要复杂得多。在操作上，首先要找到增加顶点对应的线段如 ij，给一个新顶点位置，如图 3-8 中的 P 点，这时 7 个顶点的线目标变成由 8 个顶点组成，由于增加了一个顶点，它不能重写于原来的存储位置（指文件管理系统而言），而必须给一个新的目标标识号，重写一个线目标，而将原来的目标删除，此时需要作一系列处理，调整空间拓扑关系。

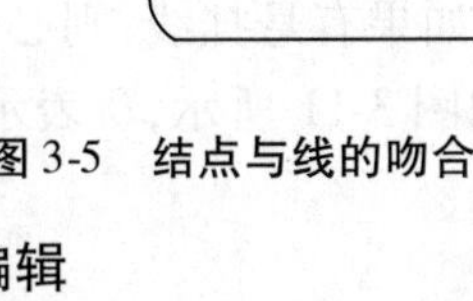

图 3-7　删除一个顶点

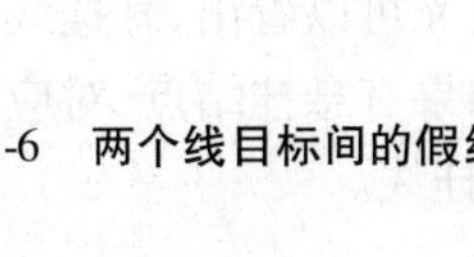

图 3-8　增加一个顶点

2.2.2　移动一个顶点

移动一个顶点比较简单，因为只改变某个点的坐标，不涉及拓扑关系的维护和调整。如图 3-9 所示，P 点移动到 P' 点，所有关系不变。

2.2.3　删除一段弧段

有时需要在一线目标或多边形边界弧段之间删除一段弧段，此时的处理也比较复杂，先要把原来的弧段分成三段(在存储上原来的弧段实际上被删除),去掉中间一段,保留两端的两条弧段。这时由于赋了两个新的目标标识,原来建立的空间拓扑关系都需要进行调整和变化。如图 3-10 所示,原来的目标标识为 f,经过切割,现在变成了 a 和 b。

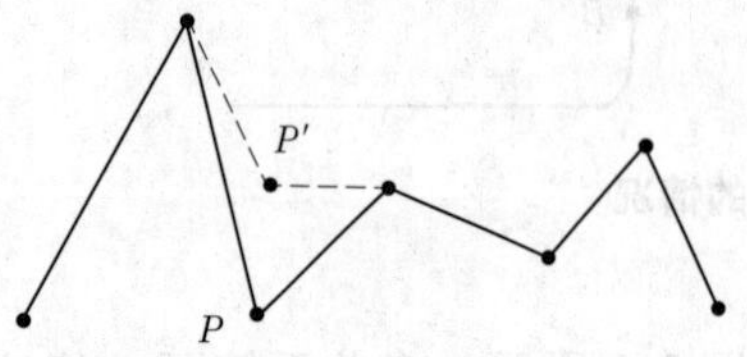

图 3-9　顶点移动

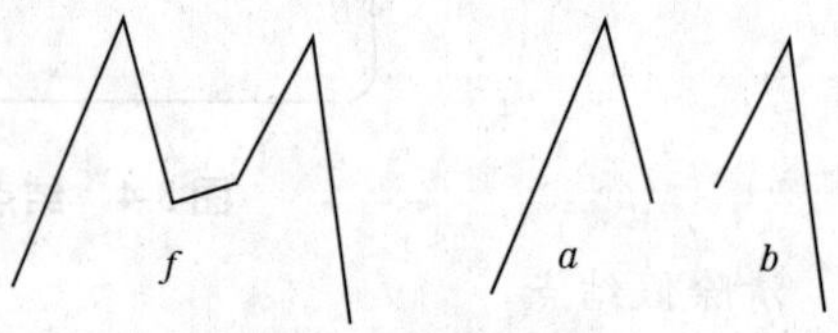

图 3-10　删除一段弧段

2.3　资料检查与清理

2.3.1　悬挂线(或弧段)、悬挂结点

悬挂线(或弧段):一条线的某一端点,无另一条线与其匹配连接,则该条线称为悬挂线(或弧段)。

悬挂结点:一条线的某一端点,无另一条线与其匹配连接,则该端点称为悬挂结点。

从上述定义可以看出,悬挂线和悬挂结点是相关的,即如果有悬挂线,则必然存在悬挂结点,当然,如果有悬挂结点,对应地,必然存在悬挂线。如图 3-11 所示,D 表示悬挂结点,a,b,c 即为悬挂线。

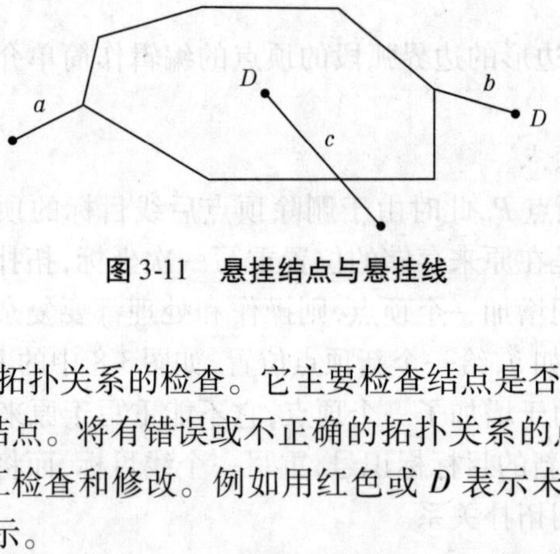

图 3-11　悬挂结点与悬挂线

2.3.2　数据检查和清理

这里的数据检查是指拓扑关系的检查。它主要检查结点是否匹配,是否存在悬挂线,多边形是否闭合,是否有假结点。将有错误或不正确的拓扑关系的点、线、面用不同的颜色或符号标示出来,以便于人工检查和修改。例如用红色或 D 表示未匹配的结点,用蓝色或◇表示假结点,如图 3-12 所示。

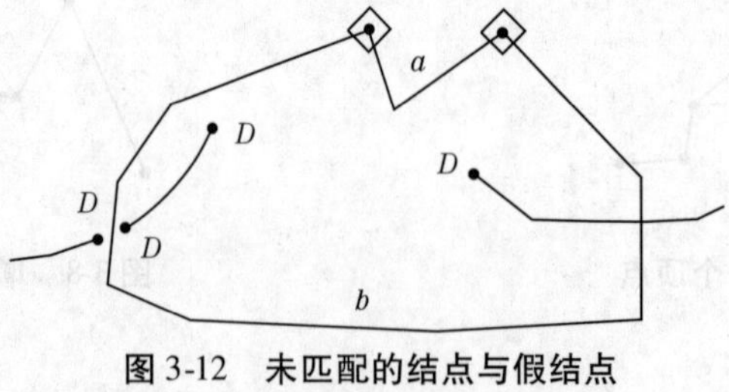

图 3-12　未匹配的结点与假结点

数据清理则是用自动的方法清除空间数据的错误。例如给定一个结点吻合的容差,使该容差范围之内的结点自动吻合在一起,并建立拓扑关系。给定短线或短弧的容限,将小于该容限的短线或短弧自动删除。这一工作在 ARC/INFO 中使用 Data Clean 命令,而在

GeoStar 或 MapGIS 中选择整体结点匹配即可。

2.4　撤销与恢复编辑(Undo 与 Redo)

对于一个实用的图形处理或地理信息系统软件,Undo 与 Redo 功能是必要的。然而这一功能的实现对于空间数据的编辑来说是相当困难的,因为它不像字处理系统那样,在进行文本编辑时只要记录编辑操作和编辑的字符即可进行 Undo 与 Redo。这里除要记录编辑的操作和编辑目标的空间坐标外,还要记录它的目标标识,以及空间拓扑关系,如图 3-13 所示。

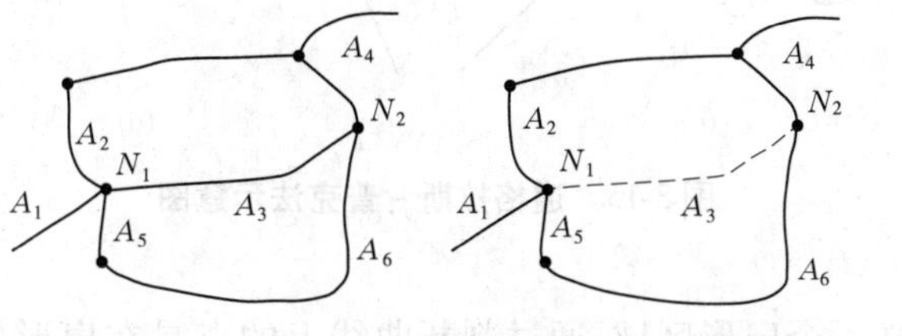

图 3-13　Undo 与 Redo 需要维护的拓扑关系

2.5　曲线化简

曲线化简(也称为矢量数据的压缩),是要删除或者说压缩一部分曲线上的采样点,目的是删除冗余数据,减少数据的存储量,节省存储空间,加快后续处理的速度。

这一功能在 GIS 中经常用到,在扫描数字化时,直接由栅格矢量化得到的点比较密,或图形由大比例尺转换为小比例尺时,都存在压缩和减少采样点的问题。下面介绍几种常用的矢量数据的压缩算法,以及它们之间的异同点。

2.5.1　垂距法

基本思路是:从起点开始,每次按顺序取曲线上的三个点,计算中间点与其他两点的垂线距离 d,并与限差 D 比较。若 $d<D$,则删除中间点;若 $d \geqslant D$,则保留中间点。然后依次处理后面点,直到这条线结束,如图 3-14 所示。

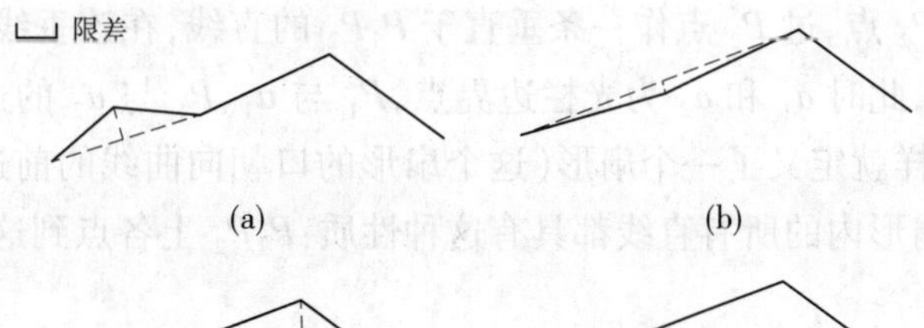

图 3-14　垂距法示意图

2.5.2　道格拉斯-普克法

基本思路是:将每一条曲线的首末点虚连一条直线,求所有点与直线的垂直距离,并找出最大距离值 d_{max},用 d_{max} 与限差 D 相比,如图 3-15 所示。

若 $d_{max}<D$,这条曲线上的中间点全部舍去;若 $d_{max} \geqslant D$,保留 d_{max} 对应的坐标点,并以该点为界,把曲线分为两部分,对这两部分重复使用该方法。

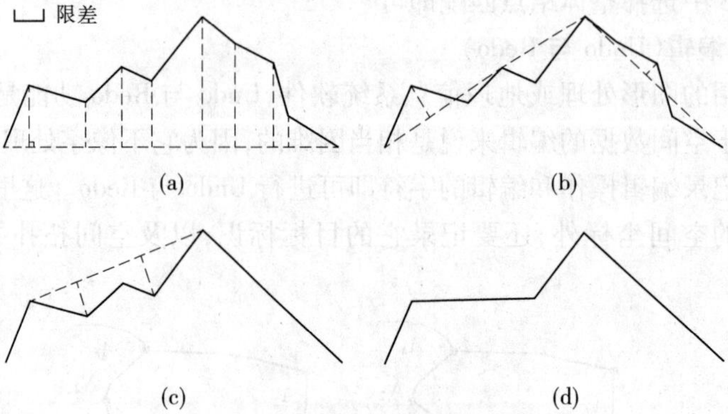

图 3-15　道格拉斯 – 普克法示意图

2.5.3　光栏法

基本思路是：定义一个扇形区域，通过判断曲线上的点是在扇形外还是在扇形内，确定保留还是舍去。设曲线上的点列为 $\{P_i\}$，$i=1,2,\cdots,n$，光栏口径为 d，可以根据压缩量的大小自己定义，如图 3-16 所示。光栏法的实施步骤可描述为：

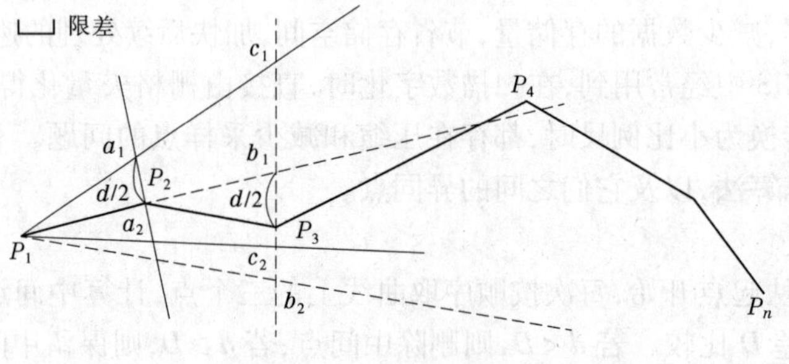

图 3-16　光栏法示意图

(1) 连接 P_1 和 P_2 点，过 P_2 点作一条垂直于 P_1P_2 的直线，在该垂线上取两点 a_1 和 a_2，使 $a_1P_2=a_2P_2=d/2$，此时 a_1 和 a_2 为光栏边界点，P_1 与 a_1、P_1 与 a_2 的连线为以 P_1 为顶点的扇形的两条边，这样就定义了一个扇形（这个扇形的口朝向曲线的前进方向，边长是任意的）。通过 P_1 并在扇形内的所有直线都具有这种性质：P_1P_2 上各点到这些直线的垂距都不大于 $d/2$。

(2) 若 P_3 点在扇形内，则舍去 P_2 点。然后连接 P_1 和 P_3，过 P_3 作 P_1P_3 的垂线，该垂线与前面定义的扇形边交于 c_1 和 c_2。在垂线上找到 b_1 和 b_2 点，使 $P_3b_1=P_3b_2=d/2$，若 b_1 或 b_2 点落在原扇形外面，则用 c_1 或 c_2 取代。此时用 P_1b_1 和 P_1c_2 定义一个新的扇形，这当然是口径（b_1c_2）缩小了的光栏。

(3) 检查下一点，若该点在新扇形内，则重复第（2）步，直到发现有一个点在最新定义的扇形外为止。

(4) 若发现在扇形外的点，如图 3-16 中的 P_4，此时保留 P_3 点，以 P_3 作为新起点，重复第（1）~（3）步。

如此继续下去，直到整个点列检测完为止。所有被保留的点（含首、末点），顺序地构成了简化后的新点列。

2.5.4　几种方法的比较

如果某种矢量数据的压缩算法既能精确地表示数据，又能最大限度地淘汰不必要的点，那就是一种好的算法。具体可以依据简化后曲线的总长度、总面积、坐标平均值等与原始曲线的相应数据的对比来判别。

通过分析可以发现，道格拉斯－普克法的压缩算法较好，但必须在对整条曲线数字化完成后才能进行，且计算量较大；光栏法的压缩算法也很好，并且可在数字化时实时处理，每次判断下一个数字化的点，且计算量较小；垂距法算法简单，速度快，但有时会因将曲线的夹角去掉而失真。

2.6　曲线光滑处理

与曲线化简相反，曲线光滑处理是根据需要，采用一些方法，对曲线再增加一些数据点，目的是使曲线有更好的光滑效果。曲线光滑处理常用的算法有线性迭代法、分段三次多项式插值法、正轴抛物线平均加权法、斜轴抛物线平均加权法、样条函数插值法等。但这些算法的计算量均比较大，且其平行线的绘制也较复杂，因此分段圆弧也常常被应用。对于有绘制圆弧指令的数控绘图仪，利用分段圆弧进行曲线光滑处理就更加简单、方便、快速。曲线光滑处理算法在此不再介绍，相关曲线光滑处理算法请参考计算机图形学的相关书籍。

【任务实施】

对采集后的数据进行编辑操作，是丰富和完善空间数据以及纠正错误的重要手段。空间数据的编辑主要包括点、线、面的编辑。

1. 数据编辑的标准

数据要符合 GIS 对数据的要求。图内各要素表示清楚、正确、合理，图内各要素代码及附属信息完整、正确。图内要素分层正确、合理，文件名称正确、合理，图形要素编辑合理，属性数据正确。

(1)点状要素正确无误——如名称注记正确、符号定位正确等。

(2)线状要素连续，位置正确，符合限差要求——如道路、河流、境界的走向、名称、等级一致，等高线连续，位置正确等。

(3)面状地物闭合，位置正确——如水域、植被、居民地等闭合，无重复、无遗漏、无裂缝。

(4)图内各要素代码及附属信息完整、关系处理正确。

2. 在 MapGIS 平台下，对各要素编辑处理

对项目 2 完成的 1∶500 空间数据进行检查，并标出错误以便编辑修改。方法如下：

在工程文件下，新建“错误.wt”文件，将编辑处理后的结果与原始的图形用计算机在屏幕上进行套合检查，查看图内各要素是否表示清楚、正确、合理，图内各要素代码及附属信息是否完整、正确，将所有的错误用红色点符号醒目标注出来，最后按照数据编辑的标准进行数据编辑。

注意：MapGIS 中数据的常见错误包括点、线、面遗漏和重复，属性的缺失和错误。

3. 在 MapInfo 平台下，对各要素编辑处理

对项目 2 完成的 1∶500 空间数据进行检查，并标出错误以便编辑修改。方法同上。

注意：MapInfo 中数据的常见错误包括点、线、面遗漏和重复，特别是相邻面公共边有裂缝或相交，以及属性的缺失和错误。编辑时要用好整形工具和结点编辑工具。

任务 2　矢量数据拓扑关系的建立

【任务描述】

在 GIS 中,为了真实地反映地理实体,不仅要包括实体的位置、形状、大小和属性,还必须反映实体之间的拓扑关系。拓扑关系的建立是 GIS 数据管理和更新的重要内容。本任务要求完成 1∶500 地形图的植被拓扑构区。通过本次实训,要求掌握拓扑处理流程。

【相关知识】

矢量数据拓扑关系在空间数据的查询与分析中非常重要,矢量数据的自动拓扑算法是 GIS 中的关键算法之一,GIS 中空间拓扑关系的核心是建立点(或称结点)、线(或称弧段)、面(或称多边形)的关联关系。

1　欧拉定理

从几何拓扑上说:

(1)一条弧段是由两个连接的结点组成的,因而弧段 a 可以写成结点 n 的函数:$a=a(n)$。

(2)一个面块(Block)可能是一个限定性表面,或者是一个无界的自由表面。限定性表面可以通过结点的连接或弧段的组合显式地表达,因而面块 b 是结点 n 和弧段 a 的函数:$b=b(a,n)$。

对于一个多边形地图,结点 n、弧段 a 和面块 b 存在下述函数关系(欧拉定理):

$$c = n - a + b$$

c 是一个常数,称为多边形地图的特征。如果 b 包含边界里面和外面的面块,c 等于 2;如果 b 仅包含边界里面的面块,c 等于 1。欧拉定理用于 GIS 中拓扑关系的检验。

上式还可以写成:

$$a + c = n + b$$

欧拉公式的应用及其关系如图 3-17 所示。

欧拉公式在空间拓扑关系的检查中有重要作用,如图 3-18 所示。它能发现点、线、面不匹配的情况以及多余或遗漏的图形元素,此时它们不满足欧拉公式。反过来说,满足欧拉公式,并不能说明图形空间关系不存在错误,如图 3-18(f)所示的情况,因为该图中同时丢了一个结点和一条弧段。

2　点线拓扑关系的建立

点线拓扑关系或者说结点与弧段拓扑关系的建立有两种方案。第一种方案是在图形采集和编辑中实时建立,此时有两个文件表,一个记录结点所关联的弧段,一个记录弧段两端的结点。如图 3-19(a)所示,已经数字化了两条弧段 A_1,A_2,涉及 3 个结点,当从 N_2 出发数字化第三条弧段 A_3 时,起结点首先根据空间坐标,寻找它附近是否存在已有的结点或弧段,若存在结点,则弧段 A_3 不产生新的起结点,而将 N_2 作为它的起结点。当它到终结点时,进行同样的判断和处理,由于图 3-19(b)中 A_3 的终结点不能匹配到现有结点,因而产生一个

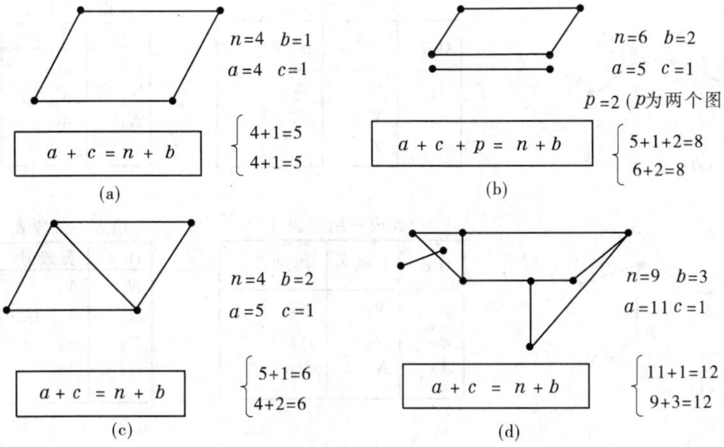

图 3-17　点、线、面欧拉公式举例

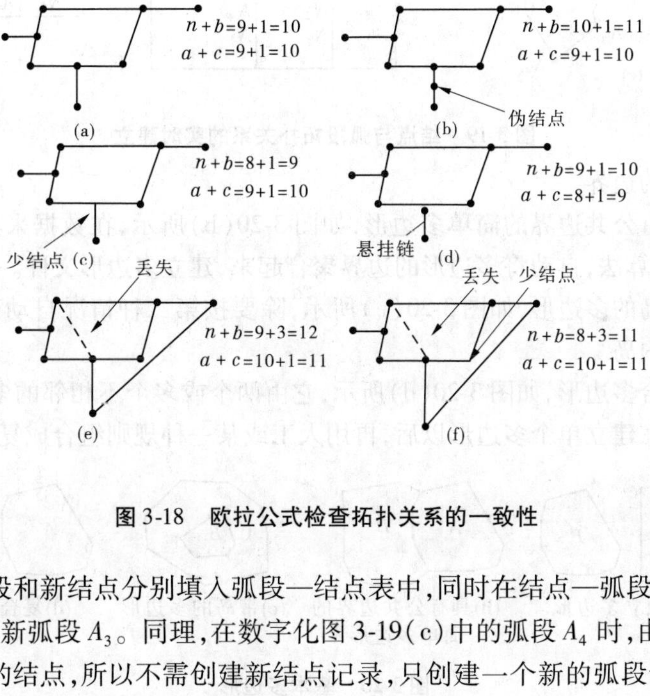

图 3-18　欧拉公式检查拓扑关系的一致性

新结点。将新弧段和新结点分别填入弧段—结点表中，同时在结点—弧段表的 N_2 的记录中添加 N_2 所关联的新弧段 A_3。同理，在数字化图 3-19(c)中的弧段 A_4 时，由于起结点和终结点都匹配到原有的结点，所以不需创建新结点记录，只创建一个新的弧段记录，然后在原来的 N_3 和 N_4 结点关联的弧段记录中分别增加这一条弧段 A_4。

建立结点与弧段拓扑关系的第二种方案是在图形采集与编辑之后，系统自动建立拓扑关系。其基本思想与前面类似，在执行过程中逐渐建立弧段—结点表和结点—弧段表。

3　多边形拓扑关系的自动建立

对于二维多边形，有四种情况：

第一种是独立多边形，如图 3-20(a)所示，它与其他多边形没有共享边界，例如独立房屋、独立水塘等。这种多边形可以在数字化过程中直接生成，因为它仅有一条周边弧段，该

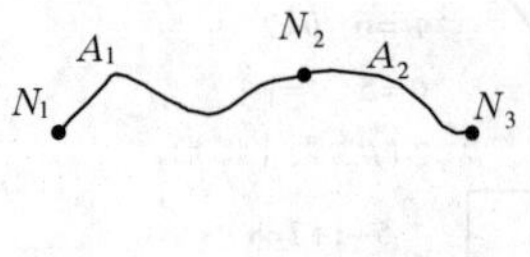

(a)

弧段—结点表

Oid	起结点	终结点
A_1	N_1	N_2
A_2	N_2	N_3

结点—弧段表

Oid	弧段号
N_1	A_1
N_2	$A_1,A_2,$
N_3	A_2

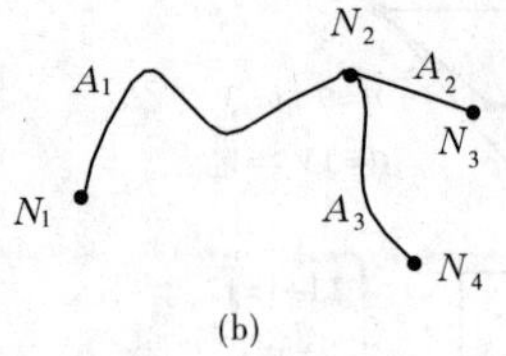

(b)

弧段—结点表

Oid	起结点	终结点
A_1	N_1	N_2
A_2	N_2	N_3
A_3	N_2	N_4

结点—弧段表

Oid	弧段号
N_1	A_1
N_2	A_1,A_2,A_3
N_3	A_2
N_4	A_3

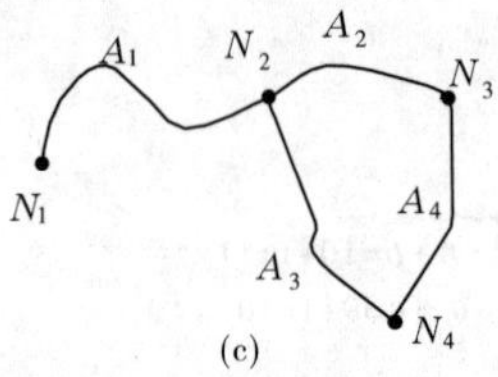

(c)

弧段—结点表

Oid	起结点	终结点
A_1	N_1	N_2
A_2	N_2	N_3
A_3	N_2	N_4
A_4	N_4	N_3

结点—弧段表

Oid	弧段号
N_1	A_1
N_2	A_1,A_2,A_3
N_3	A_2,A_4
N_4	A_3,A_4

图 3-19 结点与弧段拓扑关系的实时建立

弧段就是多边形的边界。

第二种是具有公共边界的简单多边形，如图 3-20(b)所示，在数据采集时，仅采集弧段数据，然后用一种算法，自动将多边形的边界聚合起来，建立多边形文件。

第三种是带岛的多边形，如图 3-20(c)所示，除要按第二种情况自动建立多边形外，还要考虑多边形的内岛。

第四种是复合多边形，如图 3-20(d)所示，它由两个或多个不相邻的多边形组成。对这种多边形一般是在建立单个多边形以后，再用人工或某一种规则组合成复合多边形。

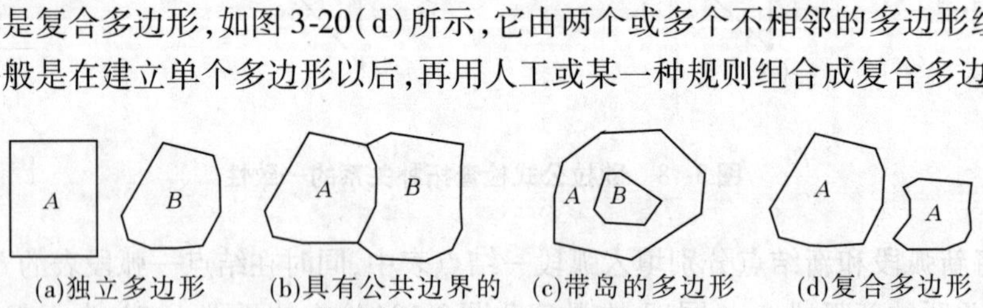

(a)独立多边形　(b)具有公共边界的简单多边形　(c)带岛的多边形　(d)复合多边形

图 3-20 基本多边形

矢量数据自动拓扑的步骤可分为以下几步：

(1)链的组织。找出在链的中间相交而不是在端点相交的情况，自动切成新链。把链按一定顺序存储，如按最大或最小的 x 或 y 坐标的顺序存储，这样查找和检索都比较方便。然后，把链按顺序编号。

(2)结点匹配。结点匹配是指把一定限差内的链的端点作为一个结点，其坐标值取多个端点的平均值。然后，对结点顺序编号。

(3)检查多边形是否闭合。这一工作与前面所讲的"数据检查与清理"一致。多边形不闭合的原因可能是结点匹配限差的问题，造成应匹配的端点未匹配，或数字化误差较大，或数字化错误,这些可以通过图形编辑或重新确定匹配限差来确定。另外,还可能这条链本身就是悬挂链,不需参加多边形拓扑,在这种情况下可以做一标记,使之不参加下一阶段拓扑建立多边形的工作。

(4)建立多边形。建立多边形是矢量数据自动拓扑中最关键的部分,包括边线的组织、面积的计算等。多数 GIS 软件,如 ARC/INFO、GeoStar、MapGIS 等,直接提供自动多边形拓扑建立功能。由于其算法比较复杂,在此不做介绍。

(5)岛的判断。岛的判断即指找出多边形互相包含的情况,也即寻找多边形的连通边界。

(6)确定多边形的属性。在追踪出每个多边形的坐标后,经常需确定该多边形的属性。如果在原始矢量数据中,每个多边形有内点,则可以把内点与多边形匹配后,把内点的属性赋予多边形。由于内点的个数必然与多边形的个数一致,所以还可用来检查拓扑的正确性。如果没有内点,则必须通过人机交互,对每个多边形赋属性。

【任务实施】

目前,大多数 GIS 软件都提供了完善的拓扑关系生成功能。MapGIS 拓扑处理功能,作为图形编辑系统的一部分,改变了人工建立拓扑关系的方法,使得区域输入、子区输入等这些原来比较烦琐的工作变得相当容易,大大提高了地图录入编辑的工作效率。

本任务要求对前面实训完成的线文件拓扑构多边形,形成植被面文件。

1. 拓扑造区的数据准备

(1)打开拓扑处理的工程文件,名字为"01－33. mpj"。

(2)查看构植被面的范围线文件是否存在并完整。如"田埂. wl"、"陡坎. wl"、"道路. wl"、"水系. wl"和"图廓. wl"等文件。

注意:要进行拓扑造区,在绘制线的时候,要确保实相连。即在线连接处,通过按 F12 键捕捉来实现线和线连接。

2. 拓扑造区数据的预处理

构植被面,需要把植被面用到的范围线合并到一个文件中,把多余的范围线删除,然后拓扑构面。

(1)关闭"01－33. mpj"工程文件。点击"文件"菜单→单击"新建文件"→点击"保存线"按钮→保存为"植被过渡. wl"。

(2)点击"工作区"菜单→单击"添加文件"→单击"添加线文件"→依次添加"田埂、图廓、水系、陡坎、道路"等植被用到的范围线文件→点击"保存线"按钮→保存"植被过渡. wl"文件,如图 3-21 所示。

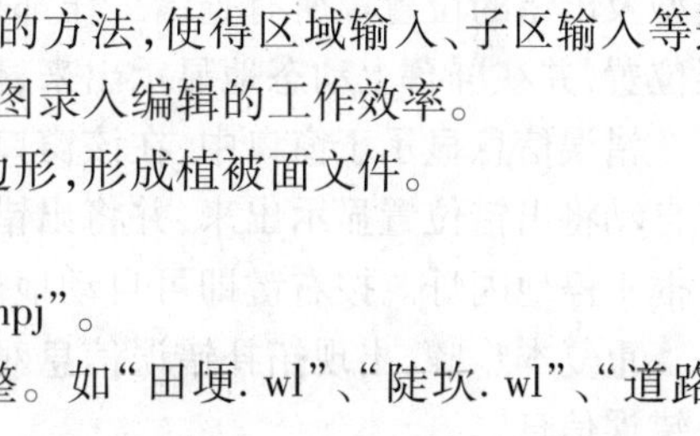

图 3-21　添加文件

(3)对"植被过渡. wl"进行拓扑预处理。

第1步:对"植被过渡. wl"进行"自动剪断线"拓扑预处理。

用户在矢量化时,难免会出现一些失误,在该断开的地方线没有断开,这给造区带来了很大障碍。在造区过程中,遇到线在结点处没有断开,剪断线后才能继续造区,这显得很麻烦,所以系统提供自动剪断线功能解决这个问题。

自动剪断线后,有可能生成许多短线头,而且这些线头并无用处,此时,可执行下一步。

第 2 步:对"植被过渡. wl"进行"清除微短线"拓扑预处理。

清除微短线功能用来清除线工作区中的短线头,将其从文件中删除掉,避免影响拓扑处理和空间分析。选中该功能后,系统弹出最小线长输入窗口,由用户输入最小线长值,输入完毕,系统自动删除工作区中线长小于该值的线。

第 3 步:对"植被过渡. wl"进行"清除重叠坐标"拓扑预处理。

清除重叠坐标功能用来清除某条线或弧段上重叠在一起的多余的坐标点,这些重叠的点有可能是用户重复输入或采集的。查出存在重叠的坐标后,只需按右键即可自动消除重叠坐标。

第 4 步:单击"其他"→单击"拓扑错误检查"→单击"线拓扑错误检查",出现拓扑错误信息对话框,对该对话框中的拓扑错误进行改正。

该功能是拓扑处理的关键步骤,只有数据规范,无错误后,才能建立正确的拓扑关系。而这些错误用户用眼睛是很难发现的,利用此功能,可以很方便地找到错误,并指出错误的类型及出错的位置。所有查错工作都是自动进行的,查错系统在显示错误的同时也提示错误位置,并在屏幕上动态地显示出来,供改正错误时参考。

错误信息显示于窗口中,在该窗口中,移动光标到相应的提示信息上,双击鼠标左键,系统自动将出错位置显示出来,并将出错的弧段用亮黄色显示,同时,在错误点上有一个小黑方框不停地闪烁。按右键即可自动地修改错误。

重复本步骤,出现拓扑错误信息对话框,对该对话框中的拓扑错误进行修改,直到无拓扑错误信息。

第 5 步:自动线节点平差。选择对所有的线图元自动进行平差。

第 6 步:单击"其他"→单击"线转弧段",将"植被过渡. wl"线数据转为弧段数据,并存入"植被. wp"面文件中,这样的文件只有弧段而没有区,在拓扑处理中需要这样的文件。

保存并关闭"植被过渡. wl"线文件。

3. 添加拓扑造区的文件

打开"01 - 33. mpj"→在工程文件路径空白处点击右键,出现右键菜单,选择"添加项目",添加"植被. wp",将上面转换得到的"植被. wp"文件添加到工程中。

4. 拓扑造区

将"植被. wp"文件置于当前可编辑状态(在文件名前有√)。选择"其他"→单击"拓扑重建",系统随即自动构造生成区,并建立拓扑关系。拓扑处理时,没有必要注意那些母子关系,当所有的区检索完后,执行子区检索,系统自动建立母子关系,不需人工干预。

5. 子区检索

拓扑建立后,存在人工手动建立的区,且有区域套合关系,就需执行子区检索功能。编辑器自动检索当前面工作区中所有区的子区,完成挑子区,并重建拓扑关系。

6. 在植被面中填充配置相应的植被符号

单击"植被. wp"(使其处于当前可编辑状态,即文件名前有√)→单击"区编辑"菜单→单击"统改参数"→单击"统改区参数"→设置区透明,如图 3-22 所示→对照每个区的植被类型,单击"修改区参数",配置相应的植被符号。稻田区、旱地区参数的设置如图 3-23、

图3-24所示。

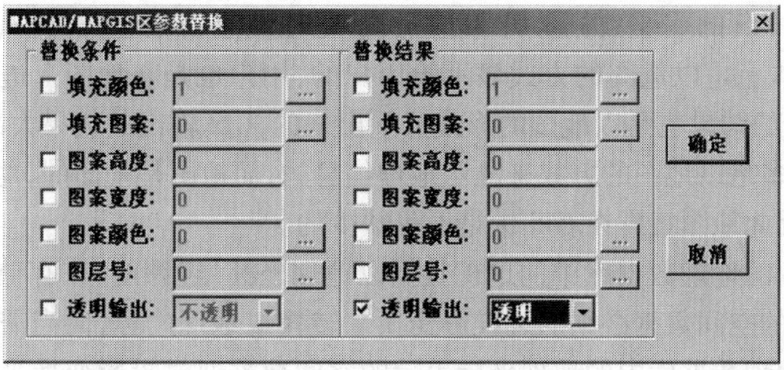

图3-22　统改区参数

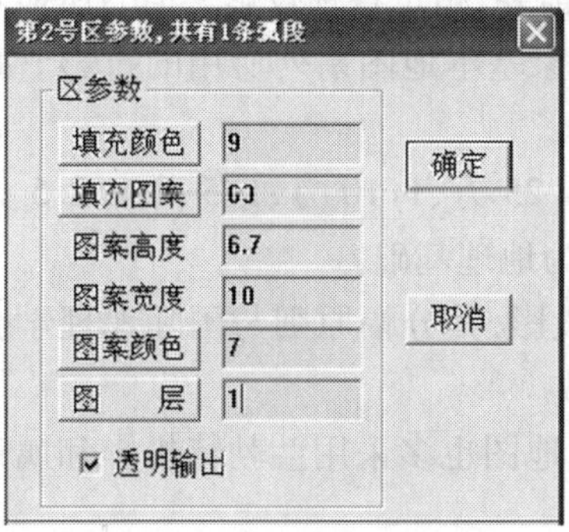

图3-23　稻田区参数

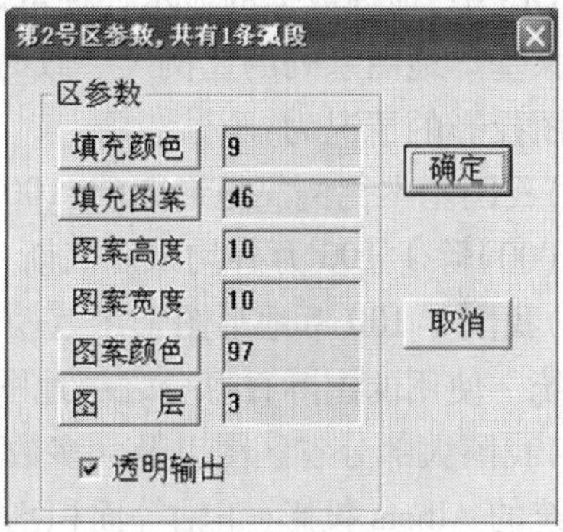

图3-24　旱地区参数

任务3　空间数据的投影变换

【任务描述】

地理空间数据要有一个空间定位框架，即统一的地理坐标和平面坐标系。没有合适的投影或坐标系的空间数据是没有意义的空间数据，必须对其进行投影变换。

本任务要求在MapGIS软件的投影变换系统下，根据地图投影的相关知识完成地形图标准图框的生成。

【相关知识】

空间数据处理的一项重要内容是地图投影变换。这是由于GIS用户是在平面上对地图要素进行处理的。这些地图要素代表地球表面的空间要素，地球表面是一个椭球体。在GIS应用中，地图的各个图层应具有相同的坐标系。但是，实际上不同的制图者和不同的GIS数据生产者使用数百种不同的坐标系。例如，一些数字地图使用经纬度值度量，另一些用不同的坐标系，这些坐标系只适用于各自的GIS项目。如果这些数字地图要放在一起使用，就必须在使用前进行投影或投影变换处理。

1　GIS中的地图投影

GIS所存储记录、管理分析、显示应用的内容是地理信息，而地理信息的描述必须有指定的地理参照系,且地理位置应以地理坐标或平面坐标的方式表示出来。

地图不仅是 GIS 的重要数据源,而且是表示地理信息的最佳媒介。也就是说,在 GIS 中,地理信息基本上是以地图的方式显示给用户的,用户也是在地图上进行空间信息查询的,GIS 空间分析的结果也是以地图的形式显示出来的,GIS 输出的成果大部分是地图。

由于 GIS 大多是以地图的方式来显示地理信息的,而地图是平面的,地理信息则是在地球椭球面上的,因此地图投影在 GIS 中是不可缺少的。

例如,当 GIS 的地理数据库中的地理数据以地理坐标(经纬度)来存储时,对于输入的、以地图为数据源的空间数据必须通过投影变换来转换成地理坐标,而当需要显示或输出地图时,则必须将地理数据库中的地理坐标表示的空间数据通过投影变换来转换成指定投影的平面坐标。

在 GIS 中,地理数据的显示往往可以根据用户的需要,指定各种投影。但当所显示的地图与国家基本地图系列的比例尺一致时,往往采用国家基本地图系列所用的投影。我国常用的地图投影的情况为:

(1)我国基本比例尺地形图(1∶100 万、1∶50 万、1∶25 万、1∶10 万、1∶5万、1∶2.5 万、1∶1 万、1∶5 000)除 1∶100 万外均采用高斯 - 克吕格投影为地理基础。

(2)我国 1∶100 万地形图采用兰勃特(Lambert)投影,其分幅原则与国际地理学会规定的全球统一使用的国际百万分之一地图投影保持一致。

(3)我国大部分省区图以及大多数这一比例尺的地图也多采用兰勃特投影和属于同一投影系统的 Albers 投影(正轴等面积割圆锥投影)。

(4)在兰勃特投影中,地球表面上两点间的最短距离(大圆航线)表现为近于直线,这有利于地理信息系统中空间分析量度的正确实施。

2　地图投影变换

当 GIS 系统所使用的数据来自不同地图投影的图幅时,需要将多种投影的数字化数据转换成所需投影的数字化数据,这就需要进行地图投影变换。

地图投影变换的实质是建立两平面场之间点的一一对应关系。假定原图点的坐标为 x,y(称为旧坐标),新图点的坐标为 X,Y(称为新坐标),则由旧坐标变换为新坐标的基本方程式为:

$$\begin{cases} X = f_1(x,y) \\ Y = f_2(x,y) \end{cases}$$

实现由一种地图投影点的坐标变换为另一种地图投影点的坐标就是要找出上述关系式,其方法通常分为三类:

(1)解析变换法。如果原投影已知,这类方法是找出两投影间坐标变换的解析计算公式。由于所采用的计算方法不同,又可分为反解变换法和正解变换法。

反解变换法(又称间接变换法):这是一种中间过渡的方法,即根据原投影公式先解出原地图投影点的地理坐标(φ,λ),然后将其代入新图的投影公式中求得其坐标,即:

$$\boxed{x,y} \xrightarrow{\text{反解}} \boxed{\varphi,\lambda} \xrightarrow{\text{解析}} \boxed{X,Y}$$

正解变换法(又称直接变换法):这种方法不需要反解出原地图投影点的地理坐标,而

是直接从两投影公式中求出两种投影点的直角坐标关系式,即:

$$\boxed{x,y} \xrightarrow{\text{解析}} \boxed{X,Y}$$

(2)数值变换法。如果原投影点的坐标解析式不知道,或不易求出两投影之间坐标的直接关系,可以采用多项式逼近的方法,即用数值变换法来建立两投影间的变换关系式。例如,可用二元三次多项式进行变换。二元三次多项式为:

$$\begin{cases} X = a_{00} + a_{10}x + a_{01}y + a_{20}x^2 + a_{11}xy + a_{02}y^2 + a_{30}x^3 + a_{21}x^2y + a_{12}xy^2 + a_{03}y^3 \\ Y = b_{00} + b_{10}x + b_{01}y + b_{20}x^2 + b_{11}xy + b_{02}y^2 + b_{30}x^3 + b_{21}x^2y + b_{12}xy^2 + b_{03}y^3 \end{cases}$$

通过选择10个以上的两种投影之间的共同点,组成最小二乘法的条件式,即:

$$\begin{cases} \sum_{i=1}^{n}(X_i - X_i')^2 = \min \\ \sum_{i=1}^{n}(Y_i - Y_i')^2 = \min \end{cases}$$

其中,n为点数;X_i,Y_i为新投影的实际值;X_i',Y_i'为新投影的理论值。

根据求极值原理,可得到两组线性方程,即可求得各系数的值。

(3)数值解析变换法。当已知新投影的公式,但不知原投影的公式时,可先通过数值变换求出原投影点的地理坐标,然后代入新投影公式中,求出新投影点的坐标,即:

$$\boxed{x,y} \xrightarrow{\text{数值变换}} \boxed{\varphi,\lambda} \xrightarrow{\text{解析变换}} \boxed{X,Y}$$

3 MapGIS中投影变换的相关知识

投影变换是将当前地图投影坐标转换为另一种投影坐标。它包括坐标系的转换、不同投影系之间的变换以及同一投影系下不同坐标的变换等多种变换。投影变换有三个重要的功能:单个文件投影转换、成批文件投影转换及用户文件投影转换。

3.1 MapGIS投影参数设置

投影参数设置用来设置原图或目的图件的投影坐标系、投影参数、椭球参数及坐标平移值。在进行文件投影转换、单点转换、绘制投影经纬网时,都需要进行投影参数设置。

对于不同的投影要求输入的投影坐标参数(如中央经线、标准纬线等)不同,地理坐标系不需任何投影参数,其他投影都需根据实际所选的投影输入相应的投影参数。一般投影参数要求输入中央经线经度、标准纬线纬度,以及位置偏移量等。中央经线投影为Y轴,投影原点纬线投影为X轴,位移量Δz、Δy分别表示投影坐标轴的平移量。投影参数输入完毕后,进行确认。对于坐标偏移值,若不知道其具体值,可选择“设置坐标平移值”功能进行计算。

在投影转换的参数设置中,投影比例尺只需输入比例尺分母即可。值得注意的是,在进行投影转换时,输入的长度单位若为米,由于MapGIS系统中绘出图形的长度单位是毫米,因此转换时,需将米转换成毫米,这样在输入比例尺分母时,需在原有比例的基础上除以1 000,即生成1:1 000 000图时,输入的比例尺分母应为1 000,而非1 000 000。输入的长度单位若为毫米,则直接输入相应的比例尺倒数即可,即1 000 000。若求高斯大地坐标,则设置单位为米,比例尺分母为1即可。

3.2　单点投影转换

逐点输入转换数据进行投影转换,这种方式对个别数据进行投影转换或随时查看两种不同投影之间的转换数据是非常有用的。

编辑输入转换前、转换后的参数,设置生成图元类型单点转换,参数设置好后,即可进行转换,转换过程如下:

(1)在进行逐点投影转换时,原投影坐标系如果是地理坐标系,用户逐点输入经纬度的值,对于其他投影,逐点输入(x,y)值。坐标点输入窗是一个文本显示窗,移动光标到相应的坐标点输入窗后按一下鼠标左键,当前输入焦点即转到输入窗,表示可以输入坐标。

(2)输入完一个坐标点后,单击"投影点"按钮,系统立刻将投影转换后的数据显示到结果数据显示窗,同时,根据生成图元类型生成相应图元的点。投影结果数据不能修改。

3.3　单个文件投影转换

在进行投影转换或不同椭球参数数据转换时,都需先将原 MapGIS 图元文件装入工作区内,相应的转换功能才能用。

(1)选择转换文件,该系统每次只能转换一个文件。在该菜单项下有点、线、区三个菜单项,用来指定转换的文件是什么类型。选中相应的菜单后,系统会弹出文件列表,由用户指定需转换的文件。被选中的文件称为当前文件。

(2)编辑当前投影参数、输入文件的 TIC 点。用户从数字化仪或扫描仪上采集的图形已经由用户指定了坐标原点,建立了相应的坐标系。而根据图形所对应的投影参数,如中央经线、标准纬线等又定义了一个大地坐标系,其坐标原点一般情况下与用户指定的坐标系不重合。在进行投影转换时,是以大地坐标系为准的。因此,在进行文件投影时,必须将用户坐标系中的值转换为投影坐标系中的值,才能进行正确转换。为了实现这个功能,MapGIS 中提供了 TIC 点操作功能,通过 TIC 点来确定用户坐标系和投影坐标系的转换关系。TIC 点实际上是一些控制点,即用户已知其理论值的点。理论值既可以是大地直角坐标,也可以是地理经纬度。在进行文件投影变换时,至少要输入 4 个 TIC 点,否则将不进行投影转换。若用户在输入数据时已经通过 TIC 点转换到大地坐标系,则在转换时不需要 TIC 点。

(3)进行投影转换。各项参数设置好后按"开始转换"按钮,系统随即根据设置的原图和结果图件的投影坐标系,开始自动进行不同投影或不同椭球参数之间的转换。若转换时设置显示图形,那么线文件转换和区文件转换时,屏幕上同时显示转换后的图形,点文件转换不显示。在转换过程中,若按 Esc 键,即可退出转换。若还需要转换当前工作区中其他文件,重复前面的步骤。

在实际应用中要注意,投影转换后的文件有两种生成方式,一种是覆盖方式,另一种是添加方式,在设置转换选项中可进行开关设置。若选择覆盖方式,则每进行一次投影转换仅保存当前转换结果,覆盖掉原先转换后的内容;若选择添加方式,则投影转换后的结果文件逐次进行添加。缺省情况下为覆盖方式。转换后文件的缺省文件名为线文件,转换将生成 newlin. wl,点文件投影转换将生成 newpnt. wt,区文件投影转换将生成 newreg. wp。若想清除工作区中转换后的文件数据,可以选择"文件"菜单下的"清工作区"选项。

3.4　成批文件投影转换

若有成批的文件需要转换,则要选择"成批文件投影转换"功能。选择功能后,系统随即弹出多文件或整个目录投影变换功能窗。

(1)选择“投影变换文件/目录”,打开需转换的文件或目录路径,也可以在该按钮右边的窗口中直接输入相应路径。若需要打开多个文件进行投影,则只有按该按钮打开文件选择窗口,再同时选择多个文件。

(2)选择“输入文件或整个目录投影”,指定投影数据源,“按输入文件”选项表示只投影所选的文件(单个文件/多个文件),“按输入目录”选项表示投影整个目录下的文件,此时若指定通用匹配符,将只投影满足条件的文件。

(3)设置投影参数。既然要进行投影转换,就要设置投影转换前后的坐标系及投影参数。若所转换文件的坐标系与其投影参数对应的大地坐标系不相吻合,就要输入控制点来实现坐标系的转换。该选项就是决定在转换的过程中是否使用文件中的TIC点进行坐标系转换。

“按TIC点转换不需要投影”:如果数据不需要投影,仅根据文件中的TIC点进行位置变换,则选择该选项,否则必须取消该选项。

(4)各项参数设置好后,按“开始投影”按钮开始转换,转换后的文件将自动保存在原文件名中。所以,用户若需要保留原文件,应将其保存到另外一个目录中,再开始转换。

3.5　用户文件投影转换

若用户有成批文本数据需投影转换,则选择“用户文件投影转换”功能,该功能只能对纯文本文件进行转换。

进行转换的关键是把握多维数据。如三维数据(x,y,z)每一个投影数据点并不要求都放在同一行,此时就要选择按维读取数据。同时输入数据维数以及投影点数据从第几维开始。如四维数据(h,x,y,z),维数是4,投影点数据(x,y)从第2维开始,维内偏移是1维。同样,还要选择投影点的顺序,即x在y之前还是之后。

投影完毕可通过复位窗口来查看投影结果,投影结果文件名为noname。若用户需将投影结果写到文本文件中,那么按“写到文件”按钮,此时系统提示用户输入投影结果文件名,输入完毕即开始转换,并将结果写到该文件中。若用户选择“按指定分隔符”选项来读取数据,那么写入文件的数据、格式及顺序由设置分隔符号窗口的属性列表来指定。同时,应设置是否将原文件中的单列数据写入到转换后的文件中,这些单列数据一般是一些说明信息。通过文本文件编辑器可查看投影结果。

【任务实施】

MapGIS程序生成的图框数据以文件形式存放。点、线、面数据分别存放于扩展名为“.wt”、“.wl”、“.wp”的图形数据文件中。在不同的图框模式选项下,可能只有点、线、面数据中的一类或两类。

第1步:启动MapGIS投影变换系统。

双击MapGIS6.7主界面图标,启动软件→进行系统设置→单击“实用服务”→选择“投影变换”,如图3-25所示→进入MapGIS投影变换系统,如图3-26所示。

第2步:设置投影参数。

单击“系列标准图框”→单击“图框椭球参数”→打开椭球参数设置窗口,如图3-27所示→选择“西安80/1975年I.U.G.G推荐椭球”→点击“确定”。

第3步:选择需要生成的图框(以1:1万图框生成为例)。

图 3-25　选择“投影变换”

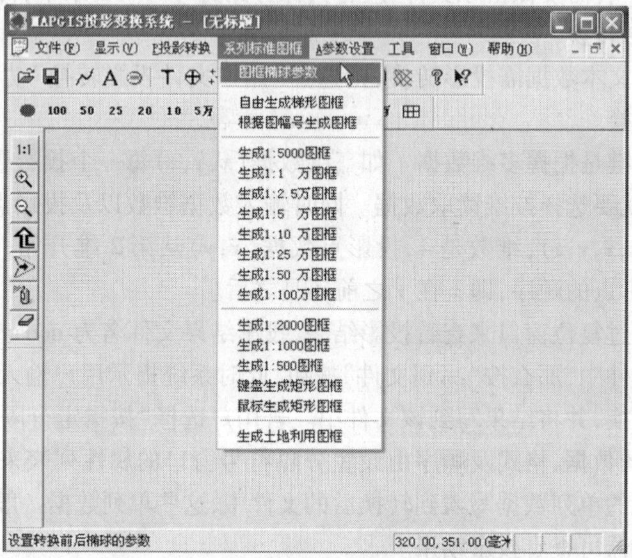

图 3-26　投影变换系统

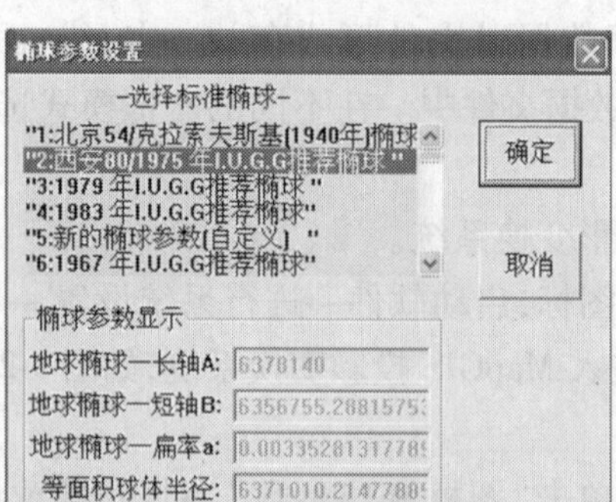

图 3-27　椭球参数设置窗口

单击“系列标准图框”→单击“生成1:1万图框”→打开1:1万图框窗口→选择“高斯坐标实线公里网”，输入起点纬度:351000、起点经度:1134115、网间间距:1→输入图框文件名:泰山乡. w? →点击“确定”，如图3-28所示→打开图框参数输入窗口，设置图框参数，如图3-29所示→点击“确定”→输入接图表内容，如图3-30、图3-31所示→点击“确定”按钮，即可生成图框。

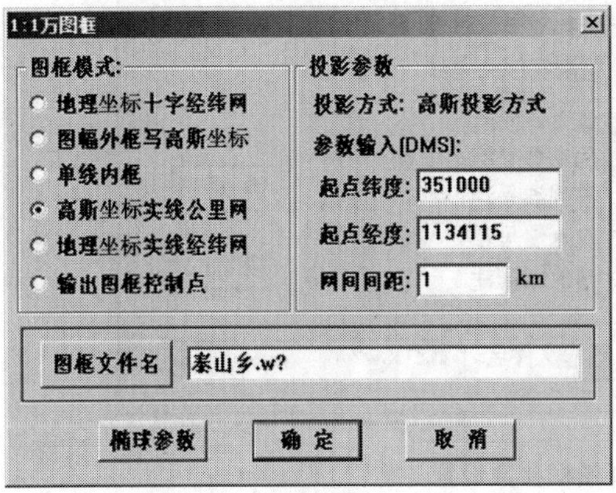

图3-28　1:1万图框窗口

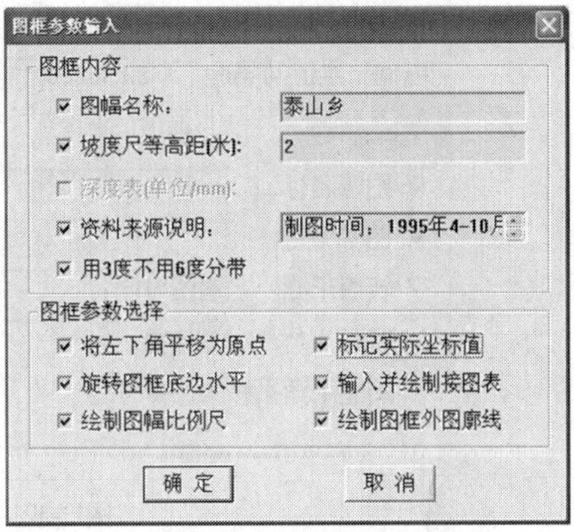

图3-29　图框参数输入窗口

照镜镇	合河	新乡市
文营		八里营
丁村	南翟坡	梁任旺

图3-30　接图表内容

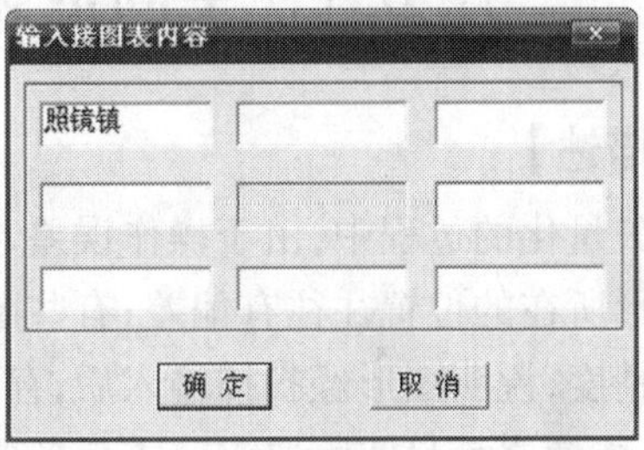

图3-31　输入接图表内容窗口

注意:“资料来源说明”的内容按Shift + Enter键即可换行。生成的图框文件被自动保存在指定的文件中，不需要再保存。

第4步:新建工程文件。

单击“图形处理”→选择“输入编辑”→单击“新建工程”→选择“不生成可编辑项”→在工作文件窗口中单击右键→选择“添加项目”，加入“泰山乡. wl”、“泰山乡. wt”文件→单击右键→保存“工程”，保存文件名为“投影变换实训. mpj”。

注意:完成前面矢量化的图名为01 - 33的1:500地形图的标准图框。方法如下:

单击“系列标准图框”菜单→单击“生成1:500图框”(或单击工具栏中的“500”按钮)→弹出1:500图框窗口→选择“矩形40 cm×50 cm”、“绘制十字公里线”，输入“横向起始公里值”、“纵向起始公里值”、“横向公里值间隔”、“纵向公里值间隔”，选择“用户坐标系”，输入“图幅名称”、“图幅编号”等→输入图框文件名“BZTK. w?”，如图3-32所示→点击“确定”→输入接图表内容→点击“确定”按钮，即可生成标准图框。

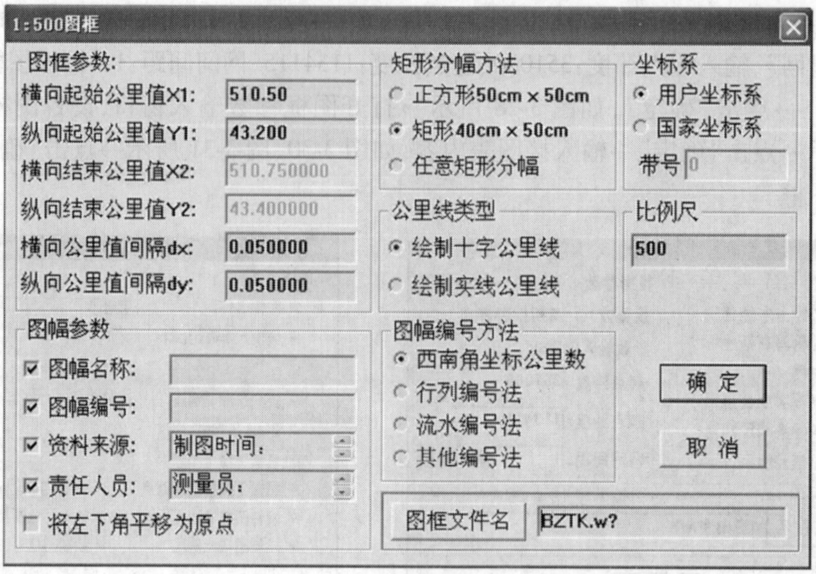

图 3-32　1:500 图框参数设置

任务 4　空间数据的几何纠正和图形变换

【任务描述】

在矢量化的过程中,由于操作误差、数字化设备精度、图纸变形等因素,输入后的图形与实际图形所在的位置往往有偏差;有些图元,由于位置发生偏移,虽经编辑,但很难达到实际要求的精度,说明图形经扫描输入后,存在着变形或畸变,须经过误差校正,清除输入图形的变形,才能使之满足实际要求。本任务要求对 1:500 的矢量化图件进行误差校正。

【相关知识】

一个地理信息系统所包含的空间数据都应具有同样的地理数学基础,包括坐标系统、地图投影等。扫描得到的图像数据和遥感影像数据往往会有变形,与标准地形图不符,这时需要对其进行几何纠正。当在一个系统内使用不同来源的空间数据时,它们之间可能会有不同的投影方式和坐标系统,需要进行坐标变换,使它们具有统一的空间参照系统。统一的数学基础是运用各种分析方法的前提。

1　图形数据的误差种类

图形数据误差可分为源误差、处理误差和应用误差 3 种类型。源误差是指数据采集和录入过程中产生的误差;处理误差是指数据录入后进行数据处理过程中产生的误差;应用误差不属于数据本身的误差。这些误差的性质有系统误差、偶然误差和粗差。误差校正主要是指校正数据源误差。各种误差的存在,使地图各要素的数字化数据转换成图形时不能套合,不同时间数字化的成果不能精确联结,相邻图幅不能拼接。所以,数字化的地图数据必须经过编辑处理和数据校正,消除输入图形的变形,才能使之满足实际要求,进行应用或入库。

一般情况下，数据编辑处理只能消除或减少在数字化过程中因操作产生的局部误差或明显误差，因图纸变形和数字化过程的随机误差所产生的影响，必须经过几何校正，才能消除。由于造成数据变形的原因很多，对于不同的因素引起的误差，其校正方法也不同，具体采用何种方法应根据实际情况而定。因此，在设计系统时，应针对不同的情况，应用不同的方法来实施校正。

从理论上讲，误差校正是根据图形的变形情况，计算出其校正系数，然后根据校正系数，校正变形图形。但在实际校正过程中，由于造成变形的因素很多，有机械的，也有人工的，因此校正系数很难估算。

2　误差校正种类和方法

2.1　几何纠正

在图形编辑中，只能消除数字化产生的明显误差，而图纸变形、图纸扫描等过程产生的误差难以改正，因此要进行几何纠正。

2.1.1　几何纠正的适用范围

(1)地形图的实际尺寸发生变形。

(2)在扫描过程中，工作人员的操作会产生一定的误差，如扫描时地形图或遥感影像没被压紧、产生斜置或扫描参数的设置不恰当等，都会使被扫描的地形图或遥感影像产生变形，直接影响扫描质量和精度。

(3)遥感影像本身就存在着几何变形。

(4)地图图幅的投影与其他资料的投影不同，或需将遥感影像的中心投影或多中心投影转换为正射投影等。

(5)扫描时受扫描仪幅面大小的影响，有时需将一幅地形图或遥感影像分成几块扫描，这样会使地形图或遥感影像在拼接时难以保证精度。

对扫描得到的图像进行纠正，主要是建立要纠正的图像与标准的地形图或地形图的理论值或纠正过的正射影像之间的变换关系，消除各类图形的变形误差。目前，主要的变换函数有仿射变换、双线性变换、平方变换、双平方变换、立方变换、四阶多项式变换等，具体采用哪一种，则要根据纠正图像的变形情况、所在区域的地理特征及所选点数来决定。

2.1.2　几何纠正常用的方法

下面介绍几何纠正常用的高次变换、二次变换和仿射变换。

(1)高次变换：

$$\begin{cases} x' = a_1x + a_2y + a_{11}x^2 + a_{12}xy + a_{22}y^2 + A \\ y' = b_1x + b_2y + b_{11}x^2 + b_{12}xy + b_{22}y^2 + B \end{cases}$$

其中，A、B 代表二次以上高次项之和。上式是高次曲线方程，符合上式的变换称为高次变换。在进行高次变换时，需要有6对以上控制点的坐标和理论值，才能求出待定系数。

(2)二次变换：当不考虑高次变换方程中的 A 和 B 时，则变成二次曲线方程，称为二次变换。二次变换适用于原图有非线性变形的情况，至少需要5对控制点的坐标及其理论值，才能求出待定系数。

(3)仿射变换:

$$\begin{cases} x = a_1x_1 + a_2y_1 + a \\ y = b_1x_1 + b_2y_1 + b \end{cases}$$

其中,x_1,y_1 为控制点实际坐标,x,y 为控制点的理论值,a_1,a_2,a,b_1,b_2,b 为待定系数。

仿射变换是使用最多的一种几何纠正方式,只考虑到 x 和 y 方向上的变形。仿射变换的特性是:①直线变换后仍为直线;②平行线变换后仍为平行线;③不同方向上的长度比发生变化。

对于仿射变换,只需知道不在同一直线上的 3 对控制点的坐标及其理论值,就可求得待定系数。但在实际使用时,往往利用 4 个以上的点进行纠正,利用最小二乘法处理,以提高变换的精度。

2.2　地形图的纠正

地形图的纠正,一般采用四点纠正法或逐网格纠正法。

四点纠正法:一般是根据选定的数学变换函数,输入需纠正地形图的图幅行、列号,地形图的比例尺及图幅名称等,生成标准图廓,分别采集四个图廓控制点坐标来完成纠正。

逐网格纠正法:是在四点纠正法不能满足精度要求的情况下采用的。这种方法和四点纠正法的不同点就在于采样点数目的不同,它是逐方里网进行的,也就是说,对每一个方里网都要采点。

具体采点时,一般要先采源点(需纠正的地形图),后采目标点(标准图廓),先采图廓点和控制点,后采方里网点。

2.3　遥感影像的纠正

遥感影像的纠正,一般选用和遥感影像比例尺相近的地形图或正射影像图作为变换标准,选用合适的变换函数,分别在要纠正的遥感影像和标准地形图或正射影像图上采集同名地物点。

具体采点时,要先采源点(影像),后采目标点(地形图)。选点时,要注意点的均匀分布,点不能太多。如果在选点时没有注意点的均匀分布或点太多,这样不但不能保证精度,反而会使影像产生变形。另外选点时,应选由人工建筑构成的并且不会移动的地物点,如渠或道路交叉点、桥梁等,尽量不要选河床易变动的河流交叉点,以免点的移位影响配准精度。

3　图形变换

图形变换是指对图形的几何信息(一般是坐标值)经过几何变换后产生新的几何图形的过程。图形变换可以看作是坐标系不动而图形变动,变动后的图形在坐标系中的坐标值发生变化;也可以看作图形不动而坐标系变动,变动后,该图形在新的坐标系下具有新的坐标值,这两种情况本质上是一样的。图形变换归根到底可以表示为对组成图形的点集坐标值的变换,如图 3-33 所示。大多数地理信息系统都具有图形变换的功能,包括缩放、平移、旋转等。

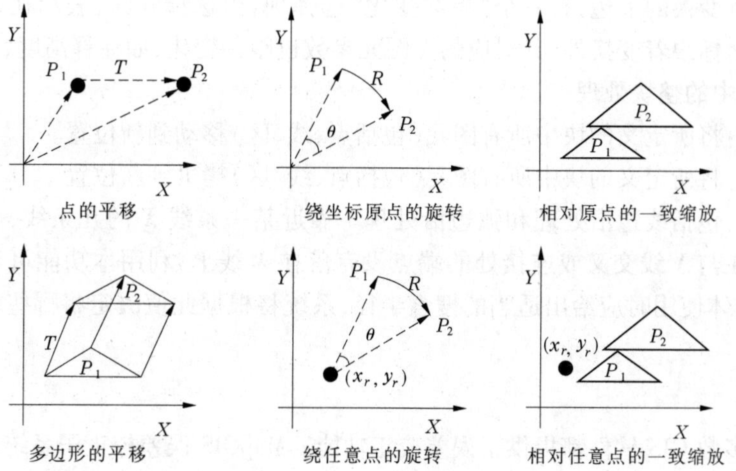

图3-33　图形变换

3.1　缩放

缩放是将平面上任意一点 $P(x,y)$ 的横纵坐标分别放大或缩小一定的倍数，得到新的坐标 (x',y')。

3.2　旋转

旋转是将图形沿 xy 平面的圆弧路径复位，如图3-33所示。要实现旋转，需指定旋转角 θ（绕基准点逆时针旋转时旋转角为正，顺时针为负）和物体旋转的旋转点（或基准点）的位置 (x_r,y_r)。这种变换也可描述为通过绕基准点垂直于 xy 平面的旋转轴的旋转。

旋转也是一种不变形地移动物体的整体变换，物体上的所有点旋转相同的角度。直线段旋转是将每个线端点旋转指定的旋转角；多边形的旋转则是将每个顶点旋转指定的旋转角；曲线的旋转则是旋转控制取样点。

3.3　MapGIS 中的几何变换

MapGIS 中的几何变换包括整幅图形的平移、比例和旋转三种变换。几何变换包括线文件、点文件和区文件的变换，前边打钩时表示对应的图元文件要进行变换。该功能有如下两种情况：

（1）键盘输入参数：选择键盘输入参数，编辑器弹出变换输入板，用户可选择变换文件类型。特别地，对于点类型文件可选择参数是否变化，即在坐标变换的同时，点的本身大小和角度是否变化。用户根据需要输入相应的平移、比例、旋转参数。

（2）光标定义参数：选择光标定义参数，系统需要用户用光标先定义平移原点、旋转角度，然后弹出变换输入板，将这些参数放入对话框中，用户可进行修改。

平移参数：按系统提示从键盘上输入相应的相对位移量后，即将图形移到了相应的位置。

比例参数：利用这个变换可以将图形放大或缩小。在 X、Y 两个方向的比例可以相同，也可以不同。当输入 X、Y 方向的比例系数后，系统就按输入的系数对图形进行变换。

旋转参数：将整幅图形绕坐标原点(0,0)，按输入的旋转角度旋转，当旋转角为正时，逆时针旋转，为负时顺时针旋转。

另外,在点变换的下边,有一个“参数变化”选择项,当选择它时,表示在进行点图元变换时,除位置坐标跟着变换外,其对应的点图元参数也跟着变化,如注释高度、宽度等。

3.4 MapGIS 中的整块处理

整块移动:将所定义的块中所有图元(包括点、线、区)移动到新位置。

整块复制:将所定义的块中所有图元(包括点、线、区)拷贝到新位置。

边沿处理:包括线边沿处理和弧边沿处理。靠近某一条线 X 的几条线,由于数字化误差,这几条线在与 X 线交叉或连接处的端点没有落在 X 线上,利用本功能可使这些端点落在 X 线上。具体使用时应给出适当的搜索半径,系统将根据此值决定将哪些端点调整使其落在 X 线上。

【任务实施】

目前,大多数 GIS 软件都提供了误差校正功能。MapGIS 误差校正子系统对出现变形的图形可以进行误差校正,清除输入图形的变形,使之满足实际要求。利用 MapGIS 软件平台对矢量化的 1:500 地形图进行误差校正,注意:前提是矢量化之前没有进行图像配准。

误差校正需要三类文件:①实际控制点文件(用点型或线型矢量化图像上的“+”字格网得到或者是矢量化的实际内图框);②理论控制点文件(根据文件的投影参数、比例尺、坐标系等在投影变换子系统中所建立的一个相同大小的标准图框);③待校正的点、线、面文件。

任务实施步骤如下。

1. 生成理论控制点文件

第 1 步:在 MapGIS 主菜单窗口单击“实用服务”→选择“投影变换”,即进入 MapGIS 投影变换子系统。

第 2 步:选择需要生成的图框(参考前面 1:500 图框生成)。

生成的图框文件“BZTK . w?”被自动保存在指定的文件中,无须手动保存。

第 3 步:MapGIS 软件生成的 1:500 标准图框的坐标有问题,需要处理一下。

在输入编辑系统下,新建空白工程文件,把生成的 1:500 标准图框文件“BZTK. w?”添加到工程文件中,使其处于当前可编辑状态 → 单击“其他”菜单→选中“整图变换”→单击“键盘输入参数”,弹出图形变换窗口,参数设置如图 3-34 所示,单击 “确定”,完成变换,保存文件。

2. 启动误差校正子系统,加载文件

点击“实用服务”→选择“误差校正”→单击“文件”→单击“打开”→选所需加载的文件→单击“打开”,如图 3-35 所示,打开要校正的图形源文件和刚处理过的 1:500 标准图框线文件“BZTK. wl”。

注意:“文件”菜单主要用来装入校正前的图形源文件或者用来采集控制点的文件及保存变换后的校正图形文件。在输入文件名窗口中,按 Shift 键或 Ctrl 键可以选择多个文件同时打开,装入工作区。

3. 查看文件是否打开

在误差校正子系统中,点击右键→选择“复位窗口”→选择要校正的图形源文件,如“图框. wl”、“田埂. wl”、“陡坎. wl”、“小路. wl”、“水系. wl”、“植被. wp” 等文件→点击“确定”。

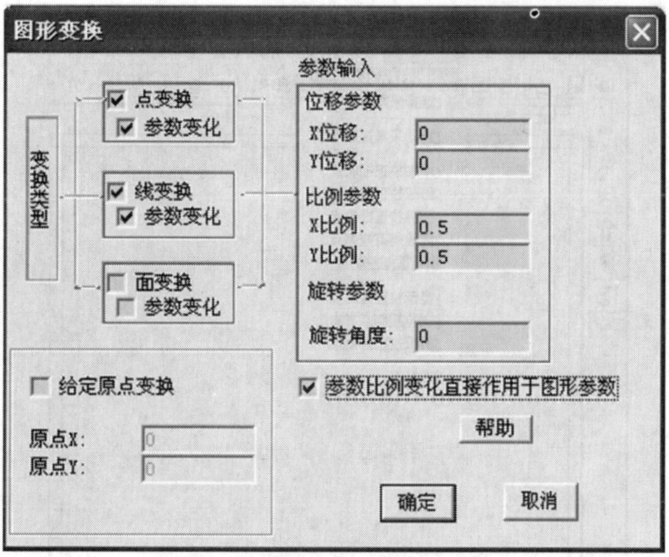

图3-34　图形变换窗口参数设置

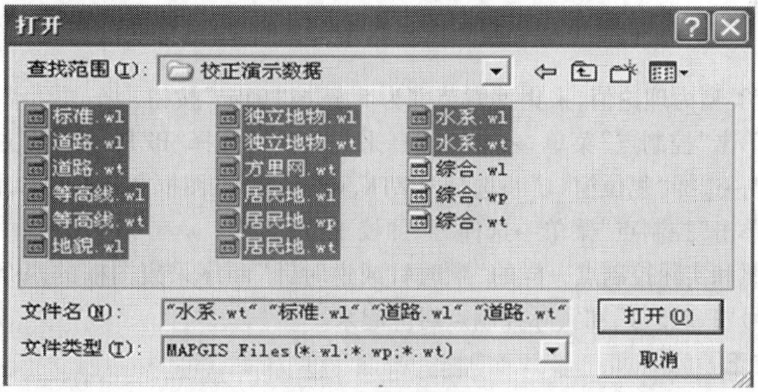

图3-35　加载文件

注意:观察源文件是否全部加载。

重复上面步骤,观察标准图框是否加载,点击右键→选择"复位窗口"→选择标准图框文件"BZTK. wl"→点击"确定"。注意:观察标准图框文件是否加载。

4. 控制点实际值采集

第1步:单击"控制点"菜单→选择"设置控制点参数",弹出控制点参数设置对话框,选择采集数据值类型为实际值,采集搜索范围为5,选择"确定"按钮,如图3-36所示。

第2步:单击"控制点"菜单→选择"选择采集文件",选择"图框. wl"线文件。点击右键→选择"复位窗口"→选择"图框. wl",则图框文件在窗口中显示。

第3步:单击"控制点"菜单→选择"添加校正控制点",弹出错误信息对话框,选择"是"按钮。然后按照"顺时针或逆时针"顺序采集图框的四个交点,即为四个控制点,依次排序"1、2、3、4"。

5. 控制点理论值采集

第1步:单击"控制点"菜单→选择"设置控制点参数",弹出控制点参数设置对话框,选

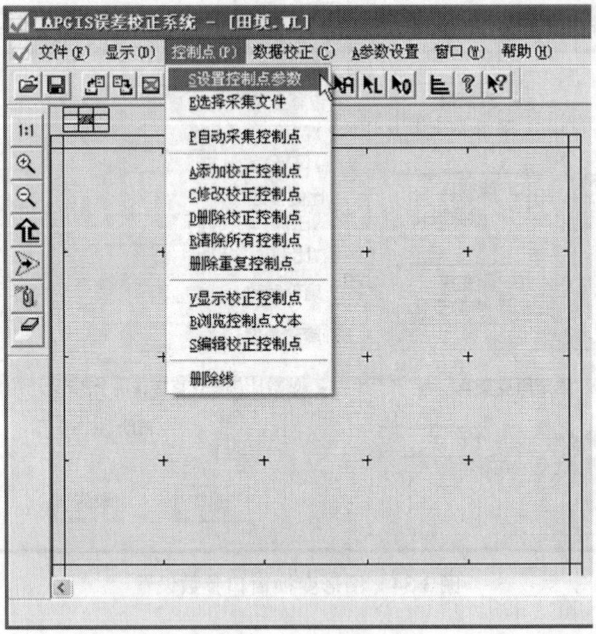

图 3-36 “控制点”菜单

择采集数据值类型为理论值,采集搜索范围为 5,选择“确定”按钮。

第 2 步:单击“控制点”菜单→选择“选择采集文件”,选择“BZTK. wl”线文件。

点击右键→选择“复位窗口”→选择“BZTK. wl”,则标准图框文件在窗口中显示。

第 3 步:单击“控制点”菜单→选择“添加校正控制点”。

同样,按照和实际控制点一样的“顺时针或逆时针”顺序采集图框的四个交点,即为四个控制点,序号“1、2、3、4”和实际控制点对应起来。

6. 数据校正

第 1 步:单击“数据校正”菜单→选择“图形参数参与校正”。

第 2 步:单击“数据校正”菜单→选择“线文件校正转换”(如果校正点文件,选择“点文件校正转换”;如果校正面文件,选择“面文件校正转换”)。选择一个线文件如“等高线. wl”。注意:每次只能选一个线文件,即开始校正。

第 3 步:校正完一个线文件,点击“文件”→选择“另存文件”→选择刚生成的校正“newlin. wl”线文件(如果校正的是点文件,则生成“newpnt. wt”;如果校正的是面文件,则生成“newreg. wp”),另存名字为“等高线 JZ. wl”。

至此,完成了等高线文件的校正转换。

重复数据校正的第 2、3 步,完成除“BZTK. wl”外的所有点、线、面文件的校正转换。

7. 新建工程文件

单击“图形处理”→选择“输入编辑”→ 单击“新建工程”→ 选择“不生成可编辑项”→在工程文件窗口中,单击右键→选择“添加项目”,加入“等高线 JZ. wl”、“陡坎 JZ. wl”、“田埂 JZ. wl”、“道路 JZ. wl”、“控制点 JZ. wt”、“植被 JZ. wp ”、“湖泊 JZ. wp”文件等所有校正后的文件 →单击右键→保存工程,保存文件名为“校正实训. mpj”。

任务5　GIS的数据质量检查

【任务描述】

对GIS来说,空间数据是基础,非空间数据是内涵,数据质量的优劣将直接影响GIS应用分析结果的可靠程度和应用目标的实现。GIS产品的质量是伴随着数据采集、处理和应用的过程而产生并表现出来的,对GIS数据质量进行检查是确保GIS数字产品符合GIS应用的保证。本任务对前面完成的数据进行全面的质量检查。

【相关知识】

1　GIS数据质量的概念

GIS数据质量是指GIS中空间数据(几何数据和属性数据)的可靠性,通常用空间数据的误差来度量。

误差是指数据与真值的偏离。与GIS数据质量相关的几个概念如下。

(1)误差(Error):反映了数据与真实值或者大家公认的真值之间的差异,它是一种常用的数据准确性的表达方式。

(2)数据的准确度(Accuracy):被定义为结果、计算值或估计值与真实值或者大家公认的真值的接近程度。

(3)数据的精密度(Resolution):指数据表示的精密程度,亦即数据表示的有效位数。它表现了测量值本身的离散程度。由于精密度的实质在于它对数据准确度的影响,同时在很多情况下,它可以通过准确度而得到体现,故常把二者结合在一起称为精确度,简称精度。

(4)不确定性(Uncertainty):是关于空间过程和特征不能被准确确定的程度,是自然界各种空间现象自身固有的属性。在内容上,它是以真值为中心的一个范围,这个范围越大,数据的不确定性也就越大。

2　GIS数据质量评价

2.1　GIS数据质量标准

空间数据质量标准是生产、使用和评价空间数据的依据,数据质量是数据整体性能的综合体现。目前,世界上已经建立了一些数据质量标准,如美国FGDC的数据质量标准等。

空间数据质量标准的建立必须考虑空间过程和现象的认知、表达、处理、再现等全过程。空间数据质量标准要素及其内容如下:

数据情况说明:要求对地理数据的来源、数据内容及其处理过程等做出准确、全面和详尽的说明。

位置精度(或称定位精度):指空间实体的坐标数据与实体真实位置的接近程度,常表现为空间三维坐标数据精度。它包括数学基础精度、平面精度、高程精度、接边精度、形状再现精度(形状保真度)、像元定位精度(图像分辨率)等。平面精度和高程精度又可分为相对精度和绝对精度。

属性精度:指空间实体的属性值与其真值相符的程度。它通常取决于地理数据的类型,且常常与位置精度有关,包括要素分类与代码的正确性、要素属性值的准确性及其名称的正确性等。

时间精度:指数据的现势性。可以通过数据更新的时间和频度来表现。

逻辑一致性:指地理数据关系上的可靠性,包括数据结构、数据内容(包括空间特征、专题特征和时间特征),以及拓扑性质上的内在一致性。

完整性:指地理数据在范围、内容及结构等方面满足所有要求的完整程度,包括数据范围、空间实体类型、空间关系分类、属性特征分类等方面的完整性。

表达形式的合理性:主要指数据抽象、数据表达与真实地理世界的吻合性,包括空间特征、专题特征和时间特征表达的合理性等。

2.2　GIS 数据质量评价

空间数据质量的评价,就是用一些空间数据质量标准要素对数据所描述的空间特征、专题特征和时间特征进行评价。表 3-1 为空间数据质量主要要素评价表。

表 3-1　空间数据质量主要要素评价表

空间数据要素	空间数据描述		
	空间特征	时间特征	专题特征
位置精度	✓		✓
属性精度	✓	✓	✓
逻辑一致性	✓	✓	✓
完整性	✓	✓	✓
表达形式的合理性	✓	✓	✓

3　GIS 空间数据的误差类型

GIS 空间数据的误差从误差的产生上可分为源误差和处理误差。

3.1　源误差

源误差是指数据采集和录入中产生的误差。源误差受很多因素的影响,包括:

(1)遥感数据:摄影平台、传感器的结构及稳定性、分辨率等。

(2)测量数据:人为误差(对中误差、读数误差等)、仪器误差(仪器不完善、缺乏校验、未作改正等)、环境引起的误差(气候、信号干扰等)。

(3)属性数据:数据的录入、数据库的操作等。

(4)GPS 数据:信号的精度、接收机精度、定位方法、处理算法等。

(5)地图:控制点精度,编绘、清绘、制图综合等的精度。

(6)地图数字化精度:纸张变形、数字化仪精度、操作员的技能等。

3.2　处理误差

处理误差是指 GIS 对空间数据进行处理时产生的误差,例如在下列处理中产生的误差就是处理误差。

(1)几何纠正。

(2)坐标变换。

(3)几何数据的编辑。

(4)属性数据的编辑。

(5)空间分析(如多边形叠置等)。

(6)图形化简(如数据压缩)。

(7)数据格式转换。

(8)计算机数据小数位数截断。

(9)空间内插。

(10)矢量和栅格数据的相互转换。

4　GIS 数据质量控制

空间数据质量控制应体现在数据生产和处理的各个环节。下面以地图数字化生成地图数据过程为例,说明数据质量控制的方法。数字化过程的质量控制,主要包括数据预处理、数字化设备的选用、数字化对点精度、数字化限差和数据精度检查等内容。

(1)数据预处理。主要包括对原始地图、表格等的整理、清绘。对于质量不高的数据源,如散乱的文档和图面不清晰的地图,通过数据预处理工作不但可减小数字化误差,还可提高数字化工作的效率。

(2)数字化设备的选用。主要根据扫描仪等设备的分辨率和精度等有关参数进行挑选,这些参数应不低于设计的数据精度要求。一般要求数字化仪的分辨率达到0.025 mm,精度达到0.2 mm;扫描仪的分辨率则不低于0.083 mm。

(3)数字化对点精度(准确性)。数字化对点精度是数字化时数据采集点与原始点重合的程度。一般要求数字化对点误差小于0.1 mm。

(4)数字化限差。数字化限差的最大值分别规定如下:采点密度0.2 mm、接边误差0.02 mm、接合距离0.02 mm、悬挂距离0.007 mm、细化距离0.007 mm 等。

接边误差控制,通常当相邻图幅对应要素间距离小于0.3 mm 时,可移动其中一个要素以使两者接合;当这一距离在0.3 ~0.6 mm 时,两要素各自移动一半距离;若距离大于0.6 mm,则按一般制图原则接边,并作记录。

(5)数据精度检查。主要检查输出图与原始图之间的点位误差。一般要求,对直线地物和独立地物,这一误差应小于0.2 mm;对曲线地物和水系,这一误差应小于0.3 mm;对边界模糊的要素,这一误差应小于0.5 mm。

空间数据的采集与处理工作,是建立 GIS 的重要环节。了解 GIS 数字化数据的质量与不确定性特征,最大限度地纠正所产生的数据误差,对保证 GIS 分析应用的有效性具有重要意义。

【任务实施】

GIS 产品质量检查是地理信息系统建设中必不可少的工作。通过对以上基础知识的学习,在 MapGIS 平台下对前面完成的成果(01 -33. mpj)进行质量检查与评定。

根据数据质量检查细则和相关标准,对数据成果进行各项检查并做出相应标示,对有问题的数据及时纠错,确保数据成果最终满足建库的要求。

1. 数据质量检查的流程

数据质量检查的待检查数据是 1∶500 地形图的空间数据和属性数据。由于是在 MapGIS 平台上完成的空间数据和属性数据的输入,因此直接在 MapGIS 下进行数据检查,发现问题时直接在 MapGIS 平台上进行交互式修改。能自动检查的尽量自动检查,对于不能用计算机自动检查的内容,用手工检查。通过人机交互的方式查看检查结果,并对检查结果进行质量评定,输出质检报告。如果质量评定数据不合格,则返回修改数据。

2. 数据质量检查的内容与方法

(1)要素代码、要素名称与标准保持一致,必选要素代码、要素名称不能有遗漏。

(2)图层名称与标准保持一致,必选图层不能有遗漏。

(3)空间要素属性结构与标准保持一致,必选的空间要素属性结构不能有丢漏,属性表中必选字段不能为空。

(4)数据具有严格的拓扑结构,不存在拓扑错误。

(5)相关地理要素的空间关系必须正确。

(6)属性数据逻辑关系正确,属性数据输入正确。

3. 空间数据错误示例

在数据成果中,常见的空间数据错误有裂缝、重叠、悬挂点、图形拓扑错误、碎图斑、相邻图幅拼接裂缝、属性数据错误、遗漏等。

任务 6　图幅接边

【任务描述】

在相邻图幅的边缘部分,由于原图本身的数字化误差,同一实体的线段或弧段的坐标数据不能相互衔接,或是由于坐标系统、编码方式等不统一,需进行图幅资料边缘匹配处理。本任务要求完成 1∶500 相邻两幅图的拼接。

【相关知识】

图幅的拼接总是在相邻两图幅之间进行的。要将相邻两图幅之间的数据集中起来,就要求相同实体的线段或弧段的坐标数据相互衔接,也要求同一实体的属性码相同,因此必须进行图幅资料边缘匹配处理。具体步骤如下。

1　逻辑一致性的处理

由于人工操作的失误,两个相邻图幅的空间数据库在接合处可能出现逻辑裂隙,如一个多边形在一幅图中属性为 A,而在另一幅图中属性为 B。此时,必须使用交互编辑的方法,使两相邻图斑的属性相同,取得逻辑一致性。

2　识别和检索相邻图幅

首先,将待拼接的图幅数据按图幅进行编号,编号有 2 位,其中十位数指示图幅的横向顺序，个位数指示纵向顺序，如图3-37所示，并记录图幅的长宽标准尺寸。因此，当进行横向图幅拼接时，总是将十位数编号相同的图幅资料收集在一起；进行纵向图幅拼接时，总是将个位数编号相同的图幅资料收集在一起。其次，图幅数据的边缘匹配处理主要是针对跨越相邻图幅的线段或弧段，为了减少数据容量，提高处理速度，一般只提取图幅边界一定范围内(如2 cm)的数据作为匹配和处理的目标。同时要求，图幅内空间实体的坐标数据已经进行过投影转换。

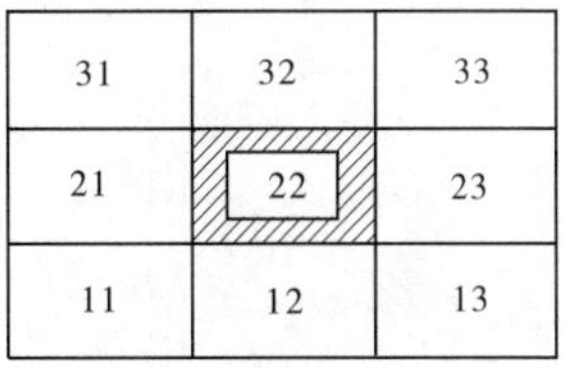

图3-37　图幅编号及图幅边缘数据提取范围

3　相邻图幅边界点坐标数据的匹配

相邻图幅边界点坐标数据的匹配采用追踪拼接法。追踪拼接有四种情况，如图3-38所示，只要符合下列条件，两条线段或弧段即可匹配衔接：相邻图幅边界两条线段或弧段的左右码各自相同或相反；相邻图幅同名边界点坐标在某一允许值范围内(如±0.5 mm)。

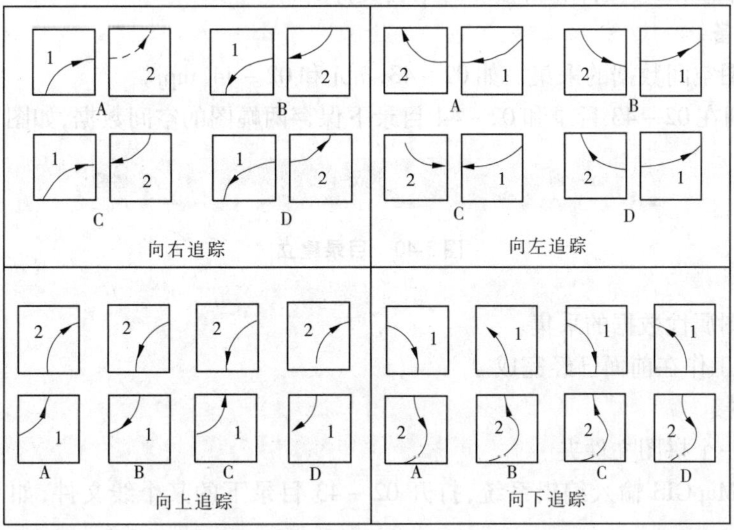

图3-38　追踪拼接法

匹配衔接时是以一条弧段或线段作为处理的单元，因此当边界点位于两个结点之间时，须分别取出相关的两个结点，然后按照结点之间线段方向一致性的原则进行数据的记录和存储。

4　相同属性多边形公共边界的删除，即多边形的合并

当图幅内图形数据完成拼接后，相邻图斑会有相同属性。此时，应将相同属性的两个或多个相邻图斑组合成一个图斑，即消除公共边界，并对共同属性进行合并。

多边形公共边界的删除方法是：通过构成每一面域的线段坐标链，删去其中共同的线段，然后重新建立合并多边形的线段链表，如图3-39所示。

实际处理过程是：先删除两个多边形，解除空间拓扑关系，然后删除公共边(实际上是图廓边)，再重建拓扑关系。

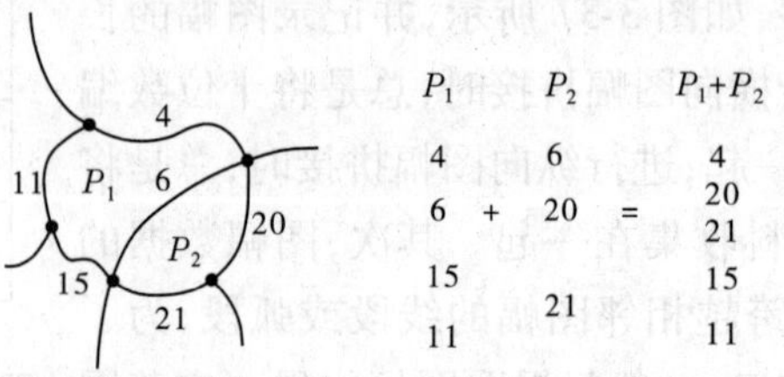

图 3-39　多边形公共边界的自动删除

对于多边形的属性表，除多边形的面积和周长需重新计算外，其余属性保留其中之一图斑的属性即可。

【任务实施】

对相邻的两幅 1:500 地形图分别获取其空间数据和属性数据，然后利用 MapGIS 软件把两幅图进行拼接。注意：包括空间数据和属性数据的拼接，并且要保留原完整图幅。上交成果有原两幅图的工程文件和拼接后的工程文件。

1. 数据准备

(1)两幅图空间数据的采集。如 02 – 43. mpj 和 02 – 44. mpj。

注意：分别在 02 – 43 目录和 02 – 44 目录下保存两幅图的空间数据，如图 3-40 所示。

图 3-40　目录建立

(2)两幅图属性数据的采集。

数据采集工作在前面已经完成。

2. 图幅拼接

(1)新建一个拼图文件夹。

(2)进入 MapGIS 输入编辑系统，打开 02 – 43 目录下的某个线文件，如 02 – 43 田埂. wl。

(3)单击"工作区"菜单→添加 02 – 44 目录下的相同要素文件，如 02 – 44 田埂. wl，如图 3-41 所示。

(4)单击"文件"菜单→单击"工作区"→换名存线文件，如存为 02 – 43 – 44 田埂. wl。

(5)以同样的方法，把两幅图中其他相同的要素合成为一个文件。

(6)新建工程文件，不生成可编辑项，把刚刚合成的点、线、面文件添加进工程文件。

(7)保存工程文件，保存名为 02 – 43 – 44. mpj。拼图如图 3-42 所示。

(8)把两幅图的光栅文件也添加进来。

(9)对照光栅文件，把两幅图的接边处的同要素文件(参考属性数据)用连接线工具连接起来，若是区，要用合并区工具合并两个区。注意：如果前期数据有问题，如区有裂缝，则无法合并区，需要回到单幅图处理，处理完再进行图幅拼接。

(10)属性的合并。如陡坎横跨两幅图，合并效果如图 3-43 所示。

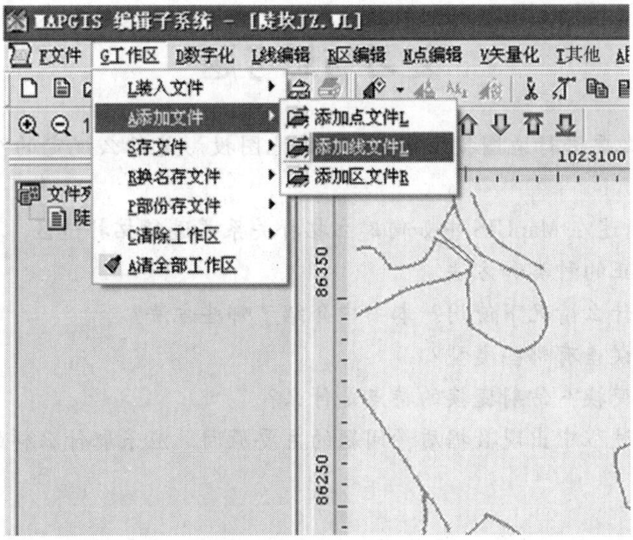

图3-41　“工作区”菜单

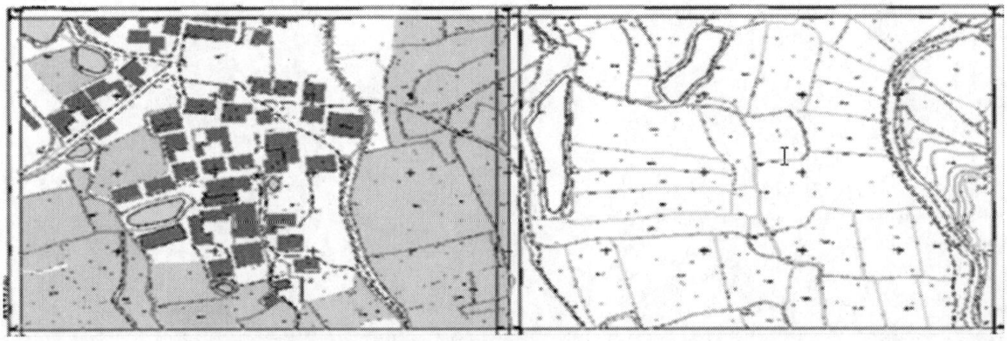

图3-42　拼图

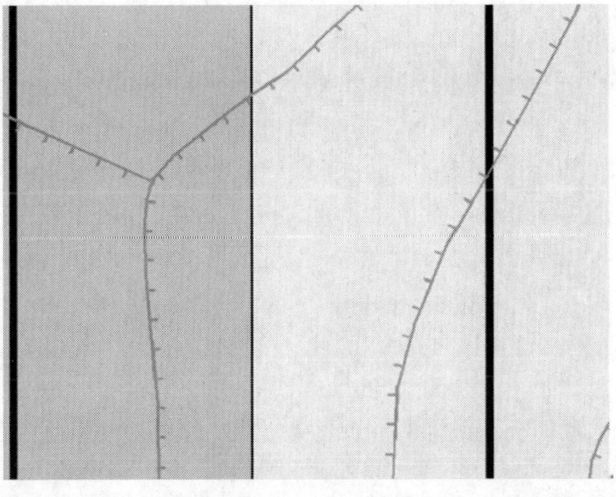

图3-43　图幅接边

复习与思考题

1. GIS 中为什么要进行地图投影？GIS 中的地图投影是怎么规定的？地图投影变换的实质是什么？

2. 结合实例，简述在 MapGIS 中如何建立拓扑关系并进行拓扑造区。

3. 简述误差校正的种类和方法。

4. 几何纠正在什么情况下使用？本书中介绍了哪些方法？

5. 空间数据的误差有哪些类型？

6. 什么是仿射变换？仿射变换的特点是什么？

7. 请分析实训过程中出现数据质量问题的主要原因。应采取什么样的技术路线保证数据质量？

项目4　空间数据的管理

【项目概述】

空间数据是GIS的重要组成部分,它的组织和管理比其他业务数据要复杂些。建立空间数据库可以更好地管理空间数据,提高空间数据的管理效率,完善GIS的功能,促进地理信息系统更广泛地应用在多个行业。

本项目由空间数据的管理与组织和空间数据库的设计与实现2个工作任务组成,通过任务的实施,为读者从事建立GIS空间数据库岗位工作打下基础。

【学习目标】

知识目标:

(1)熟练表述数据库和数据库系统的基本概念。

(2)熟练表述普通关系数据库和空间数据库的区别。

(3)熟练表述空间数据组织的基本方法。

(4)熟练表述空间数据库设计的步骤和实现方法。

(5)列举出当前几种流行的空间数据库管理技术及相关软件。

技能目标:

(1)能结合实际应用需求,完成某一地区的地图数据和属性数据的采集。

(2)能综合利用GIS软件和数据库管理软件,完成数据的入库工作。

任务1　空间数据的管理与组织

【任务描述】

本任务通过对空间数据库的基本概念及其特点、空间数据的管理方法、现行的各种空间数据库管理模式的特点,以及空间数据的组织方式等相关知识的学习,要求读者利用MapInfo软件完成China图的空间数据和属性数据的组织和管理,以及空间数据和属性数据的连接,从而使其具备根据实际需要选择合适的空间数据管理模式以及采用正确的空间数据组织方式对空间数据进行组织的能力。

【相关知识】

1　数据库的基础知识

1.1　数据库的概念

数据库是近20多年来发展最迅速的一种计算机数据管理技术。数据库的应用领域相当广泛,从一般事务处理,到各种专门化数据的存储与管理,都可以建立不同类型的数据库。地理信息系统中的数据库就是一种专门化的数据库。建立数据库不仅是为了保存数据,扩展人的记忆,更是为了帮助人们去管理和控制与这些数据相关联的事物。

目前,数据库还没有统一公认的定义,不同的定义是由于从不同的角度看待数据库而产生的。有两种比较普遍的定义:一种是从应用的角度定义的,即数据库是被存储起来的数据集合,这些数据被特定的组织(如公司、银行、大学、政府机关等)利用。另一种是根据数据库的内外特点定义的,即数据库是存储在一起的相关数据的集合,它以最优的方式为一个或多个应用服务;数据的存储独立于使用它的程序;对数据库插入新的数据、检索和修改,原有数据均能按一种公用的和可控制的方法进行;数据被结构化,为今后的应用研究提供基础。简言之,数据库就是为一定目的服务,以特定的结构存储的相关联的数据集合。

为了直观地理解数据库,可以把数据库与图书馆作如表4-1所示的比较。

表4-1　数据库与图书馆的比较

数据库	图书馆
数据	图书
数据模型	书卡编目
数据的物理组织	图书存放规则、书架
数据库管理系统	图书管理员
外存	书库
用户	读者
数据存取	图书借阅

数据库是数据管理的高级阶段,是从文件管理系统发展而来的。数据库与传统的文件系统有许多明显的差别,其中主要有两点:一是数据独立于应用程序而集中管理,实现了数据共享,减少了数据冗余,提高了数据的效益;二是在数据间建立了联系,从而使数据库能反映出现实世界中信息的联系,这也是数据库与文件系统的根本区别。

地理信息系统的数据库(以下称为地理数据库)是某区域内关于一定地理要素特征的数据集合。地理数据库与一般数据库相比具有以下特点:

(1)数据量特别大。地理系统是一个复杂的综合体,要用数据来描述各种地理要素,尤其是要素的空间位置,其数据量往往大得惊人,即使是一个很小区域的数据库也是如此。

(2)不仅有地理要素的属性数据(与一般数据库中的数据性质相似),还有大量的空间数据,即描述地理要素空间分布位置的数据,并且这两种数据之间具有不可分割的联系。

(3)数据应用的面相当广,如地理研究、环境保护、土地利用与规划、资源开发、生态环境、市政管理、道路建设等。

上述特点,尤其是第(2)点,决定了在建立地理数据库时,一方面应该遵循和应用通用数据库的原理和方法,另一方面必须采取一些特殊的技术和方法来解决其他数据库所没有的管理空间数据的问题。由于地理数据库具有明显的空间特征,所以有人把地理数据库称为空间数据库。

1.2　数据库的主要特征

数据库管理方法与文件管理方法相比,具有更强的数据管理能力。数据库具有以下主要特征：

（1）数据集中控制。在文件管理方法中，文件是分散的，每个用户或每种处理都有各自的文件，不同的用户或处理的文件一般是没有联系的，因而不能为多用户共享，也不能按照统一的方法来控制、维护和管理。数据库很好地克服了这一缺点，数据库集中控制和管理有关数据，以保证不同用户和应用可以共享数据。数据集中并不是把若干文件“拼凑”在一起，而是要把数据“集成”。因此，数据库的内容、结构必须合理，才能满足众多用户的要求。

（2）数据冗余度小。冗余是指数据的重复存储。在文件管理方法中，数据冗余大。冗余数据存在两个缺点：一是增加了存储空间；二是容易出现数据不一致。设计数据库的主要任务之一是识别冗余数据，并确定是否能够消除它。在目前情况下，即使数据库管理方法也不能完全消除冗余数据。有时，为了提高数据处理效率，也应该有一定程度的数据冗余。但是，在数据库中应该严格控制数据的冗余度。在有冗余的情况下，数据更新、修改时，必须保证数据库内容的一致性。

（3）数据独立。数据独立是数据库的关键性要求。数据独立是指数据库中的数据与应用程序相互独立，即应用程序不因数据性质的改变而改变，数据的性质也不因应用程序的改变而改变。数据独立分为两级：物理级和逻辑级。物理独立是指数据的物理结构变化不影响数据的逻辑结构；逻辑独立意味着数据库的逻辑结构的改变不影响应用程序。但是，逻辑结构的改变必然影响到数据的物理结构。目前，数据逻辑独立还没有完全实现。

（4）复杂的数据模型。数据模型能够表示现实世界中各种各样的数据组织以及数据间的联系。复杂的数据模型是实现数据集中控制、减少数据冗余的前提和保证。采用数据模型是数据库管理方法与文件管理方法的一个本质差别。

数据库常用的数据模型有四种：层次模型、网络模型、关系模型和面向对象模型。因此，根据使用的模型，可以把数据库分成层次型数据库、网络型数据库、关系型数据库和面向对象型数据库。

（5）数据保护。数据保护对数据库来说是至关重要的，一旦数据库中的数据遭到破坏，就会影响数据的功能，甚至使整个数据库失去作用。

2　空间数据管理

GIS正逐步实现从以系统为中心到以数据为中心的转变。从GIS产生之日起，人们就开始关注于空间数据的存储与管理问题。空间数据不仅具有普通对象的属性特征，还具有与位置有关的空间特征，它的存储和管理方式比普通数据复杂得多。

2.1　空间数据库

2.1.1　空间数据库的概念

空间数据库是指地理信息系统在计算机物理存储介质上存储的与应用相关的地理空间数据的总和。它一般是以一系列特定结构的文件的形式存储在存储介质之上的。由于传统的关系数据库在空间数据的表示、存储、管理、检索上存在许多缺陷，从而形成了空间数据库这一数据库研究领域，而传统数据库系统只针对简单对象，无法有效地支持复杂对象（如图形、图像）。

2.1.2　空间数据库的特点

空间数据库与一般数据库相比，具有以下特点：

(1)空间特征。每个空间对象都具有空间坐标,即空间对象隐含了空间分布特征。这意味着在空间数据组织方面,要考虑它的空间分布特征。除通用性数据库管理系统或文件系统的关键字索引和辅关键字索引外,一般需要建立空间索引。

(2)非结构化特征。在当前通用的关系数据库管理系统中,数据记录一般是结构化的,即它满足关系数据模型的第一范式要求,每一条记录是定长的,数据项表达的只能是定长数据,不允许嵌套记录。而空间数据则不能满足这种结构化要求。其一,若用一条记录表达一个空间对象,它的数据项可能是变长的,例如,一条弧段的坐标,其长度是不可限定的,它可能是2对坐标,也可能是10万对坐标;其二,一个对象可能包含另外的一个或多个对象,例如,一个多边形,它可能含有多条弧段。若用一条记录表示一条弧段,在这种情况下,一条多边形的记录就可能嵌套多条弧段的记录,所以它不满足关系数据模型的范式要求,这也就是空间图形数据难以直接采用通用的关系数据库管理系统的主要原因。

(3)空间关系特征。除前面所述的空间坐标隐含了空间分布关系外,空间数据中记录的拓扑信息表达了多种空间关系。这种拓扑数据结构一方面方便了空间数据的查询和空间分析,另一方面也给空间数据的一致性和完整性维护增加了复杂性。特别是有些几何对象,没有直接记录空间坐标的信息,如拓扑的面状目标,仅记录组成它的弧段的标识,因而进行查找、显示和分析操作时都要操纵和检索多个数据文件方能得以实现。

(4)分类编码特征。一般而言,每一个空间对象都有一个分类编码,而这种分类编码往往属于国家标准、行业标准或地区标准,每一种地物的类型在某个GIS中的属性项个数是相同的。因而,在许多情况下,一种地物类型对应于一个属性数据表文件。当然,如果几种地物类型的属性项相同,也可以多种地物类型共用一个属性数据表文件。

(5)海量数据特征。空间数据的数据量是巨大的,通常称海量数据。之所以称为海量数据,是指它的数据量比一般的通用数据库要大得多。一个城市地理信息系统的数据量可能达几十GB,如果考虑影像数据的存储,可能达几百GB。这样的数据量在城市管理的其他数据库中是很少见的。正因为空间数据量大,所以需要在二维空间上划分块或者图幅,在垂直方向上划分层来进行组织。

2.2　现行空间数据库的管理方案

空间数据具有空间分布特征,系统的分析和应用与地理位置直接关联。这一特点使GIS的数据组织方式、数据库设计等均不同于通用数据库管理系统。GIS必须具有更强于一般信息系统的数据组织与管理能力,特别是在空间数据组织与管理方面的能力。随着计算机技术、数据库技术和应用软件技术的发展,空间数据管理采用空间数据库管理,它的管理经历了几个发展阶段,有文件与关系数据库混合管理、全关系数据库管理、对象—关系数据库管理以及面向对象数据库管理阶段。

2.2.1　文件与关系数据库混合管理系统

由于空间数据具有以上几个特征,市场上通用的关系数据库管理系统难以满足要求,因而大部分GIS软件采用混合管理的模式。即用文件系统管理图形数据,用商用关系数据库管理系统来管理属性数据,它们之间通过目标标识或者内部连接码进行连接,如图4-1所示。

在这种管理模式中,图形数据与属性数据除它们的OID作为连接关键字段外,几乎两者独立地组织、管理与检索。就图形数据而言,由于GIS采用高级语言编程,可以直接操纵数据文件,所以图形用户界面与图形文件处理是一体的,中间没有裂缝。但对属性数据来说,则因系统和历史发展而异。早期系统由于属性数据必须通过关系数据库管理系统管理,图形用户界面和属性用户界面是分开的,它们只是通过一个内部码连接,如图4-2所示。出现这种连接方式的主要原因是早期的数据库管理系统不提供编程的高级语言,只能采用数据库操纵语言。这样通常要同时启动两个系统(GIS图形系统和关系数据库管理系统),甚至两个系统来回切换,使用起来很不方便。

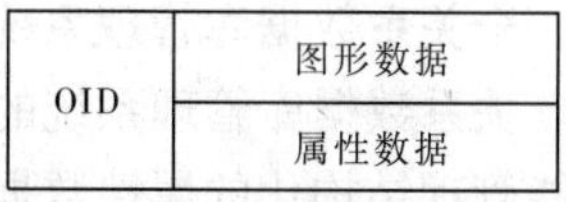

图4-1　GIS中图形数据与属性数据的连接

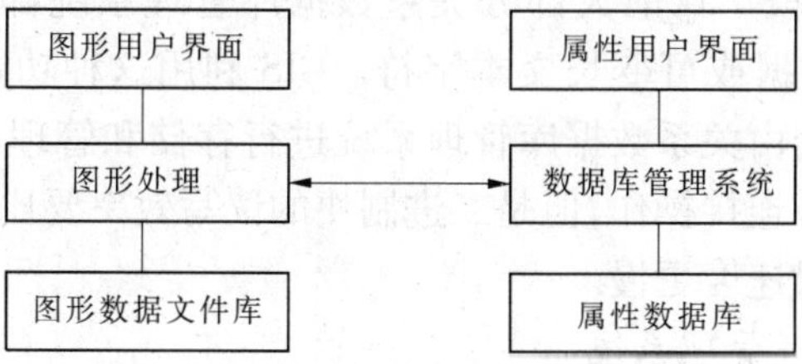

图4-2　图形数据与属性数据的内部连接方式

最近几年,随着数据库技术的发展,越来越多的数据库管理系统提供高级语言如C和FORTRAN等接口,使得地理信息系统可以在高级语言的环境下,直接操纵属性数据,并通过高级语言的对话框和列表框显示属性数据,或通过对话框输入SQL语句,将该语句通过高级语言与数据库的接口,查询属性数据库,然后在GIS的用户界面下,显示查询结果。这种工作模式,并不需要启动一个完整的数据库管理系统,用户甚至不知道何时调用了关系数据库管理系统。图形数据和属性数据的查询与维护完全在同一界面之下。

在ODBC(开放性数据库连接协议)推出之前,每个数据库厂商提供一套自己的与高级语言的接口程序,这样,GIS软件商就要针对每个数据库开发一套与GIS的接口程序,所以往往在数据库的使用上受到限制。在推出了ODBC之后,GIS软件商只要开发GIS与ODBC的接口程序,就可以将属性数据与任何一个支持ODBC的关系数据库连接。

无论是通过高级语言还是ODBC与关系数据库连接,GIS用户都是在一个界面下处理图形数据和属性数据,它比前面分开的界面要方便得多。这种模式称为混合处理模式,如图4-3所示。

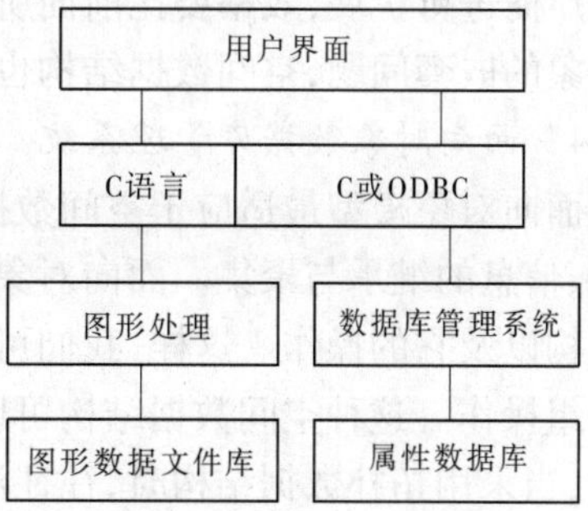

图4-3　图形与属性结合的混合处理模式

采用文件与关系数据库混合管理系统的管理模式,还不能说建立了真正意义上的空间数据库管理系统,因为文件管理系统的功能较弱,特别是在数据的安全性、一致性、完整性、并发控制以及数据损坏后的恢复方面缺少基本的功能。由于其在多用户操作的并发控制方面比商用数据库管理系统要逊色得多,因而GIS软件商一直采用商用数据库管理系统来同时管理图形和属性数据。

2.2.2　全关系数据库管理系统

全关系数据库管理系统是指图形数据和属性数据都用现有的关系数据库管理系统管理。关系数据库管理系统的厂商不作任何扩展,由 GIS 软件商在此基础上进行开发,使之不仅能管理结构化的属性数据,而且能管理非结构化的图形数据。

用关系数据库管理系统来管理图形数据有两种模式。一种是基于关系模型的方式,图形数据按照关系数据模型组织。这种组织方式由于涉及一系列关系连接运算,相当费时。关系模型在处理空间目标方面的效率不高。

用关系数据库管理系统管理图形数据的另一种方式是将图形数据的变长部分处理成 Binary 二进制块 Block 字段。目前大部分关系数据库管理系统都提供了二进制块的字段域,以适应管理多媒体数据或可变长文本字符。GIS 利用这种功能,通常把图形的坐标数据,当作一个二进制块,交由关系数据库管理系统进行存储和管理。这种存储方式,虽然省去了前面所述的大量关系连接操作,但是二进制块的读写效率要比定长的属性字段慢得多,特别是涉及对象的嵌套时速度更慢。

2.2.3　对象—关系数据库管理系统

由于直接采用通用的关系数据库管理系统的效率不高,而非结构化的空间数据又十分重要,所以许多数据库管理系统的厂商纷纷在关系数据库管理系统中进行扩展,使之能直接存储和管理非结构化的空间数据。如 Oracle 推出了空间数据管理的专用模块,定义了操纵点、线、面、圆、长方形等空间对象的 API 函数。这些函数将各种空间对象的数据结构进行了预先的定义,用户使用时必须满足它的数据结构要求,用户(包括 GIS 软件商)不能根据 GIS 的要求再定义。例如,这种函数涉及的空间对象一般不带拓扑关系,多边形的数据是直接跟随边界的空间坐标,那么 GIS 用户就不能将设计的拓扑数据结构采用这种对象—关系模型进行存储。

这种扩展的空间对象管理模块主要解决了空间数据的变长记录的管理问题,由于由数据库厂商进行扩展,效率要比前面所述的二进制块的管理效率高得多。但是它仍然没有解决对象的嵌套问题,空间数据结构也不能由用户任意定义,使用上仍然受到一定限制。

2.2.4　面向对象数据库管理系统

面向对象模型最适应于空间数据的表达和管理,它不仅支持变长记录,而且支持对象的嵌套、信息的继承与聚集。面向对象的空间数据库管理系统允许用户定义对象和对象的数据结构以及它的操作。这样,我们可以将空间对象根据 GIS 的需要,定义出合适的数据结构和一组操作。这种空间数据结构可以是不带拓扑关系的面条数据结构,也可以是拓扑数据结构,当采用拓扑数据结构时,往往涉及对象的嵌套、对象的连接和对象与信息的聚集。

当前已经推出了若干个面向对象数据库管理系统,也出现了一些基于面向对象数据库管理系统的地理信息系统,如 GDE 等。但由于面向对象数据库管理系统还不够成熟,价格又昂贵,目前在 GIS 领域还不太通用。相反,基于对象—关系的空间数据库管理系统将可能成为 GIS 空间数据管理的主流。

3　空间数据的组织

无论采用何种空间数据库管理系统,空间数据的组织方式均非常重要。这里以文件系统与数据库管理系统混合管理的模式阐述空间数据在空间数据库管理系统中的组织方式。

3.1　空间数据的空间分幅

由于空间数据的数据量往往是非常巨大的，一般而言，计算机系统在一次处理过多的数据时，负担沉重，会严重影响效率。正是由于受到计算机处理能力及显示、输出设备等的限制，需对大区域内空间数据进行分幅处理。在数据的分幅处理中，需要注意以下问题：

(1)分幅需结合国家基本比例尺分幅系统及具体应用需求来确定。一般情况下，大、中比例尺空间数据按照国家基本比例尺分幅系统进行分幅；而小比例尺的空间数据需根据具体应用需求来确定。

(2)根据存取数据的要求，确定典型用户常用的查询范围。

(3)选择适当的数据量，每个图幅中包含的数据量不宜过大，也不宜过小。

空间数据的分幅同时也会带来相邻不同图幅数据间无缝处理的问题。随着计算机软、硬件水平的不断提高，处理能力的限制已越来越小，空间数据的分幅工作也已慢慢淡化。

3.2　图幅内空间数据的组织

3.2.1　工作区

通常将一幅图或几幅图的范围当作一个工作单元或称工作区(Workspace)。在这个工作区范围内，包含了所有图层的空间数据。工作区通常是以范围定义的。一般情况下，一幅图为一个工作区，如果需要，也可以将几幅图定义为一个工作区。一个工作区下面可以包含多个工作层和逻辑层，如图 4-4 所示。

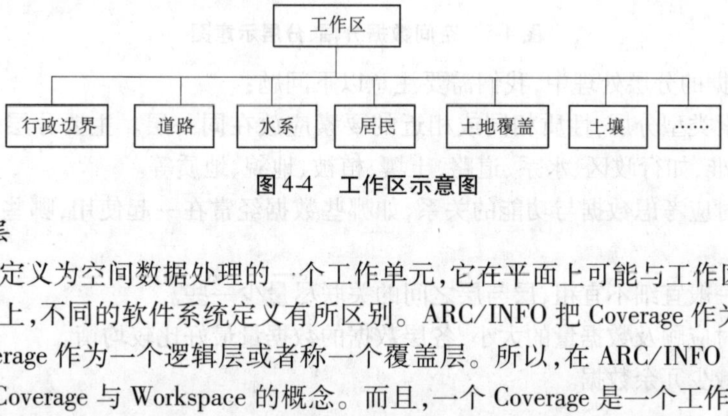

图 4-4　工作区示意图

3.2.2　工作层

工作层被定义为空间数据处理的一个工作单元，它在平面上可能与工作区范围一致，但是在垂直方向上，不同的软件系统定义有所区别。ARC/INFO 把 Coverage 作为一个工作层。一般一个 Coverage 作为一个逻辑层或者称一个覆盖层。所以，在 ARC/INFO 中没有逻辑层的概念，仅有 Coverage 与 Workspace 的概念。而且，一个 Coverage 是一个工作目录，Coverage 的目录下面包含控制信息文件、标识点文件、弧段文件、多边形文件等。但是 MGE 和 GeoStar 等软件与 ARC/INFO 不同，在 MGE 中，一个工作层就是一个 DGN 文件，也称一个 Cotalog；在 GeoStar 中，一个工作层就是一个 GDA 文件。一个工作层可以是某一层地物，例如道路网，甚至是某一类地物，也可以是多层地物，甚至可以包含一个工作区的所有各层地物。MGE 和 GeoStar 等软件的工作层对所包含的地物层的内容不像 ARC/INFO 的 Coverage 有严格的限定，后者限定在一个 Coverage 内不允许同时有点状地物和面状地物，因为在 ARC/INFO 中，Label Point 既表示点状地物，又表示面状地物的标识点，而且一个 Coverage 仅含有一个 PAT 和 AAT 的属性表。这样在设计 Coverage 时，需要精心设计。MGE 和 GeoStar 等软件没有这方面的限制，定义工作层纯粹为了提高作业效率或工作方便。在许多情况下，一个工作层就是一个工作区，此时逻辑层的概念比较重要。

3.2.3　逻辑层

如果一个工作层包含的内容很多，例如所有地物类，这时为了显示、制图和查询方便，需要定义逻辑层。

分层的概念是将空间数据按属性内容进行划分，不同内容的数据属于不同的层，如图4-5所示。分层将不同性质的数据分开存储和管理，有助于更有效地组织和管理空间数据。不同层次数据的组合，则为我们提供了不同类型的空间信息。

逻辑层在一般GIS软件中可以任意定义，根据用户需要，一个逻辑层可以包含任意多个地物类，而且允许交叉，例如河流可以包含在水系层中，也可以包含在交通的逻辑层中。在这里，空间数据的物理存储关系没有改变，仅是建立了一个对照表，每个逻辑层都包含了那些指向地物类的指针。

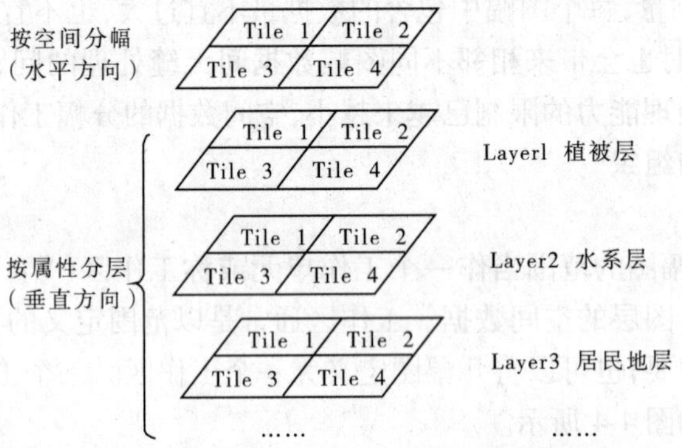

图4-5 空间数据分幅、分层示意图

在空间数据的分层处理中，我们需要注意以下问题：

(1)按要素类型分层，性质相同或相近的要素应放在同一层。主要分层依据是国家相关信息分类标准，如行政区、水系、道路、土壤、植被、地貌、地质等。

(2)分层时应考虑数据与功能的关系，如哪些数据经常在一起使用，哪些功能是起主导作用的功能等。

(3)分层一般宜细不宜粗，层与层之间的关联尽量少一些。

(4)分层时应顾及数据量的大小，各层数据的数据量最好比较均衡。

(5)尽量减少冗余数据。

3.2.4 地物类

将类型相同的地物组合在一起，形成地物类。地物类一般也是逻辑上的，即一个工作层或者Coverage通常包含多个地物类。

至于地物类编码所处的位置，不同的软件处理方法不同。ARC/INFO一般将地物类编码(或者称UserID)作为一个属性项，放在属性表中。而GeoStar等软件，还可以将地物类编码放在图形数据文件中，这样，根据地物类设置颜色、符号、分类显示，都不要牵涉属性数据文件，直接打开图形数据文件即可进行有关地物类的操作。

相同地物类的地物一般具有相同的显示颜色、绘图符号等，并且它属于一种几何类型，或是点状地物，或是线状地物，或是面状地物。

有些软件将点状地物、线状地物、面状地物分为不同的数据文件，如ARC/INFO、MapGIS。而有些软件将工作区中的所有地物(点、线、面)均由一个文件存储，如MGE和GeoStar等。

3.3　图库管理

图库管理即为工程管理。从物理上说,每个工作区或工作层形成一个独立的工作单元,这样在数据采集和处理时是非常必要的。但是在逻辑上,一个地区,或一个城市应该形成一个整体,即当作一个工程看待,用户可以在工程内任意开窗、放大、漫游、查询、分析和制图。有时一个工程涉及几千个甚至上万个工作区。这样,就涉及多个工作区的数据组织,也称海量数据管理。这是大型GIS软件的必备功能,海量数据管理的效率如何,也是衡量GIS软件优劣的重要指标之一。工程管理一般是建立图幅索引,即通过工作区的范围建立二维空间索引。工程管理除进行工作区索引外,还要进行并发控制管理,例如,一般禁止多个用户同时对同一个工作区进行修改和编辑。这时,工程管理要记录哪些工作区已经打开,并在进行编辑,如有其他用户进入该工作区,则提出警告。随着工程管理能力的进一步加强,有些系统能够将并发控制中的锁机制设置在空间对象一级,即允许多个用户同时对同一工作区进行编辑,但不允许同时对同一个空间对象进行编辑。

3.4　属性数据的组织

属性数据虽然一般由关系数据库管理系统管理,但是它的文件组织方式也因CIS软件而异,下面介绍几种属性数据文件的组织方法。

第一种情况是无论一个逻辑层包含多少地物类,都仅用一个或有限几个属性表。应用较广的ARC/INFO,它的属性数据文件一般建立在对应的Coverage目录之下,在工作区目录下,通常有一个记录属性数据文件信息(包括目录路径)的文件。无论一个Coverage包含多少地物类,都仅有一个AAT表和一个PAT表。为了表达不同地物类的不同属性项,也可以按每个地物类建立一个扩展属性表,它们与AAT或PAT表的连接,根据地物类编码和内部连接码进行。这样在查询一个空间地物的属性时,需要从AAT表或PAT表中得到部分信息,然后通过关系连接再查询到扩展属性。

第二种情况是一个地物类对应于一个属性表文件。例如MGE的属性数据管理方式,一个地物类对应于一个属性表文件,而且所有属性表文件都在工程目录下,即不同工作区相同地物类的属性是放在一起的,这样便于属性的工程管理,在工程中查找某一属性要快速得多。值得指出的是,MGE并不要求每个地物类都带属性表,例如陡坎等无关紧要的地物,它可不带属性。

第三种情况是结合前两者的优点。例如在GeoStar中,可以设计成一个地物类为一个属性表,也可以设计成多个地物类共用一个属性表。这样会带来许多方便,例如,高速公路、一级公路、乡镇公路,它们的地物类编码可能不同,但它们的属性项可能相同,它们可以共用一个属性表,以便于查询、显示和进行最佳路径分析。GeoStar属性数据文件的组织与MGE基本类似,在建立工程之前,属性数据文件位于与工作区平行的目标,在建立工程之后,位于工程目录之下。一个属性文件包含了该工程内所有同类空间对象的属性。在这种情况下,由于属性数据文件大,建立关键字索引是必要的。

【任务实施】

在MapInfo平台下,数字化China图全部要素,并针对不同的要素分别建立图层,输入相关的属性数据。通过任务实施,掌握GIS空间数据及属性数据的组织与管理方法,以及空间数据与属性数据的关联方法。

1. 分层录入空间数据

(1)运行 MapInfo 应用程序，进入 MapInfo 系统。

(2)打开已配准的图像。

(3)选择“地图”菜单→单击“图层控制”，出现图层控制对话框，使装饰图层可编辑。

(4)调出绘图工具条，如图 4-6 所示，在工具条中的点编辑工具，找到各城市符号的中心点，单击鼠标左键，数字化图上所有城市的点位。

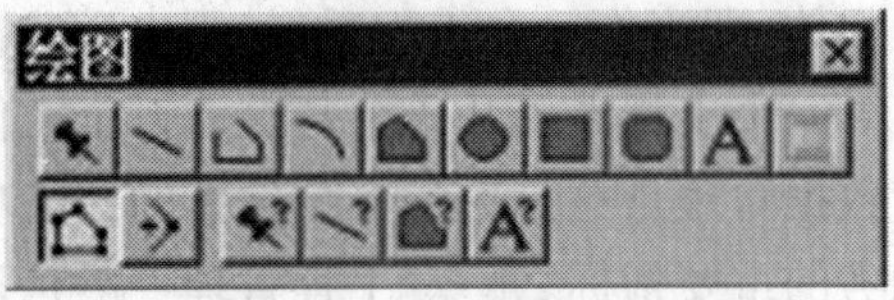

图 4-6　MapInfo 的绘图工具条

(5)选择“地图”菜单→选择“保存装饰对象”，出现保存装饰对象对话框，选择正确路径，取名存盘。

(6)选择绘图工具条中的折线编辑工具，以图上长江或黄河的源头作为起点，单击鼠标，然后依次寻找河流上欲数字化的点并单击鼠标，直至河流的另一端点，双击鼠标结束。重复第(5)步，取名存盘。

(7)选择绘图工具条中的多边形编辑工具，数字化各省、自治区、直辖市范围。方法同上，但表示结束的鼠标双击使得终点与起点自动连接形成封闭的多边形。对于邻区公共边部分尽量使用 MapInfo 的 Snap 功能：S 键为 Snap 双向选择键，当 Snap 功能起作用时，可自动捕捉光标一定范围内已数字化的点，按住 Shift 键则可捕捉公共线段。重复第(5)步，取名存盘。

(8)如发现数字化点位不准，在图层可编辑的情况下，选择绘图工具条上的“整形”按钮、“加点”按钮进行调整。

(9)选择绘图工具条中的文本编辑工具“A”，输入各省、自治区、直辖市名。

(10)选择菜单：选项→线式样/面式样/符号式样/文本式样，编辑各要素。

2. 关系表结构的建立

(1)运行 MapInfo 应用程序，进入 MapInfo。

(2)选择菜单：文件→新建表(New Table)，出现新建表对话框，如图 4-7 所示，在对话框的复选框中选中 Open New Browser，然后点击创建(Create)按钮，出现新表结构(New Table Structure)对话框。

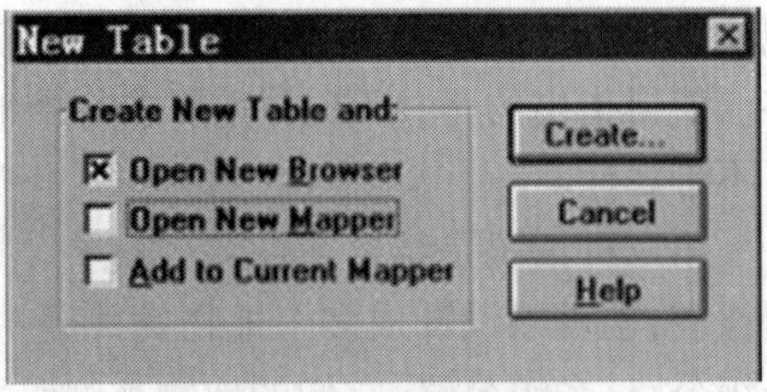

图 4-7　新建表对话框

(3)在新表结构对话框中点击“增加字段(Add Field)”按钮，并给出字段的名称、类型、宽度。根据需要增加若干字段，如图 4-8 所示。然后点击“创建(Create)”按钮，出现创建新表(Create New Table)对话框，选择正确的路径，为新建表起名，出现该表的浏览窗口。

(4)选择菜单：编辑(Edit)→新建行(New Row)，或用快捷键 Ctrl + E，增加新的记录。

(5)根据附表一所提供的信息进行相应输入。

3. 修改空间数据的 Table 结构，插入属性数据

(1)打开数字化的城市点位 Table，选择“表”→“维护(Maintenance)”→“表结构(Table Structure)”，出现修改表结构对话框(与新表结构对话框内容相同)。增加若干字段，按“确

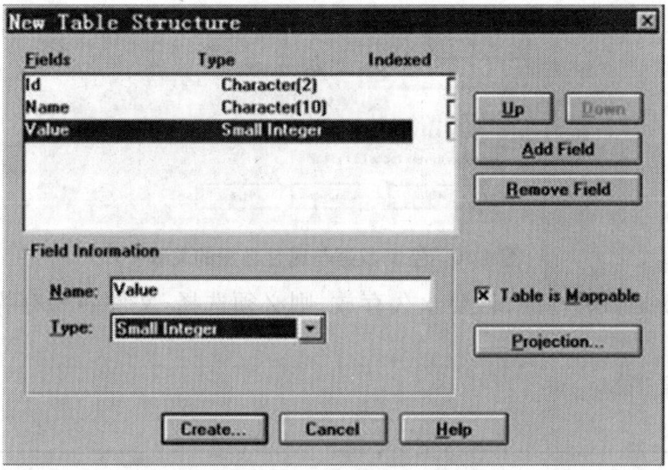

图 4-8　新表结构对话框

定”后地图窗口自动关闭。

(2)选择菜单:窗口→新地图窗口/新浏览窗口,使地图窗口及浏览窗口再现。

(3)选择菜单:窗口→平铺窗口,使地图窗口与浏览窗口并列。

(4)在地图窗口选择某一城市符号,则浏览窗口将突出该点的记录。如果该记录不在当前窗口范围内,则选择菜单:查询→查找选中部分,此时选中的记录将跳到窗口的第一行。在该记录行输入相应字段的数据。

(5)根据附表二中的数据进行相应输入。

4. 将新建的属性数据库与相应的空间数据库进行连接,将属性数据添加到空间数据库中

(1)打开数字化的省区 Table(假设其名为 Citymap)。

(2)选择“表”→“更新列(Update Column)”,出现对话框,选择 Citymap 进行更新,出现更新列(Update Column)对话框,如图 4-9 所示。

图 4-9　更新列对话框

(3)更新列(Column to Update)选择新增临时列(Add New Temporary Column),或者要更新的项。

点击“连接(Join)”按钮,出现又一对话框,选择目标 Table(要更新的表)和源 Table(数据来源表)的关联字段,如图 4-10 所示(注意:两关联字段的类型应一致)。

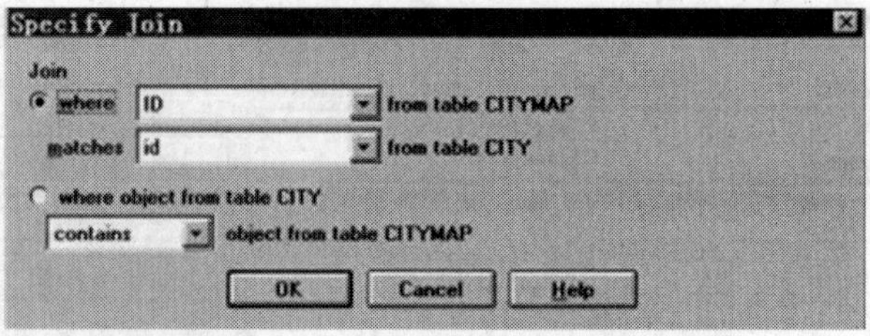

图 4-10　空间数据与属性数据的关联

(4)以上更新是临时性的,若要永久存放,则必须选择:文件→另存为,并重新起名存盘。

(5)保存所有 Table。

附表一:

ID	name	总人口(万人)	非农业人口(万人)
1	北京	586	510
2	天津	538	420
3	石家庄	116	93
4	太原	188	139
5	呼和浩特	40	38
6	沈阳	420	325
7	长春	186	148
8	哈尔滨	263	225
9	上海	698	687
10	南京	225	192
11	杭州	373	102
12	合肥	88	63
13	福州	119	78
14	南昌	112	96
15	济南	143	116
16	郑州	159	101
17	武汉	340	296
18	长沙	116	90
19	广州	329	257
20	南宁	93	60
21	海口	163	138

续附表一：

ID	name	总人口(万人)	非农业人口(万人)
22	重庆	278	208
23	成都	258	159
24	贵阳	138	89
25	昆明	149	108
26	拉萨	25	20
27	西安	233	173
28	兰州	135	106
29	西宁	60	50
30	银川	25	30
31	乌鲁木齐	100	94

注：该表格数据为模拟实习数据，不代表实际状况。

附表二：

ID	name	教职工总数(人)	城镇人均收入(元)	农村人均收入(元)
1	北京	101 206	7 861. 74	3 223. 65
2	天津	26 150	6 621. 47	2 406. 38
3	河北	42 558	4 982. 43	1 668. 73
4	山西	21 798	4 007. 86	1 208. 3
5	内蒙古	15 383	3 968. 09	1 208. 38
6	辽宁	57 359	4 547. 23	1 756. 5
7	吉林	40 260	4 206. 04	1 609. 6
8	黑龙江	41 212	4 110. 08	1 766. 27
9	上海	62 555	4 875. 5	4 245. 61
10	江苏	71 092	5 807. 35	2 456. 86
11	浙江	28 123	7 366. 19	2 966. 19
12	安徽	27 236	4 619. 95	1 302. 82
13	福建	20 437	6 201	2 048. 59
14	江西	24 921	4 090. 74	1 537. 36
15	山东	50 374	5 217. 18	1 715. 09

续附表二：

ID	name	教职工总数(人)	城镇人均收入(元)	农村人均收入(元)
16	河南	40 329	4 111.54	1 231.97
17	湖北	65 712	4 693.82	1 511.22
18	湖南	38 783	5 248.93	1 425.16
19	广东	42 816	8 615.86	2 699.24
20	广西	17 729	5 139.52	1 446.14
21	海南	3 538	4 917.55	1 519.71
22	重庆	20 257	5 343.12	—
23	四川	48 930	4 787.86	1 158.29
24	贵州	12 811	4 458.29	1 086.62
25	云南	17 527	5 616.21	1 010.97
26	西藏	1 843	—	1 200.31
27	陕西	50 400	4 022.2	962.89
28	甘肃	15 733	3 613.43	880.34
29	青海	3 108	4 015.5	1 029.77
30	宁夏	3 929	3 863.65	998.75
31	新疆	17 400	4 878.52	1 136.45

注：该表格数据为模拟实习数据，不代表实际状况。

任务2　空间数据库的设计与实现

【任务描述】

通过学习空间数据库的设计过程、空间数据库的实现和维护理论，要求读者完成农村土地调查数据库建设的步骤。通过本任务的学习，应初步具备应用 GIS 软件进行空间数据库设计的能力，具备空间数据库的维护能力，并能应用 GIS 软件和数据库管理软件进行农村土地数据库的建设。

【相关知识】

1　空间数据库设计

1.1　空间数据库的设计原则

(1)尽量减少空间数据存储冗余。

(2)提供稳定的空间数据结构，在用户的需要改变时，数据结构能够做出相应的变化。

(3)满足用户对空间数据及时访问的需求,高效提供用户所需的空间数据查询结果。

(4)在空间元素间维持复杂的联系,反映空间数据的复杂性。

(5)支持多种决策需要,具有较强的应用适应性。

1.2　空间数据库的设计步骤

空间数据库的设计过程就是将地理空间客体以一定的组织形式在数据库系统中加以表达的过程,需经历一个由现实世界到信息世界,再到计算机信息世界的转化过程。这一过程一般需要两步:一是人类对客体的认识、抽象,建立概念模型;二是将概念模型转换为计算机能够接受的形式,即数据模型。空间数据库的设计步骤分为以下四步,如图4-11所示。

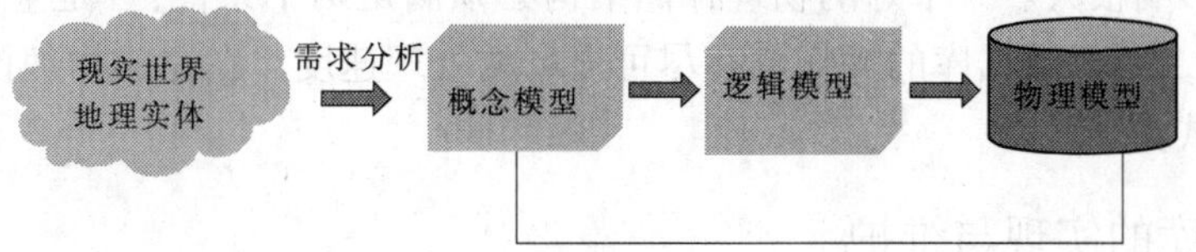

图4-11　空间数据库的设计步骤

第1步:系统需求分析。

进行空间数据库的设计首先必须准确了解与分析用户需求,也就是用系统的观点分析与空间数据库应用有关的数据集合。系统需求分析是设计数据库系统的重要步骤之一,它是后续各个阶段的基础。主要进行以下工作:

调查用户需求:了解用户特点和需求,取得设计者和用户对需求的一致看法。

需求数据的收集和分析:包括信息需求(信息内容、特征、需要存储的数据)、信息加工处理要求、完整性与安全性要求等。

编制用户需求说明书:包括需求分析和目标、任务、具体需求说明、系统功能与性能、运行环境等,它是需求分析的最终成果。

第2步:概念设计。

概念设计是把用户的需求加以解释,并用概念模型表达出来。概念模型是现实世界到信息世界的抽象,具有独立于具体数据库实现的优点。空间数据库概念模型设计是从独立于数据库软硬件的抽象层次上进行数据组织和设计,以保证数据库内容完整、组织合理和便于应用。概念结构设计主要采用E-R(实体—联系)图来表示。

概念模型设计的最有力工具是E-R模型,包括三个基本部分:实体、联系和属性。用E-R模型来描述现实地理世界,不必考虑信息在计算机世界中的组织和存储细节、存取路径及存取效率等与计算机有关的问题,它比一般的数据模型更接近于现实地理世界,具有直观、自然、语义较丰富等特点,在地理数据库设计中得到了广泛应用。

第3步:逻辑设计。

数据库逻辑设计是把信息世界中的概念模型利用数据库管理系统所提供的工具映射为计算机世界中数据库管理系统所支持的数据模型,并用数据描述语言表达出来。空间数据库逻辑设计的步骤如下:

(1)初始模式的形成。把E-R图表示的实体联系类型,转换成选定的数据库管理系统所支持的记录类型,如层次、网状、关系模型、面向对象等。

(2)子模式设计。子模式是应用程序与数据库的接口,允许有效访问数据库而不破坏数据库的安全性。

(3)模式评价。根据定量分析和性能测试对数据库结构做出评价。

(4)优化模式。利用数据库管理系统提供的功能,对模式进行优化,但不改变数据库的信息。

第4步:物理设计。

物理设计是指有效地将空间数据库的逻辑结构在物理存储器上实现,确定数据在介质上的物理存储结构,其结果是导出空间数据库的存储模式(内模式)。主要内容包括确定记录存储格式,选择文件存储结构,决定存储路径,分配存储空间。物理设计的好坏将对空间数据库的性能影响很大。一个好的物理存储结构必须满足两个条件:一是空间数据占有较小的存储空间;二是对数据库的操作具有尽可能高的处理速度。在完成物理设计后,要进行性能分析和测试。

2 空间数据库的实现与维护

2.1 空间数据库的实现

在完成空间数据库的设计之后,就可以建立空间数据库了。建立空间数据库包括三项工作,即建立空间数据库结构、装入数据和调试运行。

(1)建立空间数据库结构。利用DBMS提供的数据描述语言描述逻辑设计和物理设计的结果,得到概念模式和外模式,编写功能软件,经编译、运行后形成目标模式,建立起实际的空间数据库结构。

(2)装入数据。一般由编写的数据装入程序或DBMS提供的应用程序来完成。在装入数据之前要做许多准备工作,如对数据进行整理、分类、编码及格式转换(如专题数据库装入数据时,采用多关系异构数据库的模式转换、查询转换和数据转换)等。装入的数据要确保其准确性和一致性,最好把装入数据和调试运行结合起来,先装入少量数据,待调试运行基本稳定了,再大批量装入数据。

(3)调试运行。装入数据后,要对地理数据库的实际应用程序进行运行,执行各功能模块的操作,对地理数据库系统的功能和性能进行全面测试,包括需要完成的各功能模块的功能、系统运行的稳定性、系统的响应时间、系统的安全性与完整性等。经调试运行,若基本满足要求,则可投入实际运行。

2.2 空间数据库的维护

建立一个空间数据库是一项耗费大量人力、物力和财力的工作,一般希望它能应用得好,生命周期长。而要做到这一点,就必须不断地对它进行维护,即进行调整、修改和扩充。空间数据库的重组、重构和完整性与安全性控制等,就是重要的维护方法。

(1)空间数据库的重组:指在不改变空间数据库原来的逻辑结构和物理结构的前提下,改变数据的存储位置,将数据予以重新组织和存放。因为一个空间数据库在长期的运行过程中,经常需要对数据记录进行插入、修改和删除操作,这就会降低存储效率,浪费存储空间,从而影响空间数据库系统的性能。所以,在空间数据库运行过程中,要定期地对数据库中的数据重新进行组织。DBMS一般都提供了数据库重组的应用程序。由于空间数据库重组要占用系统资源,故重组工作不能频繁进行。

(2)空间数据库的重构:指局部改变空间数据库的逻辑结构和物理结构。这是因为随着系统的应用环境和用户需求的改变，需要对原来的系统进行修正和扩充，有必要部分地改变原来空间数据库的逻辑结构和物理结构，从而满足新的需要。数据库重构通过改写其概念模式(逻辑模式)的内模式(存储模式)进行。具体地说，对于关系型空间数据库系统，通过重新定义或修改表结构，或定义视图来完成重构；对非关系型空间数据库系统，改写后的逻辑模式和存储模式需重新编译，形成新的目标模式，原有数据要重新装入。空间数据库的重构，对延长应用系统的使用寿命非常重要，但只能对其逻辑结构和物理结构进行局部修改和扩充。如果修改和扩充的内容太多，那就要考虑开发新的应用系统。

(3)空间数据库的完整性与安全性控制：空间数据库的完整性，指数据的正确性、有效性和一致性，完整性控制是一个备份程序，当发生系统或介质故障时，利用它对数据库进行恢复。安全性控制指对数据的保护，主要通过权限授予、审计跟踪，以及数据的卸出和装入来实现。

【任务实施】

农村土地调查数据库建设的主要任务是建立国家、省、市、县四级数据库，包括基础地理、土地利用、土地权属、基本农田等内容，集影像、图形、属性、文档等数据于一体，最终建成互联共享的农村土地调查数据库及管理系统。它包括县级农村土地调查数据库建设和市、省、国家级土地调查数据库集成整合，而市、省、国家级土地调查数据库是通过对县级农村土地调查数据库集成整合而成的。农村土地调查数据库建设主要分四个阶段：建库准备、数据采集与处理、数据入库、成果汇交，如图4-12所示。

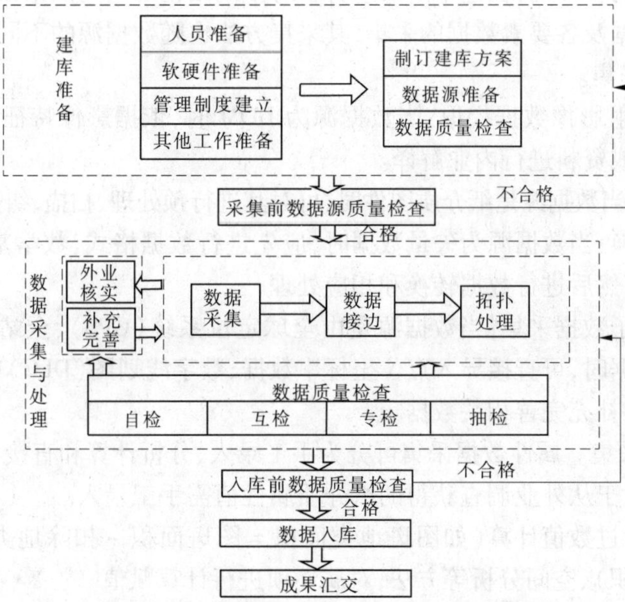

图4-12　县级农村土地调查数据库建设步骤

第一阶段为建库准备：主要包括制订建库方案、人员准备、数据源准备、软硬件准备、管理制度建立等。

第二阶段为数据采集与处理：主要包括矢量数据、属性数据、栅格数据、元数据以及基础地理、土地利用、土地权属、基本农田等要素的采集、处理和检查等。

第三阶段为数据入库：主要包括矢量数据、栅格数据、属性数据以及元数据等的检查和入库。

第四阶段为成果汇交：主要包括数据成果、文字成果、图件成果和表格成果的汇交。

1. 建库准备阶段

(1)制订建库方案。各级调查机构可根据实际情况制订数据库建设方案，主要包括数据库建设的目标任务、方法、技术路线、组织管理、进度安排等内容。

(2)人员准备。人员准备主要包括人员分工和技术培训等工作。

(3)软硬件准备。软件准备：软件主要包括操作系统、GIS 软件、数据库管理软件等。硬件准备：当数据库在局域网中运行时，硬件平台应包括网络设备(如服务器、机柜、交换机、网络集线器、调制解调器、光纤线路、网络线路、UPS 电源)、计算机、数据输入输出设备(如数字化仪、扫描仪、绘图仪、打印机)、数据存储设备(如磁盘、光盘)等。当数据库在单机环境下运行时，硬件平台应包括计算机、数据输入输出设备(如数字化仪、扫描仪、绘图仪、打印机)、数据存储设备(如磁盘、光盘)等。

(4)管理制度建立。建库单位应建立培训、记录、报告、协商、安全、控制等方面的管理制度，以保证数据库成果质量。

(5)数据源准备。数据源内容包括调查底图及调查界线资料、已有的土地调查成果资料、外业调查资料。

2. 数据采集与处理阶段

由于空间数据的多样性，在这个阶段包含了对不同结构的空间数据如矢量数据、属性数据、栅格数据、元数据及各要素数据的采集，其采集方法也随数据源的不同而异。

(1)矢量数据采集。

①基于数字正射影像数据提取：当数据源为 DOM 时，依据影像特征，参照已有的土地利用数据库等数据或资料进行内业解译。

②扫描矢量化：当数据源是纸介质图件时，可对其进行预处理、扫描、纠正、矢量化等处理。

③矢量数据转换：当数据源为矢量数据时，应先进行数据格式、数学基础、数据精度、现势性等方面的检查，然后进行数据转换和相应处理。

④基于外业电子数据采集：当数据源是由全球定位系统(GPS)、全站仪或 PDA 等外业设备采集的电子数据时，可直接导入点位坐标串数据、数字线划图(DLG)或外业采集的 GIS 数据，并按手簿记录补充完善相关数据。

(2)属性数据采集。属性数据采集可分为手工录入、分析计算和直接导入三种方式。

①手工录入：对于从外业调查获得的纸介质属性值需手工录入。

②分析计算：通过数值计算(如图斑地类面积 = 图斑面积 - 扣除地类面积 - 线状地物面积 - 零星地物面积)、空间分析等方法，对属性项进行计算赋值。

③直接导入：对已有土地利用数据库的属性数据或外业采集的电子形式属性数据进行转换、编辑、完善，并直接导入数据库中。

(3)栅格数据采集。

①DOM 由国家统一提供。

②DRG 采集主要有转换法和扫描法。转换法是将矢量数据经符号化后转换为 DRG 数据；扫描法是对纸介质图件进行扫描、栅格编辑、图幅定向、几何纠正等工艺处理，生成 DRG

数据。

③DEM 采集主要有数字摄影测量和地形图扫描矢量化两种方法。数字摄影测量是对摄影资料进行扫描、影像定向、立体建模、DEM 获取、人机交互编辑等工艺处理,生成 DEM 数据;地形图扫描矢量化是对地形图扫描、定向、矢量化编辑、高程赋值、构建 TIN 等工艺处理,内插生成 DEM 数据。

对需要保存的审批文件、合同、土地权属界线协议书等相关文档资料,直接采用扫描仪、数码相机等设备进行扫描或拍照,生成存档数据文件。

(4)元数据采集。

①对数据采集过程中产生的新数据,其元数据的获取由数据生产单位同时提供。

②对数据采集过程中使用的已有元数据的资料及数据,应按照《国土资源信息核心元数据标准》要求对其元数据进行相应的补充、修改及完善。

(5)各要素数据采集。各要素数据采集包含基础地理要素采集、土地利用要素采集、土地权属要素采集、基本农田要素采集等。

数据采集后应进行处理和检查等。

3. 数据入库阶段

数据入库前要检查采集数据的质量,检查合格的数据方可入库。

数据检查主要包括矢量数据几何精度和拓扑检查、属性数据完整性和正确性检查、图形和属性数据一致性检查、接边精度和完整性检查等。

数据入库主要包括矢量数据、DEM 数据、DOM 数据、元数据等入库,最后进行系统运行测试。数据入库流程如图 4-13 所示。

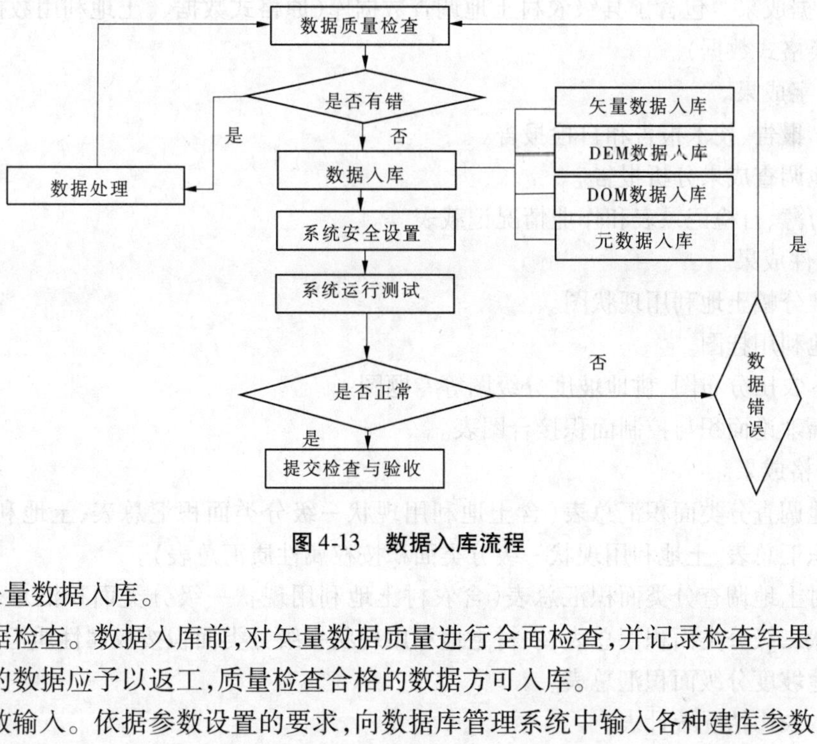

图 4-13　数据入库流程

(1)矢量数据入库。

①数据检查。数据入库前,对矢量数据质量进行全面检查,并记录检查结果,对质量检查不合格的数据应予以返工,质量检查合格的数据方可入库。

②参数输入。依据参数设置的要求,向数据库管理系统中输入各种建库参数。

③数据组织。对不同数据层的数据建立索引等。

④数据入库。各要素数据可分层入库,也可批量入库。

⑤多尺度空间数据连接设置。对于多尺度空间数据库应设置连接参数,以便于不同比例数据的显示。

(2)DEM 数据入库。

①数据检查。数据入库前,对 DEM 数据进行质量检查和处理,并记录检查结果,对质量检查不合格的数据应予以返工,质量检查合格的数据方可入库。

②参数输入。根据 DEM 数据内容,向数据库管理系统中输入各种参数。

③数据组织。对数据进行组织,建立索引库等。

④数据入库。DEM 数据按分图幅或分区域入库,批量转入 DEM 数据。

(3)DOM 数据入库。

①数据检查。数据入库前,对 DOM 数据进行质量检查和处理,并记录检查结果,对质量检查不合格的数据进行修改,质量检查合格的数据方可入库。

②参数输入。根据 DOM 数据的情况,向数据库管理系统中输入各种参数。

③数据组织。对数据进行组织,建立索引库等。

④数据入库。DOM 数据分图幅或分区域入库,批量转入 DOM 数据。

(4)元数据入库。

①数据检查。采用人工和自动相结合的方法对各要素元数据内容进行检查和处理。

②数据入库。利用数据库管理软件,导入各种元数据。

4. 成果汇交阶段

这一阶段包含数据成果、文字成果、图件成果以及表格成果的汇交。

(1)数据成果。包含了县级农村土地调查数据库(原格式数据、《土地利用数据库标准》规定的交换格式数据)。

(2)文字成果。

①工作报告、技术报告和自检报告。

②土地调查成果分析报告。

③图历簿、自检记录表和作业情况记载表等。

(3)图件成果。

①标准分幅土地利用现状图。

②土地利用挂图。

③基本农田分布图、耕地坡度分级图等专题图。

④图幅理论面积与控制面积接合图表。

(4)表格成果。

①土地调查分类面积汇总表(含土地利用现状一级分类面积汇总表、土地利用现状二级分类面积汇总表、土地利用现状一级分类面积按权属性质汇总表)。

②农村土地调查分类面积汇总表(含农村土地利用现状一级分类面积汇总表、农村土地利用现状二级分类面积汇总表、农村土地利用现状一级分类面积按权属性质汇总表)。

③耕地坡度分级面积汇总表。

④基本农田情况统计表。

⑤土地利用现状变更平衡表、一览表等。

复习与思考题

1. 简要说明数据库的概念及其特点。
2. 空间数据库与传统数据库相比在管理空间数据上有哪些特点?
3. 什么是空间数据库? 它具有什么特点?
4. 试述各个空间数据库管理模式的特点,并进行比较。
5. 数据库中空间数据是如何进行分幅分层组织的?
6. 试述数据库设计过程中各个阶段的设计内容。

项目5 空间查询与空间分析

【项目概述】

空间分析是GIS的核心,是GIS的灵魂。本项目由空间数据查询、叠置分析、缓冲区分析、DEM分析、网络分析、泰森多边形分析6个任务组成。通过本项目的学习,为从事GIS数据分析岗位工作打下基础。

【学习目标】

知识目标:

(1)掌握空间数据查询的方式。

(2)掌握缓冲区分析、叠置分析、DEM分析、网络分析、泰森多边形分析的方法,并了解其用途。

技能目标:

(1)能利用GIS软件进行空间数据查询,提取有用信息。

(2)能利用GIS软件进行简单的缓冲区分析、叠置分析、DEM分析、网络分析和泰森多边形分析。

任务1 空间数据查询

【任务描述】

在GIS中,为进行深层次分析,往往需要查询、定位空间对象,并用一些简单的量测值对地理分布或现象进行描述。

本任务要求利用MapInfo软件自带的China表,完成相关的查询操作。

【相关知识】

1 几何参数及空间定位查询

1.1 几何参数查询

一般的GIS软件都提供了查询空间对象几何参数的功能。几何参数包括点的位置坐标、两点间的距离、一个线状目标的长度、一个面状目标的周长或面积等。

1.2 空间定位查询

空间定位查询是指给定一个点或一个几何图形,检索出该图形范围内的空间对象以及相应的属性。

1.2.1 按点查询

给定一个鼠标点位,检索出离它最近的空间对象,并显示它的属性,查看它是什么及它的属性是什么。按点查询的信息显示方法如图5-1所示。

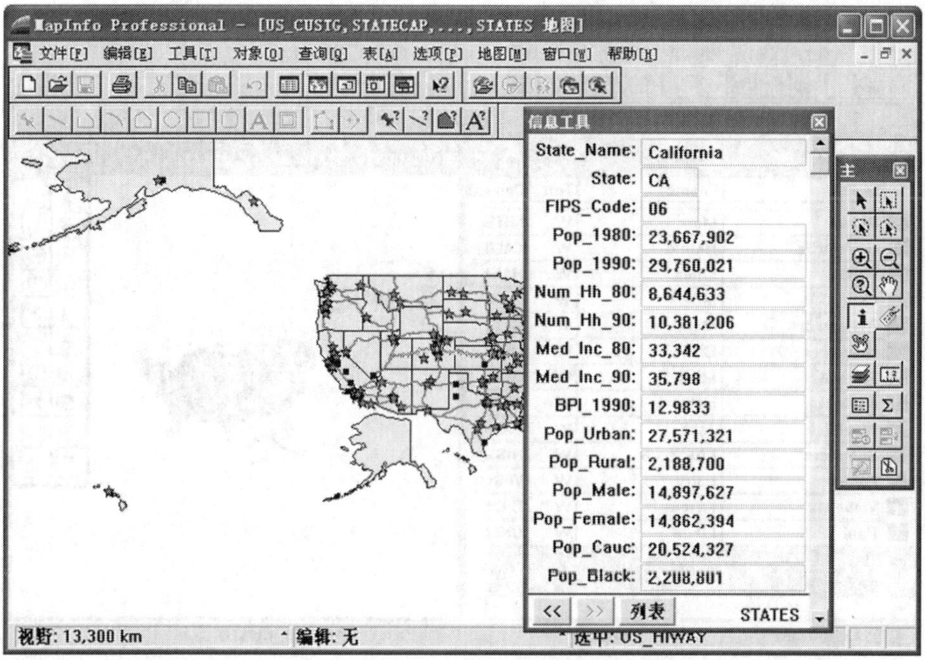

图 5-1　MapInfo 按点查询的信息显示

1.2.2　按矩形查询

给定一个矩形窗口,查询出该窗口内某一类地物的所有对象。如果需要,显示出每个对象的属性表。在这种查询中往往需要考虑是检索包含在该窗口内的地物,还是只要该窗口涉及的地物,无论是包含的还是穿过的都被检索出来。这种检索过程较为复杂,它首先需要根据空间索引,检索到哪些空间对象可能位于该窗口内,然后根据点在矩形内、线在矩形内、多边形位于矩形内的判别计算,检索出所有落入检索窗口内的目标,如图 5-2 所示。

1.2.3　按圆查询

给定一个圆或椭圆,检索出该圆或椭圆范围内的某个类或某一层的空间对象,其实现方法与按矩形查询类似。

1.2.4　按多边形查询

用鼠标给定一个多边形,或者在图上选定一个多边形对象,检索出位于该多边形内的某一类或某一层的空间地物。这一操作的工作原理与按矩形查询相似。但是它比前者要复杂得多,它涉及点在多边形内、线在多边形内、多边形在多边形内的判别计算。这一操作也非常有用,用户需要经常查询某一面状地物,特别是行政区所涉及的某类地物,例如查询通过河南省的主要公路。

2　空间关系查询

空间关系查询包括空间拓扑关系查询和缓冲区查询。空间关系查询有些是通过拓扑数据结构直接查询得到结果,有些是通过空间运算,特别是空间位置的关系运算得到结果。

2.1　邻接查询

第一类邻接查询是多边形邻接查询,如查询与面状地物 A 相邻的所有多边形。

该问题可用拓扑查询执行。

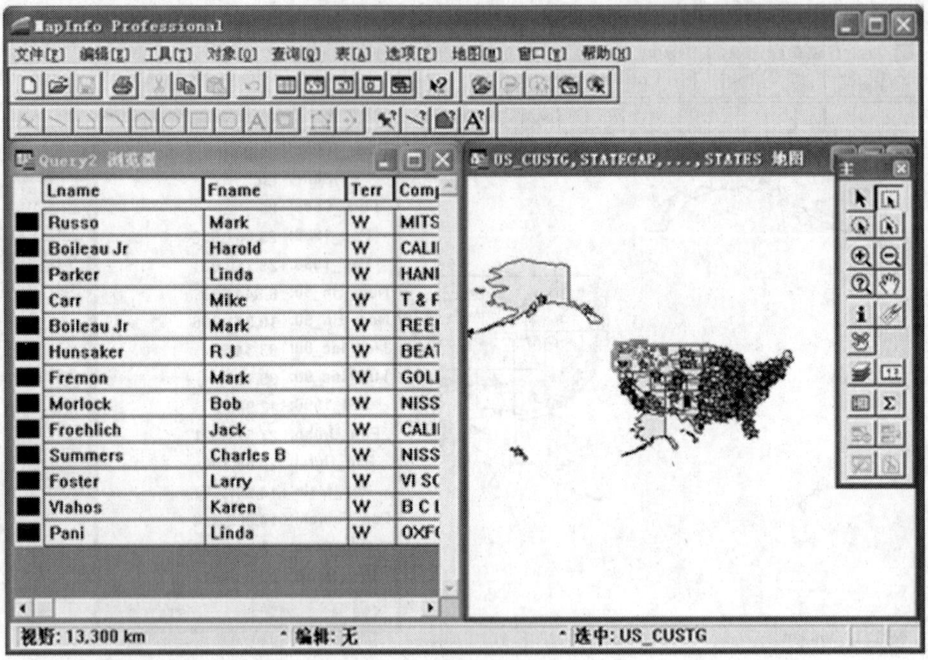

图 5-2　按矩形查询的结果

第 1 步:从多边形与弧段关联的表中,检索出该多边形关联的所有弧段。

第 2 步:从弧段关联的左右多边形的表中,检索出这些弧段关联的多边形,即为与 A 相邻的多边形,如图 5-3 所示。

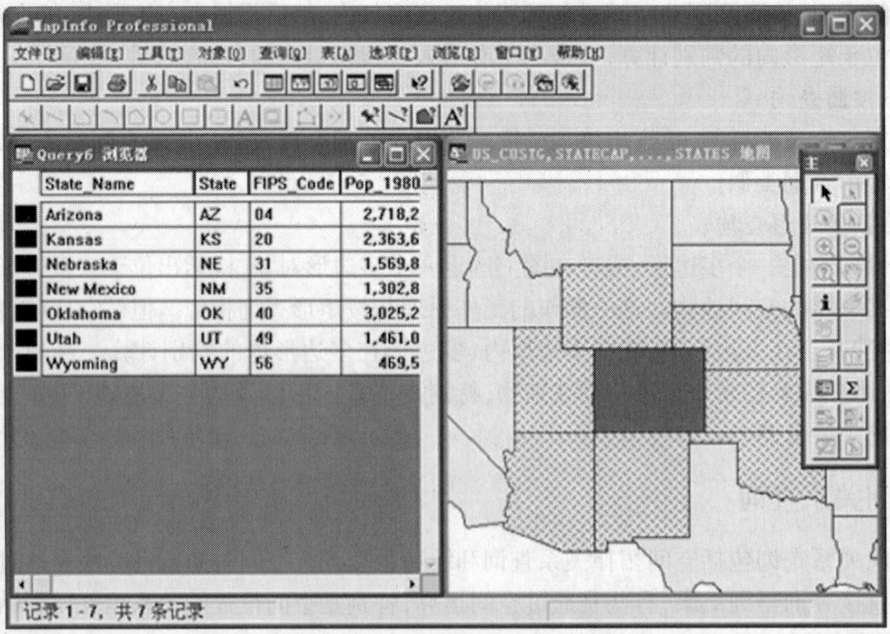

图 5-3　与面状地物 A 相邻的多边形

第二类邻接查询是线与线的邻接查询，例如查询所有与主流 A 邻接的支流。这一问题也可通过拓扑关系表查询得以解决。

第 1 步：从线状地物表中查找出组成线状地物 A 的所有弧段及关联的结点。

第 2 步：从结点表中查找出与这些结点相关联的弧段(线状目标)，即为与主流 A 邻接的支流，如图 5-4 所示。

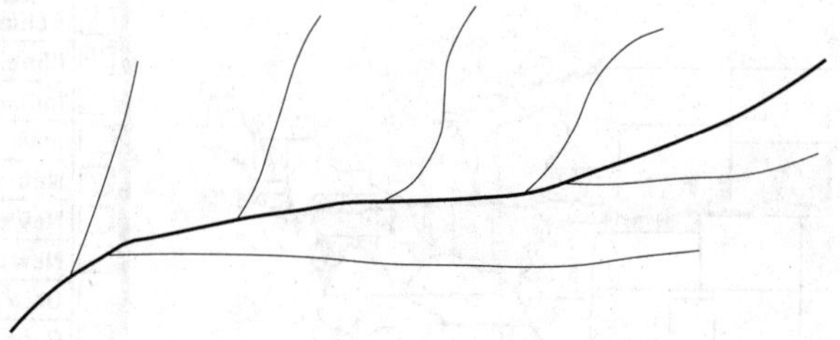

图 5-4　与主流 A 邻接的支流

邻接关系查询还可能涉及一个结点关联的线状目标和面状目标等。

2.2　包含查询

包含查询是查询某一个面状地物所包含的某一类的空间对象。被包含的空间对象可能是点状地物、线状地物或面状地物。它实际上与前面所述的按多边形查询相似，这种查询使用空间运算方法执行。

2.3　穿越查询

若需要查询某一公路或某一河流穿越了哪些县、哪些乡，完成这一操作，即可使用穿越查询。

穿越查询一般采用空间运算方法执行。根据一个线状目标的空间坐标，计算出哪些面状地物或线状地物与它相交。如图 5-5 所示为查询铁路所经过的州。

2.4　落入查询

有时我们需要了解一个空间对象落在哪个空间对象之内。例如，查询一个一等测量钢标落在哪个乡镇的地域内，以便找到相应的行政机关给予保护。执行这一操作采用空间运算方法即可，即使用点在多边形内、线在多边形内或面在多边形内的判别方法。

2.5　缓冲区查询

所谓缓冲区，就是指地理空间目标的影响范围或服务范围，通常根据实体的类别来确定这个范围。

缓冲区查询与后面所述的缓冲区分析有一点差别，缓冲区查询不对原有图形进行切割，只是根据用户需要给定一个点缓冲、线缓冲或面缓冲的距离，从而形成一个缓冲区的多边形，再根据前面所述的多边形查询的原理，查询出该缓冲区多边形内的空间地物。如图 5-6 所示为查询道路沿线 100 m 范围内的邮局。

3　SQL 查询

GIS 的一个主要功能特色就是能够根据图形查询属性和根据属性条件查询相应的图形。前面介绍的都是根据空间图形查询空间关系及相应的属性，下面介绍如何根据属性查找图形。

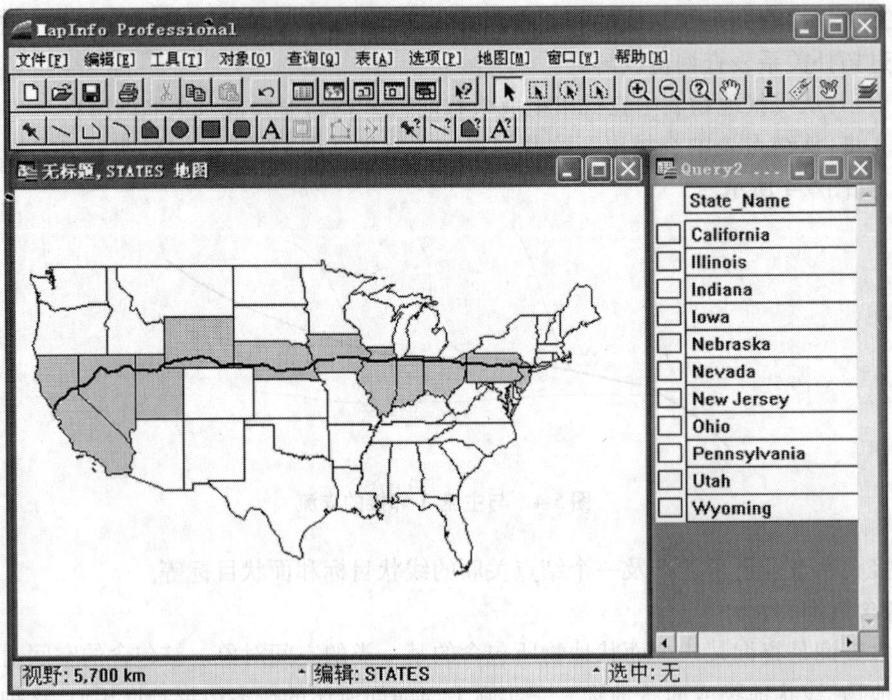

图 5-5　查询铁路所经过的州

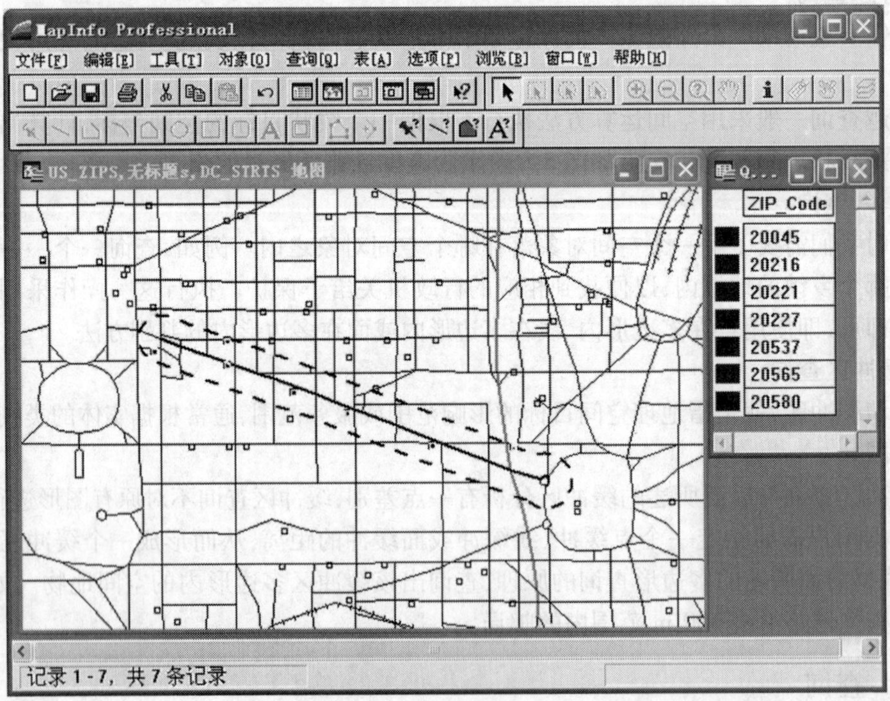

图 5-6　查询道路沿线 100 m 范围内的邮局

3.1　查找

查找(find)是最简单的由属性查询图形的操作,它不需要构造复杂的 SQL 命令,仅要选择一个属性表,给定一个属性值,就能找出对应的属性记录和空间图形。这一步操作是先执行数据库查询语言,找到满足条件的数据库记录,得到它的目标标识,再通过目标标识在图形数据文件中找到对应的空间对象。查找的另外一种方式是当屏幕上已显示一个属性表时,根据属性表的记录内容,用鼠标在表中任意点取某一个或某几个记录,图形界面即特殊(如闪烁或特殊颜色)显示被选取的空间对象,如图 5-7 所示。

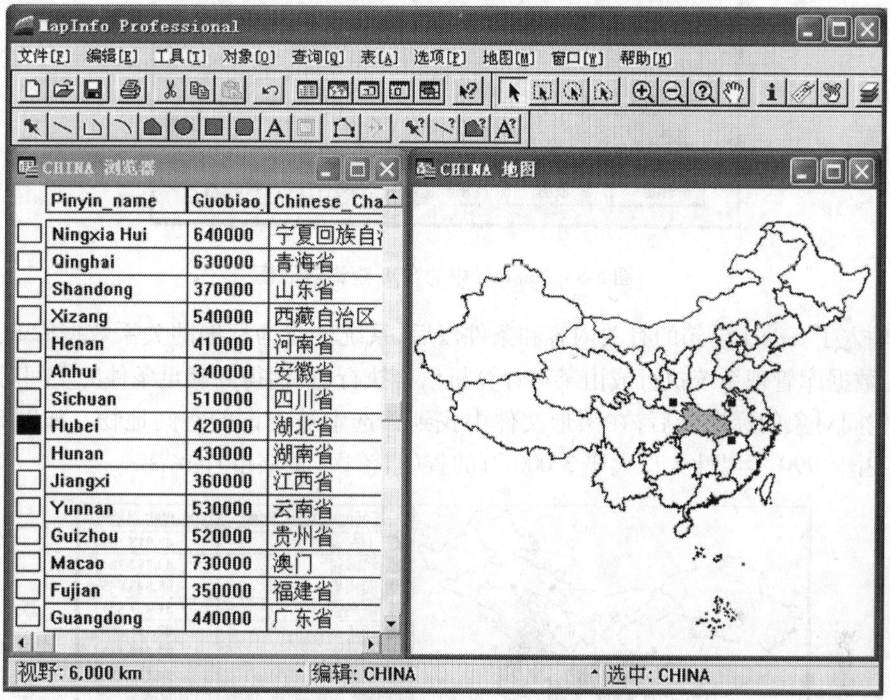

图 5-7　从属性表中查找空间对象

3.2　SQL 查询

GIS 软件通常支持标准的 SQL 查询语言。SQL 是英文 Structured Query Language(结构化查询语言)的缩写。SQL 常被读为“Sequel”,也可以读为“S. Q. L”。SQL 是用于对存放在计算机数据库中的数据进行组织、管理和检索的工具。实际上,SQL 是用于特定类型的数据库——关系数据库的高级语言,并随着关系数据库模型的应用而得到普及。标准 SQL 查询语言主要包括:

Select——指定需要显示的属性项;

From——指定属性表;

Where——指定条件(可以加逻辑判断 Or、And、Not 等);

Order by——指定排序的属性项;

Group by——指定分组的属性项。

进一步复杂的查询还可以进行嵌套。如 Where 的条件中可以进一步嵌套 Select 语句。

一般的 GIS 软件都设计了比较好的用户界面,交互选择和输入上面 Select 语句的有关内容,代替键入完整的 Select 语句。图 5-8 所示为 MapInfo 中的 SQL 查询对话框。

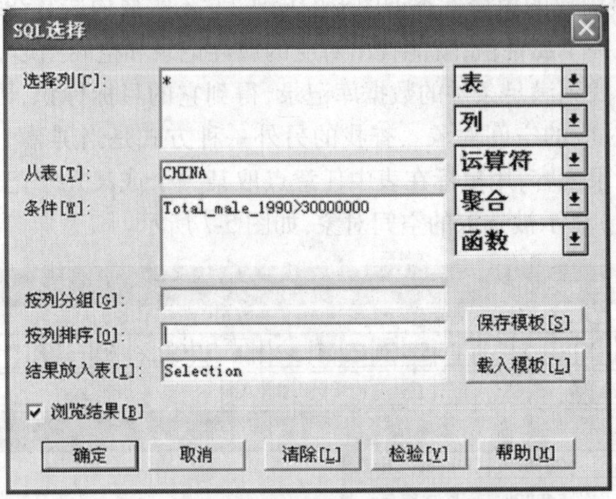

图 5-8　MapInfo 中的 SQL 查询对话框

在输入了 Select 语句的有关内容和条件以后,系统转化为标准的关系数据库 SQL 查询语言,由数据库管理系统执行或由某种计算机语言执行,查询得到满足条件的空间对象。得到一组空间对象的标识以后,在图形文件中找到并选中被查询的空间地物。如图 5-9所示为查询我国 1990 年男性人口大于 3 000 万的省(自治区、直辖市)的结果。

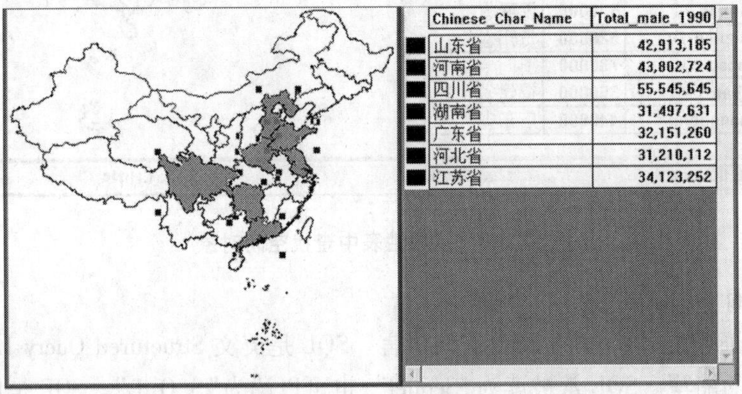

图 5-9　SQL 查询的结果

3.3　扩展的 SQL 查询

将 SQL 查询和空间关系查询结合起来是 GIS 研究的一个重要课题,即将 SQL 的属性条件和空间关系的图形条件组合在一起形成扩展的 SQL 查询语言。

扩展的 SQL 查询语言目前还没有统一的标准,空间关系的谓词也没有规范化,通常有相邻"Ajacent"、包含"Contains"、相交"Intersects"和在……之内"Within"等。有了这些空间关系谓词,与属性条件组合在一起,进行复杂的空间查询,可给 GIS 用户带来很大方便。

【任务实施】

利用 MapInfo 软件自带的 China 表,完成以下查询训练操作。

1. 地图目标图形信息查询

在 MapInfo 软件的地图环境中，双击要查询的地图对象，即可弹出相应的点、线、面目标信息框，分别显示点、线、面地图目标的各种信息，如图 5-10 所示。

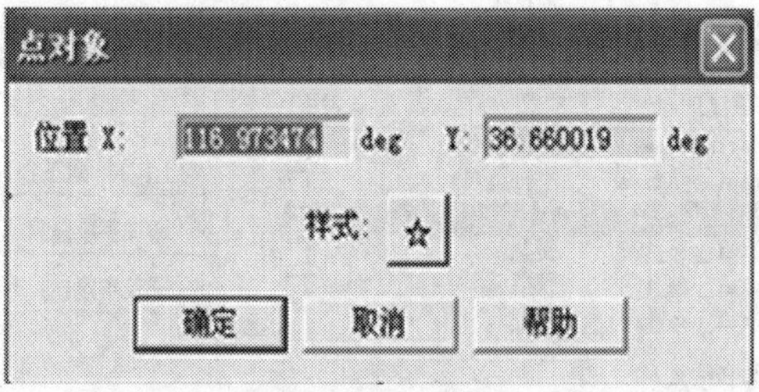

(a)点查询目标信息框

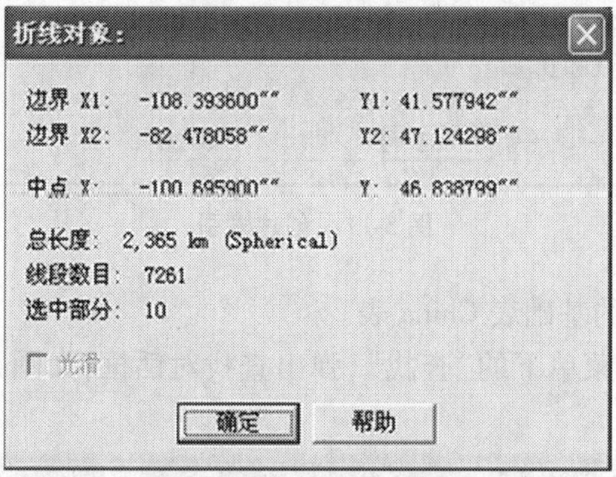

(b)线查询目标信息框

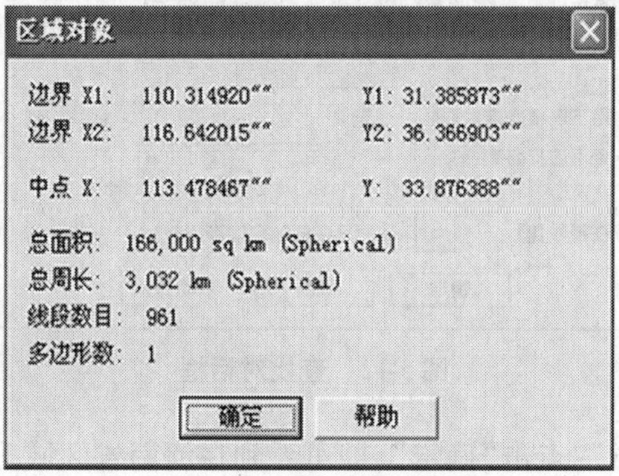

(c)面查询目标信息框

图 5-10　点、线、面查询目标信息框

如查询中国地图中河南省的省会位置、河南省省界的长度和该省的面积。

2. 地图目标属性信息查询

(1)单个目标的查询：单击主工具箱上的“i”信息工具后，任意选择点击一个点、线、面对象，即可显示该对象的所有属性信息。如查询中国地图中河南省的属性信息。

(2)多目标的查询：利用选择工具选取多个地图目标并打开浏览窗口，显示所有选中地图目标的属性。如查询中国地图中河南省及其相邻省份的属性信息。

3. 利用属性查询地图目标

使用查找工具可利用属性查询、标示地图目标位置。利用查找工具前，必须创建索引文件。如图 5-11 所示，对需要查询的字段在表结构的索引标识上打√，就能创建该字段的索引。

如在 China 表中查找河南省，并把它标记出来。

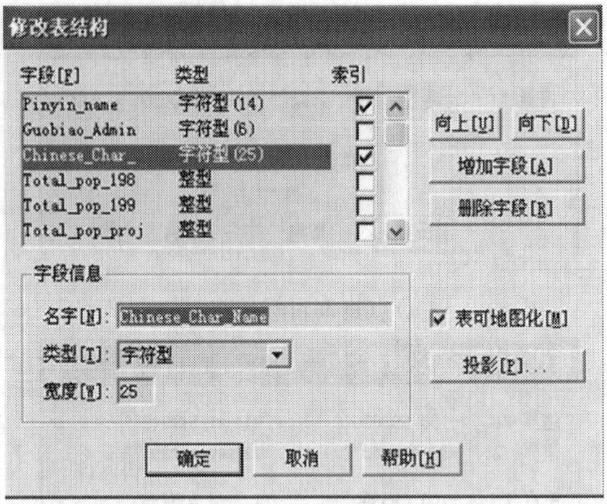

图 5-11　创建索引

第 1 步：打开要选择的基础表 China 表。

第 2 步：单击“查询”菜单下的“查找”，弹出查找对话框，如图 5-12 所示，点击“确定”，进入下一步。

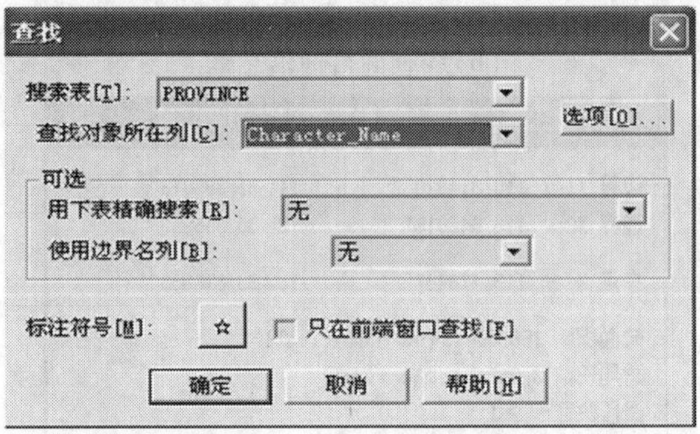

图 5-12　查找对话框

第 3 步：输入“河南省”，点击“确定”，即可看到在河南省区域上显示出了标注符号。

4. SQL 使用

SQL 查询命令可以完成各种基于关系表的组织、分析、汇总等操作，同时包括许多空间分析的函数和操作。图 5-13 所示为 SQL 选择对话框。

1）选择列

“选择列”是为了指定在查询表中将输出的列（字段）有哪些。这个区域能够输入一个列表达式或一个＊号，其中默认输入的＊号表示查询表中将输出的列与源表中完全一致。如果查询涉及不止一个表，各个列名之前必须有它的表名，二者之间用英文逗号分隔。

“选择列”还能计算某些列，即进行派生列查询，并导出列存放到结果表中。

根据基础表中已有的一个或多个列的内容可计算出一个特殊的临时列。为列表达式指定一个别名的方法是：在列表达式后打一个空格，然后再打入用双引号括起来的别名。例

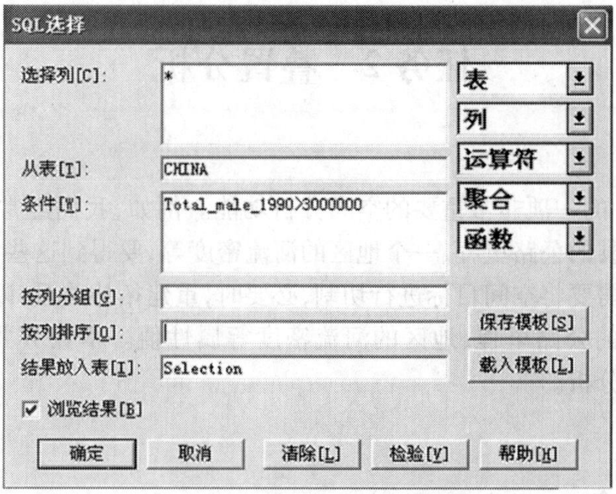

图 5-13　SQL 选择对话框

如,根据基础表中的男性人口数、女性人口数两个列,计算总人口数列的表达式如下:

男性人口数 + 女性人口数　“总人口”

注意:只要“从表”栏已经填出表的名字,列可以直接从下拉箭头中选择,不用输入。

2)从表

“从表”是指从哪个表中选择列。一般做 SQL 查询时,首先填出“从表”中的表名字。只要表打开了,直接从“表”下拉箭头中选取表即可,不用输入。

3)条件

“条件”是指查询结果要求的条件。如查询“人口大于 300 万的城市”,就可以输入条件为:

人口 >3000000

4)按列排序

“按列排序”是指查询结果按哪一个字段排序,是升序还是降序。MapInfo 默认用升序排序一个表。如果要以降序排序,则要在按列排序中的列名之后放一个词:Desc。

例如查询 China 表中 2000 年人口,以降序方式显示,用如下的方式:

按列分组:Pop_2000 Desc,即要用 Pop_2000 字段进行降序排列。

5)按列分组

如果在这个区域输入一个或多个列名,结果表将含有这个表的小计或集合信息。

注意:结果表变成了按列统计表,没有原始数据,统计的依据是列值相同者。

例如:在植被表“植被. tab”中,统计各种植被(旱地、稻田、果园等)的图斑数、面积总和。命令如下:

选择列:名称,Count(*),Sum(AREA)

从表:植被

按列分组:名称

5. 查询结果输出

MapInfo 可通过转出表的方式输出查询结果。

任务2　叠置分析

【任务描述】

叠置分析是 GIS 的一项非常重要的空间分析功能。例如,我们经常需要了解一个乡的森林覆盖面积、一个县的公路里程、一个地区的河流密度等,要得到这些结果,不能仅靠前面所述的空间查询,而需要将空间目标进行切割,必要时,重建拓扑关系,以致确切地统计出乡的森林覆盖面积、县的公路里程、地区的河流密度等属性值。本任务要求利用 MapGIS 平台,完成简单的叠置分析。

【相关知识】

1　叠置分析的概念

叠置分析是指在统一空间参照系统条件下,每次将同一地区两个地理对象的图层进行叠合,以产生空间区域的多重属性特征,或建立地理对象之间的空间对应关系。叠置分析是地理信息系统最常用的提取空间隐含信息的手段之一。

空间叠置至少涉及两个图层,其中至少有一个图层是多边形图层,称基本图层,另一个图层可能是点、线或多边形。空间叠置分析往往涉及逻辑交、逻辑并。

2　矢量数据叠置分析

2.1　点与多边形的叠置

点与多边形的叠置是确定一幅图(或数据层)上的点落在另一幅图(或数据层)的哪个多边形中,这样就可给相应的点增加新的属性内容,如图 5-14 所示。例如,一幅图表示水井的位置,另一幅图表示城市功能分区。两幅图叠置后可得出每个城市功能区(如居住区)有多少水井,也可以知道每口水井是位于城市的什么功能区。

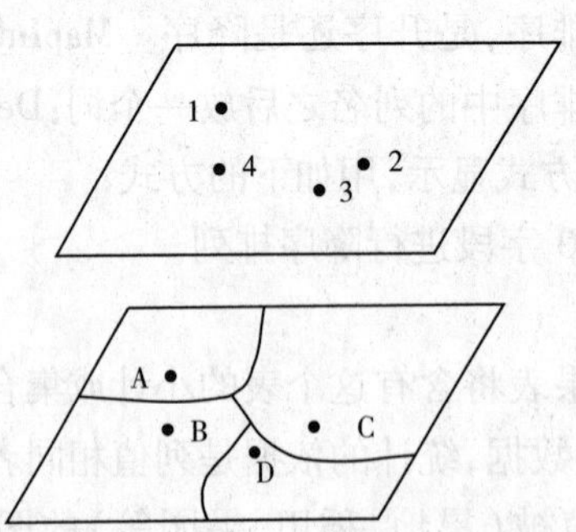

Point	V_1	V_2	V_3	Poly	V_6
1				A	
2				C	
3				D	
4				B	

图 5-14　点与多边形的叠置

点与多边形叠置的算法就是判断点是否在多边形内,可用垂线法或转角法实现。

2.2　线与多边形的叠置

线与多边形的叠置与上述类似,是把一幅图(或一个数据层)中的多边形的特征加到另一幅图(或另一个数据层)的线上。

同样,线与多边形的叠加首先要比较线坐标与多边形坐标的关系,判断哪一条线落在哪一个或哪些多边形内。由于一条线常常跨越多个多边形,因此必须首先计算线与多边形的交点,将原线分割为两个或两个以上落入不同多边形的新弧段,然后重建线的属性表,表中既包含每条新弧段原来所属的线的所有属性,也包含新添加的、它所落入的多边形标识序号,以及该多边形的某些附加属性。例如河流网络与乡镇区划图进行叠置分析,这样河流网络图层中的各个河流的线属性表,将不仅包含原河流的信息,还含有该河流所在行政区的标号和其他信息,可以依此得到任意省级行政区内的河流的分布密度和长度等。

例如,道路图与行政区图叠置,可得到每个行政区中各种等级道路的里程。线与多边形叠置的算法实际上就是线的多边形裁剪算法,如图5-15所示。

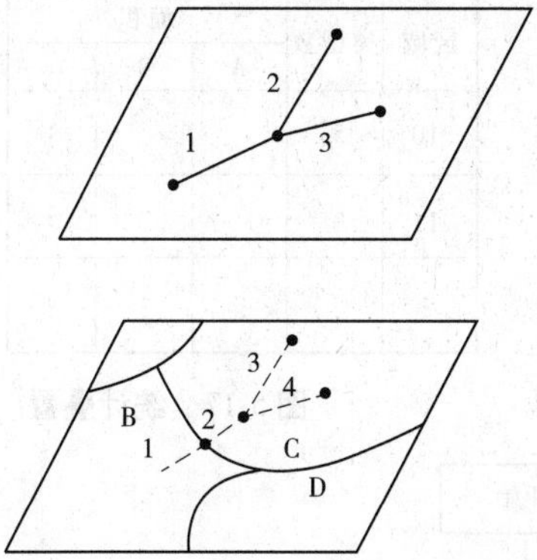

Line ID	Old LOID	Poly
1	1	D
2	1	C
3	2	C
4	3	C

图5-15 线与多边形的叠置

2.3 多边形与多边形的叠置

多边形与多边形的叠置是指不同图幅或不同图层多边形要素之间的叠置,通常分为合成叠置和统计叠置,如图5-16、图5-17所示。

合成叠置是指通过叠置形成新的多边形,使新多边形具有多重属性,即需进行不同多边形的属性合并。属性合并的方法可以是简单的加、减、乘、除,也可以是取平均值、最大值、最小值,或取逻辑运算的结果等。

统计叠置是指确定一个多边形中含有其他多边形的属性类型的面积等,即把其他图上的多边形的属性信息提取到本多边形中来。

例如,土壤类型图与城市功能分区图叠置,可得出商业区中具有不稳定土壤结构的地区有哪些。

多边形与多边形叠置算法的核心是多边形对多边形的裁剪。它需要将两层多边形的边界全部进行边界求交的运算和切割,然后根据切割的弧段重建拓扑关系,最后判断新叠置的多边形分别落在原始多边形层的哪个多边形内,建立起叠置多边形与原多边形的关系,如果必要再抽取属性。下面用框图讨论多边形与多边形叠置的过程。

设有两个原始的多边形图层,一个称为本底多边形,另一个称为上覆多边形,叠置得到的新多边形称为叠置多边形。多边形与多边形叠置的过程框图如图5-18所示,图5-19所示为多边形叠置的并、交、差运算结果示意图。

注意:多边形叠置的位置误差。

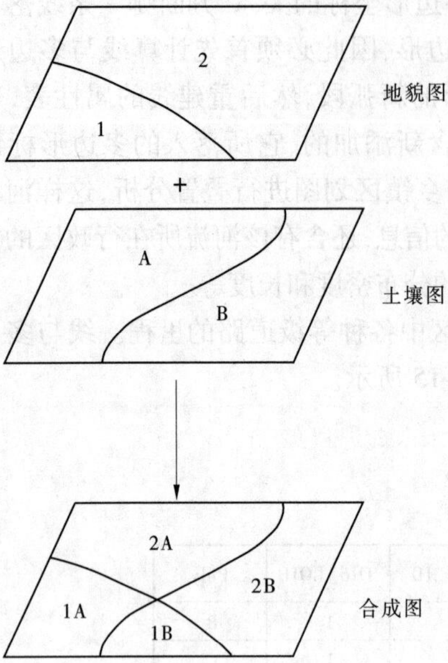

图 5-16 合成叠置

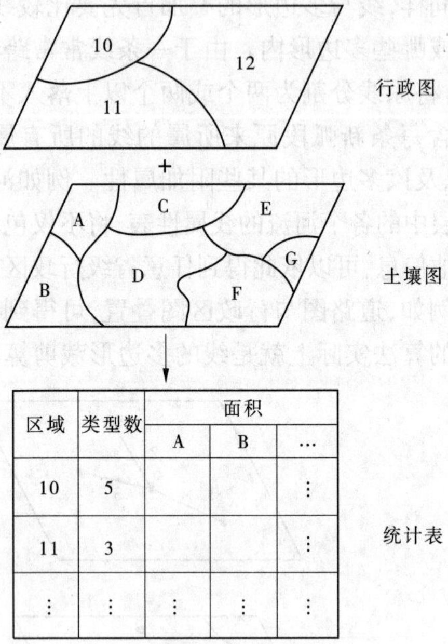

区域	类型数	面积		
		A	B	…
10	5			⋮
11	3			⋮
⋮	⋮	⋮	⋮	⋮

图 5-17 统计叠置

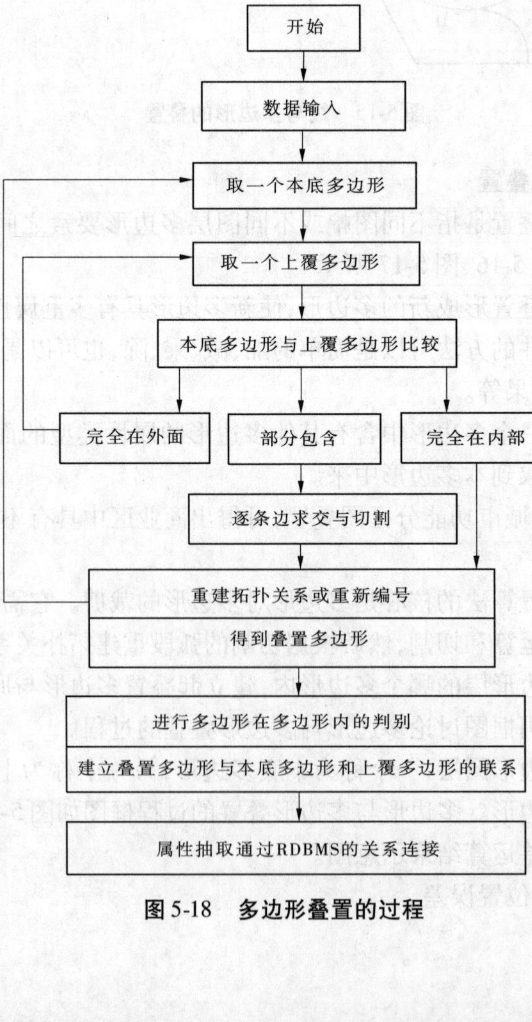

图 5-18 多边形叠置的过程

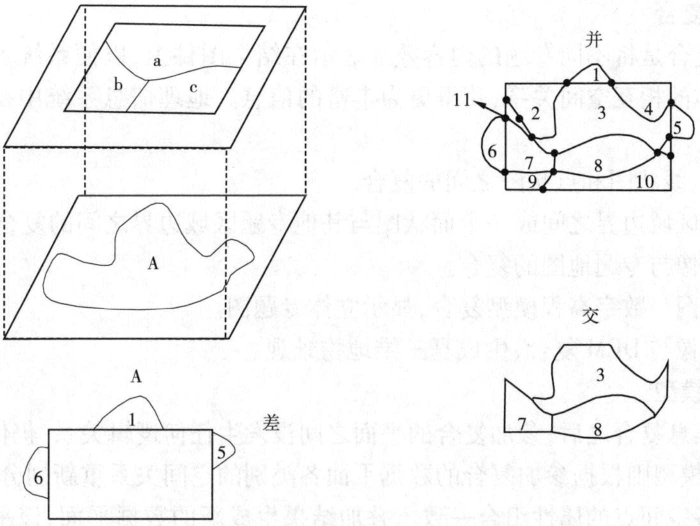

图5-19　多边形叠置的并、交、差运算结果示意图

进行多边形叠置的往往是不同类型的地图，甚至是不同比例尺的地图，因此同一条边界的数据往往不同，这时在叠置时就会产生一系列无意义的多边形或裂隙，如图5-20所示。而且，边界位置越精确，越容易产生无意义的多边形或裂隙。手工方法叠置时可用制图综合来处理无意义的多边形或裂隙，而计算机处理时则比较复杂，常用如下三种方法：

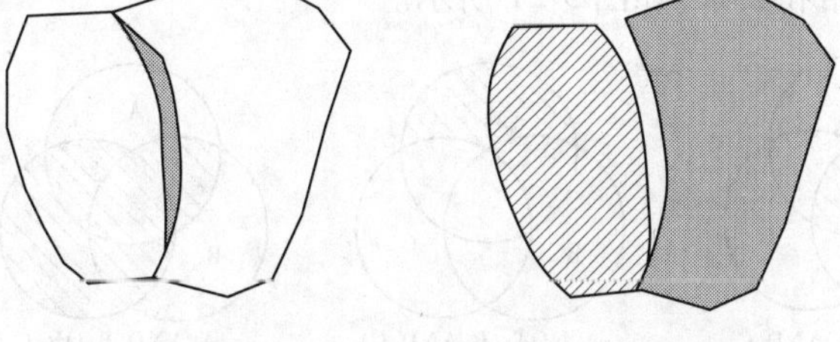

图5-20　叠置时产生的无意义的多边形或裂隙

(1)在屏幕上显示多边形叠置的情况，人机交互地把小多边形合并到大多边形中。

(2)确定无意义的多边形的面积临界值，把小于临界值的多边形合并到相邻的大多边形中。

(3)先拟合出一条新的边界线，然后进行叠置操作。

但无论采用哪种方法来处理无意义的多边形，都会产生误差。

3　栅格数据的信息复合分析

能够极为便利地进行同地区多层面空间信息的自动复合叠置分析，是栅格数据一个最为突出的优点。正因为如此，栅格数据常被用来进行区域适应性评价、资源开发利用、规划等多因素分析研究工作。在数字遥感图像处理工作中，利用该方法可以实现不同波段遥感信息的自动合成处理；还可以利用不同时间的数据信息进行某类现象动态变化的分析和预测。信息复合模型(overlay)包括两类，即简单的视觉信息复合和较为复杂的叠加分类模型。

3.1　视觉信息复合

视觉信息复合是将不同专题的内容叠加显示在结果图件上，以便系统为使用者判断不同专题地理实体的相互空间关系，获得更为丰富的信息。地理信息系统中视觉信息复合包括以下几类：

(1)面状图、线状图和点状图之间的复合。

(2)面状图区域边界之间或一个面状图与其他专题区域边界之间的复合。

(3)遥感影像与专题地图的复合。

(4)专题地图与数字高程模型复合，显示立体专题图。

(5)遥感影像与 DEM 复合，生成真三维地物景观。

3.2　叠加分类模型

简单视觉信息复合之后，参加复合的平面之间没发生任何逻辑关系，仍保留原来的数据结构；叠加分类模型则根据参加复合的数据平面各类别的空间关系重新划分空间区域，使每个空间区域内各空间点的属性组合一致。叠加结果生成新的数据平面，该平面图形数据记录了重新划分的区域，而属性数据库结构中则包含了原来的几个参加复合的数据平面的属性数据库中所有的数据项。叠加分类模型用于多要素综合分类以划分最小地理景观单元，进一步可进行综合评价以确定各景观单元的等级序列。

以下按复合运算方法的不同进行分类讨论。

3.2.1　逻辑判断复合法

设有 A、B、C 三个层面的栅格数据系统，一般可以用布尔逻辑算子及运算结果的文氏图表示其一般的运算思路和关系，如图 5-21 所示。

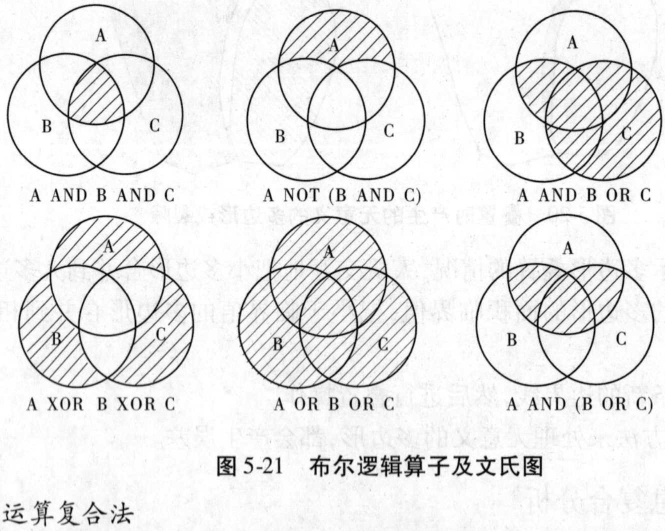

图 5-21　布尔逻辑算子及文氏图

3.2.2　数学运算复合法

数学运算复合法是指不同层面的栅格数据逐网格按一定的数学法则进行运算，从而得到新的栅格数据系统的方法。其主要类型有以下几种：

(1)算术运算：指两层以上的对应网格值经加、减运算而得到新的栅格数据系统的方法。这种复合分析法有很大的应用范围。图 5-22 给出了该方法在栅格数据编辑中的应用例证。

(2)函数运算：指两个以上层面的栅格数据系统以某种函数关系作为复合分析的依据

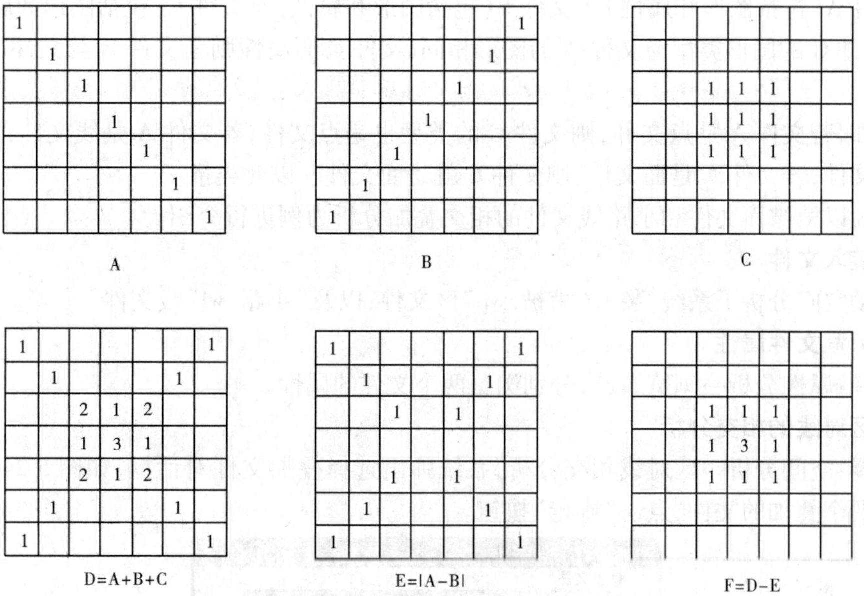

图 5-22　栅格数据的算术运算

进行逐网格运算,从而得到新的栅格数据系统的过程。

这种复合叠置分析方法被广泛地应用到地学综合分析、环境质量评价、遥感数字图像处理等领域中。

例如,利用土壤侵蚀通用方程式计算土壤侵蚀量时,就可利用多层面栅格数据的函数运算复合分析法进行自动处理。一个地区土壤侵蚀量的大小是降雨(R)、植被覆盖度(C)、坡度(S)、坡长(L)、土壤抗蚀性(SR)等因素的函数,可写成:

$$E = F(R, C, S, L, SR, \cdots)$$

逐网格的复合分析运算如图 5-23 所示。

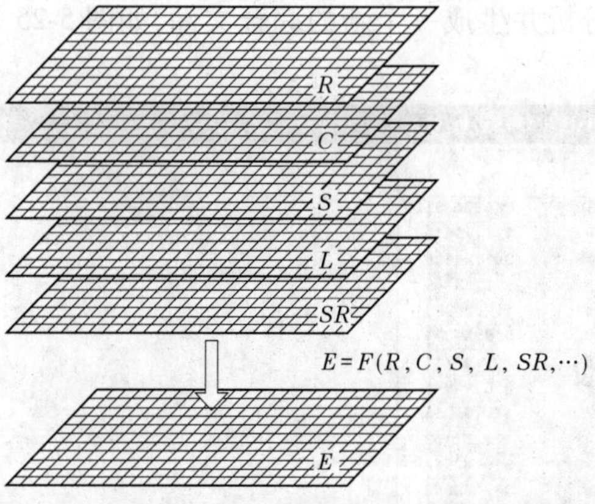

图 5-23　土壤侵蚀多因子函数复合分析运算示意图

【任务实施】

空间叠加分析包括区对区叠加分析、线对区叠加分析、点对区叠加分析。通过对以上空间数据叠置分析基础知识的学习,在 MapGIS 平台下完成叠置分析。

文件 A(包括图形和属性) + 文件 B(包括图形和属性) = 文件 C(包括图形和属性)

其中,文件 C 的图形类型与文件 A 的图形相同,文件 C 的属性则是文件 A 与文件 B 属性的综合。

例如,若文件 A 是点文件,则文件 C 的类型也是点文件;若文件 A 是线文件,则文件 C 也是线文件;若文件 A 是面文件,则文件 C 就是面文件。以此类推。

下面以植被面文件和小路线文件的相交叠加分析为例进行介绍。

1. 装入文件

启动空间分析子系统,装入“植被. wp”区文件,以及“小路. wl”线文件。

2. 浏览文件属性

选择:属性分析→浏览属性,分别浏览两个文件的属性。

3. 区对线的相交分析

选择:空间分析→区对线相交分析,系统弹出选择叠加文件对话框,如图 5-24 所示,分别选择两个叠加的文件,点击“确定”按钮。

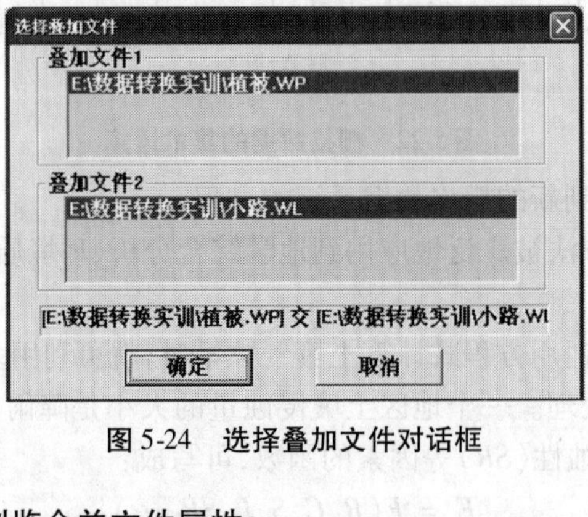

图 5-24　选择叠加文件对话框

4. 保存分析结果并浏览合并文件属性

系统提示保存结果文件,保存为“区对线相交. wp”。这样,系统自动将植被区文件和小路线文件进行相交叠加分析并生成一个新的综合文件,如图 5-25 所示,且文件类型与植被区文件相同。

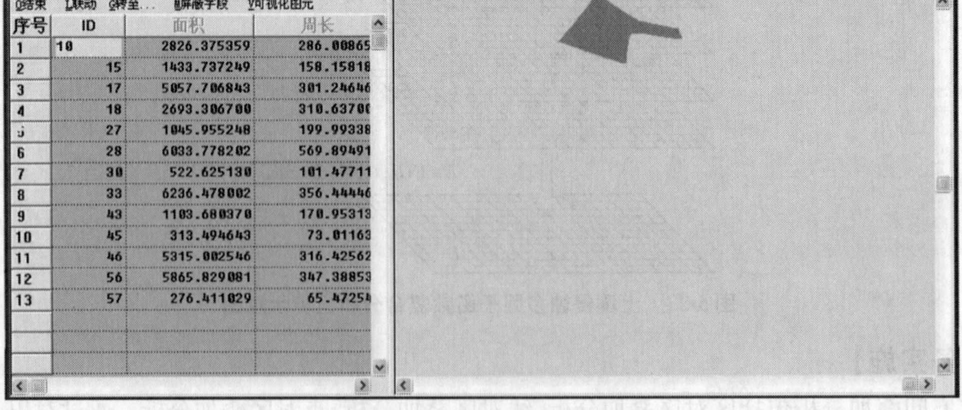

图 5-25　区对线叠加分析结果

选择:属性分析→浏览属性,可以看出“合并.wp”的属性是两个原始文件的综合,即小路穿过的那些植被图斑。

其他的区空间分析、线空间分析及点空间分析的方法与区对线的相交分析是相同的。

任务3　缓冲区分析

【任务描述】

缓冲区分析是GIS的基本空间操作功能之一。例如,某地区有危险品仓库,要分析一旦仓库爆炸所涉及的范围,这就需要进行点缓冲区分析;如果要分析因道路拓宽而需拆除的建筑物和需搬迁的居民,则需进行线缓冲区分析;而在对野生动物栖息地的评价中,动物的活动区域往往是在距它们生存所需的水源或栖息地一定距离的范围内,为此可用面缓冲区进行分析。本任务要求利用MapGIS平台,完成简单的缓冲区分析。

【相关知识】

1　缓冲区分析的基本概念

所谓缓冲区,就是地理空间目标的一种影响范围或服务范围,通常根据实体的类别来确定这个范围,以便为某项分析或决策提供依据。

缓冲区分析是指根据分析对象的点、线、面实体,自动建立它们周围一定距离的带状区,用以识别这些实体对邻近对象的辐射范围或影响度,以便为某项分析或决策提供依据。

缓冲区示意图如图5-26所示。

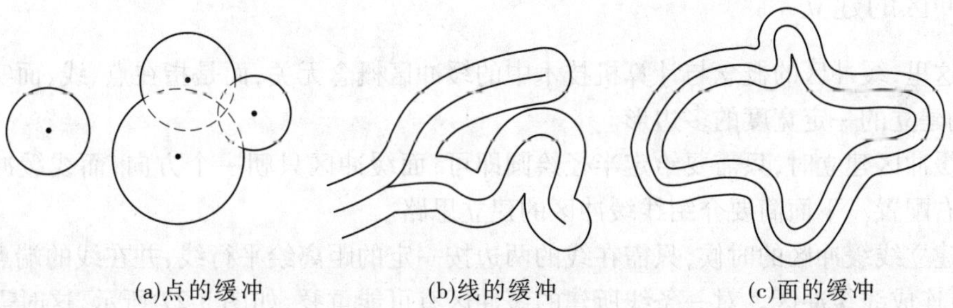

(a)点的缓冲　(b)线的缓冲　(c)面的缓冲

图5-26　缓冲区示意图

2　缓冲区的组成要素

在进行缓冲区分析时,通常将研究的问题抽象为以下三类要素,即主体、邻近对象和作用条件。

(1)主体:表示分析的主要目标,一般分为点源、线源和面源三种类型。

(2)邻近对象:表示受主体影响的客体,例如行政界线变更时所涉及的居民区、森林遭砍伐时所影响的水土流失范围等。

(3)作用条件:表示主体对邻近对象施加作用的影响条件或强度。

3　缓冲区分析方法

根据主体的类型,把缓冲区分析划分为三种方法,分别为点缓冲区分析、线缓冲区分析和面缓冲区分析。

3.1　点缓冲区分析

点缓冲区是选择单个点、一组点、一类点状要素或一层点状要素,按照给定的缓冲条件建立缓冲区。在不同的缓冲条件下,单个或多个点状要素建立的缓冲区不同。

点缓冲区分析方法的应用是非常广泛的。例如要调查某地区现有的小学能否满足社区需求,可运用点缓冲区分析方法确定各小学的服务范围,分析它们的重叠和离散程度,若重叠太大则说明小学分布密度过大,若离散太大则需在服务空白区新建小学。

3.2　线缓冲区分析

线缓冲区是选择一类或一组线状要素,按照给定的缓冲条件建立缓冲区。

线缓冲区分析方法主要应用于线状地物如道路和河流对周围影响的分析中。例如,为了防止水土流失,河流两侧一定范围内的森林禁止砍伐,这个范围的确定可运用线缓冲区分析。

3.3　面缓冲区分析

面缓冲区是选择一类或一组面状要素,按照给定的缓冲条件建立缓冲区。

面缓冲区由于自身缓冲区建立的原因,存在内缓冲区和外缓冲区之分。外缓冲区是仅仅在面状地物的外围形成缓冲区,内缓冲区则在面状地物的内侧形成缓冲区,同时也可以在面状地物的边界两侧形成缓冲区。

4　缓冲区的建立

在这里,缓冲区的概念与计算机技术中的缓冲区概念无关,而是指在点、线、面实体的周围,自动建立的一定宽度的多边形。

点缓冲区建立时,只需要给定半径绘圆即可;面缓冲区只朝一个方向,而线缓冲区需在线的左右配置。下面简要介绍线缓冲区的建立思路。

在建立线缓冲区的时候,只需在线的两边按一定的距离绘平行线,并在线的端点处绘半圆,就可连成线缓冲区。对一条线所建的缓冲区有可能重叠,如图 5-27 所示,这时需把重叠的部分去除。基本思路是,对缓冲区边界求交,并判断每个交点是出点还是入点,以决定交点之间的线段是保留还是删除。这样就可得到岛状的缓冲区。

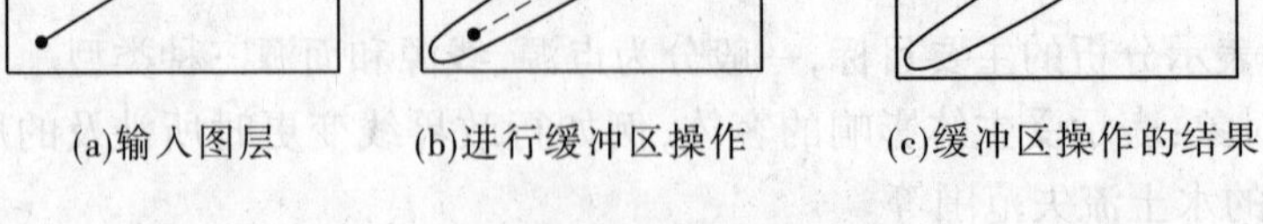

(a)输入图层　(b)进行缓冲区操作　(c)缓冲区操作的结果

图 5-27　线缓冲区的建立过程

在对多条线建立缓冲区时,可能会出现缓冲区之间的重叠。这时需把缓冲区内部的线段删除,以合并成连通的缓冲区,如图 5-27 所示。

在建立缓冲区时,缓冲区的宽度并不一定是相同的,可以根据要素的不同属性特征,规定不同的缓冲区宽度,以形成可变宽度的缓冲区。例如,沿河流绘出的环境敏感区的宽度应根据河流的类型而定。这样就可根据河流属性表,确定不同类型的河流所对应的缓冲区宽度,以产生所需的缓冲区,如图 5-28 所示。

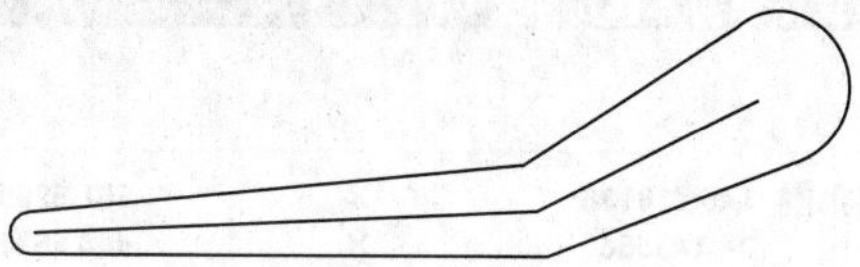

图 5-28　变距缓冲区

【任务实施】

为了完成城市道路拓宽改建分析,在 MapGIS 软件支持下对 1∶500 地形图的小路拓宽 10 m 建立缓冲区,为计算道路拓宽改建过程中的拆迁指标提供支持。

1. 装入文件

选择:空间分析→文件→装线文件,装入道路线文件"小路. wl"。

2. 输入缓冲区半径

由于小路实际拓宽 10 m,根据 1∶500 比例尺换算得到图上缓冲区半径为 20 mm。

选择:空间分析→缓冲区分析→输入缓冲区半径如图 5-29 所示,系统将会弹出一个对话框,让用户输入缓冲区半径。输入 20 mm,单击"OK"按钮。

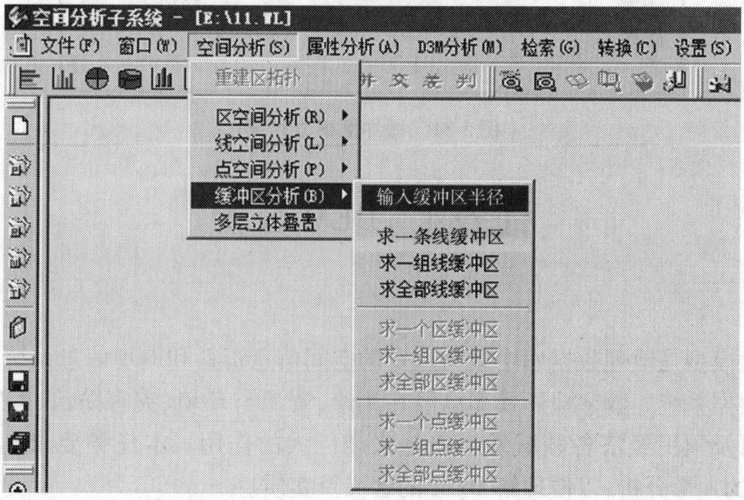

图 5-29　缓冲区的建立

3. 选择缓冲区类型

用户可根据自己的实际情况选择缓冲区的类型,如在此选择"求一条线缓冲区",鼠标左键单击线文件。

4. 保存分析结果

将系统生成的缓冲区文件保存为"小路缓冲区. wp"。

5. **分析结果显示**

选择:文件→新建综合图形,在新建图形窗口单击鼠标右键,在弹出的快捷菜单中单击“选择显示文件”命令,将小路线文件、小路缓冲区文件全选,如图 5-30 所示,单击“确定”按钮,显示缓冲区建立结果,如图 5-31 所示。

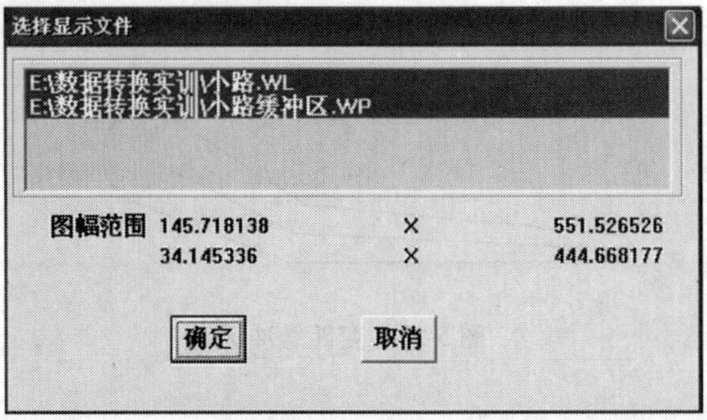

图 5-30　选择显示文件

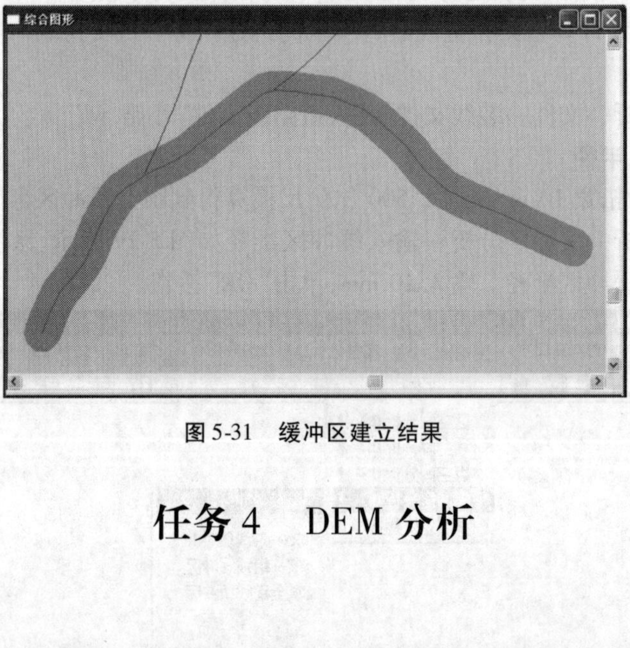

图 5-31　缓冲区建立结果

任务 4　DEM 分析

【任务描述】

数字地面模型是地理数据库中最为重要的空间信息资料和地理信息系统赖以进行地形分析的核心数据系统。数字地面模型已经在测绘、资源与环境、灾害防治、国防等与地形分析有关的科研及国民经济各领域发挥着越来越巨大的作用。本任务要求利用 MapGIS 平台,完成简单的地形分析,以便理解 DEM 的含义及实质。

【相关知识】

1　DTM 与 DEM 的概念

数字地形模型(Digital Terrain Model,简称 DTM)是地形表面形态属性信息的数字表达,是带有空间位置特征和地形属性特征的数字描述。这些特征不仅包含高程属性,还包含其他的地表形态属性,如坡度、坡向、温度、降雨量等。数字地形模型中地形属性为高程时称为数字高程模型(Digital Elevation Model,简称 DEM)。

从数学的角度,高程模型是高程 Z 关于平面坐标 X,Y 两个自变量的连续函数,数字高程模型只是它的一个有限的离散表示。高程模型最常见的表达是相对于海平面的海拔高度,或某个参考平面的相对高度。高程是地理空间中的第三维坐标。由于传统的地理信息系统的数据结构都是二维的,数字高程模型的建立是一个必要的补充。地理信息系统中,DEM 是建立 DTM 的基础数据,其他的地形要素可由 DEM 直接或间接导出,称为派生数据,如坡度、坡向。

2　DEM 的数据采集与表示

2.1　DEM 的数据源与采集方法

2.1.1　以航空或航天遥感图像为数据源

由航空或航天遥感立体像对,用摄影测量的方法建立空间地形立体模型,量取密集数字高程数据,建立 DEM,如图 5-32 所示。

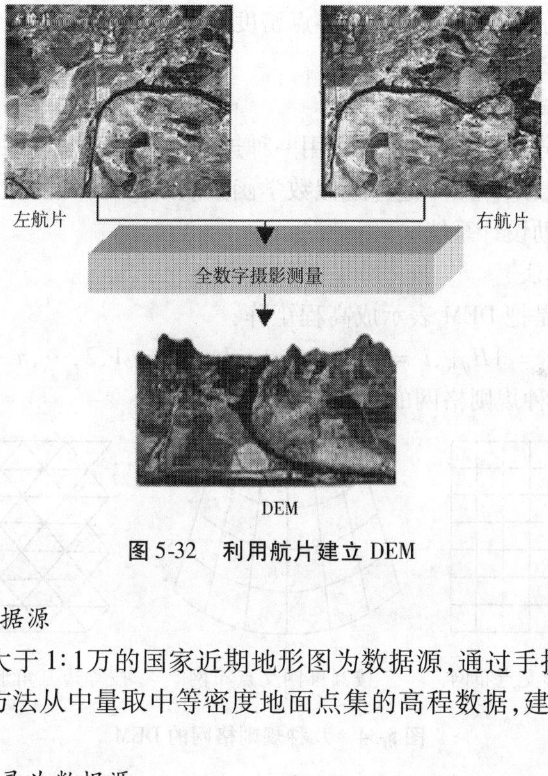

图 5-32　利用航片建立 DEM

2.1.2　以地形图为数据源

主要以比例尺不大于 1∶1万的国家近期地形图为数据源,通过手扶跟踪数字化仪采集、扫描数字化仪采集等方法从中量取中等密度地面点集的高程数据,建立 DEM,如图 5-33 所示。

2.1.3　以地面实测记录为数据源

用全站仪等测绘仪器,在已知点位的测站上,观测到目标点的方向、距离和高差三个要素。计算出目标点的 X、Y、Z 三维坐标,存储于计算机中,成为建立 DEM 的原始数据。这种方法一般用于建立小范围大比例尺(比例尺大于 1∶5 000)区域的 DEM,对高程的精度要求较高。另外,用气压测高法获取地面稀疏点集的高程数据,也可建立对高程精度要求不高的 DEM。

2.1.4　数字摄影测量方法

数字摄影测量方法是空间数据采集最有效的手段,它具有效率高、劳动强度低的优点。

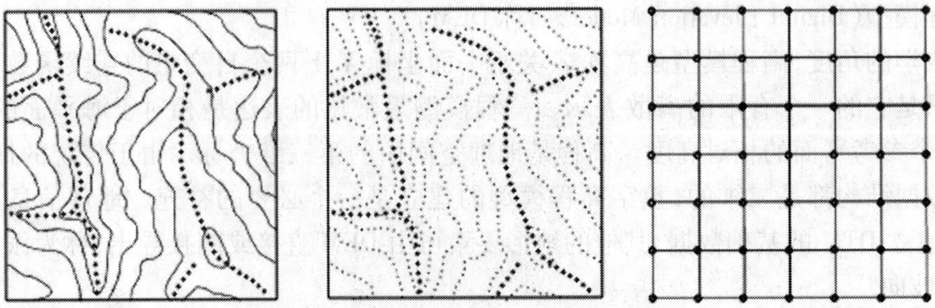

图 5-33　以地形图为数据源建立 DEM

数据点的采样方法根据产品的要求不同而异。可沿等高线、断面线、地性线进行有目的的采样,也可基于规则格网或不规则三角网进行面采样。数据采集是 DEM 的关键问题,采集的数据点太稀会降低 DEM 的精度;数据点过密,又会增大数据量及处理的工作量和不必要的存储量。因此,在 DEM 数据采集之前,应依照所需精度确定合理的取样密度,或者在数据采集过程中根据地形复杂程度动态调整采样点密度。

2.2　DEM 的表示方法

2.2.1　数学分块曲面表示法

这种方法把地面分成若干块,每个块用一种连续的三维函数高平滑度地表示复杂曲面,并使函数曲面通过离散采样点。这种近似数学函数表示的 DEM 不太适用于制图,但广泛用于复杂表面模拟的机助设计系统。

2.2.2　规则格网表示法

规则格网表示法是把 DEM 表示成高程矩阵:

$$\text{DEM} = \{H_{ij}\}, i = 1,2,\cdots,m-1,m; j = 1,2,\cdots,n-1,n$$

图 5-34 显示了几种规则格网的 DEM。

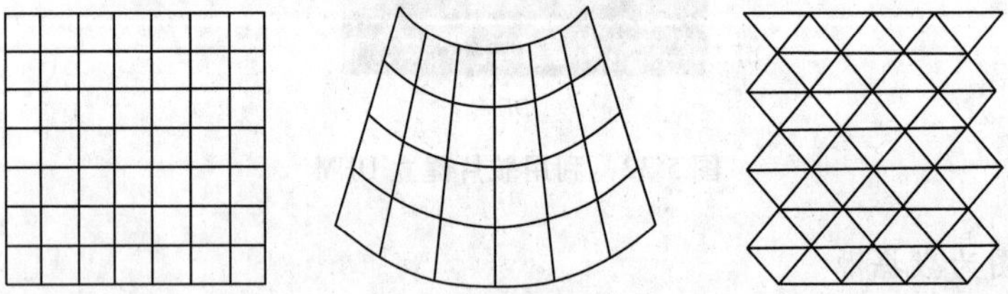

按正方形交点布网　　按圆锥网交点布网　　按等边三角形交点布网

图 5-34　几种规则格网的 DEM

此时,DEM 来源于直接规则矩形格网采样点或由规则或不规则离散数据点内插产生。由于计算机对矩阵的处理比较方便,特别是以栅格为基础的 GIS 中高程矩阵已成为 DEM 最通用的形式,如图 5-35 所示。高程矩阵特别有利于各种应用,但规则的格网系统也有下列缺点:

(1)地形简单的地区存在大量冗余数据。

(2)如不改变格网大小,则无法适用于起伏程度不同的地区。

(3)对于某些特殊计算如视线计算,格网的轴线方向被夸大。

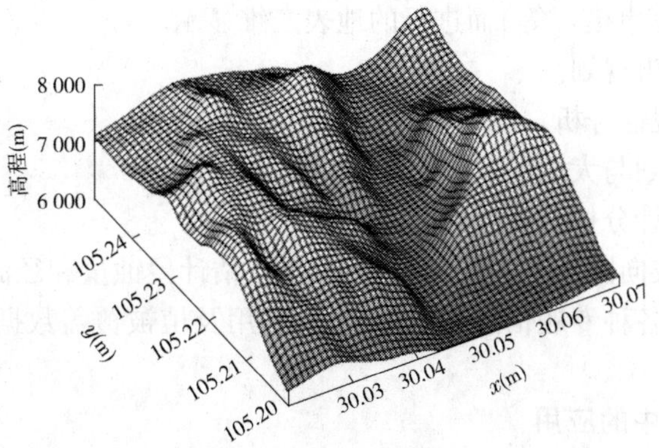

图 5-35　格网 DEM 示意图

(4)由于栅格过于粗略,不能精确表示地形的关键特征,如山峰、坑洼、山脊、山谷等。为了压缩栅格 DEM 的冗余数据,可采用游程编码或四叉树编码方法。

2.2.3　不规则三角网(TIN)表示法

不规则三角网(Triangulated Irregular Network,简称 TIN)是专为产生 DEM 数据而设计的一种采样表示系统。它克服了高程矩阵中冗余数据的问题,而且能更加有效地用于各类以 DEM 为基础的计算。因为 TIN 可根据地形的复杂程度来确定采样点的密度和位置,能充分表示地形特征点和线,从而减少了地形较平坦地区的数据冗余。TIN 表示法利用所有采样点取得的离散数据,按照优化组合的原则,把这些离散点(各三角形的顶点)连接成相互连续的三角面(在连接时,尽可能地确保每个三角形都是锐角三角形或是三边的长度近似相等),如图 5-36 所示。

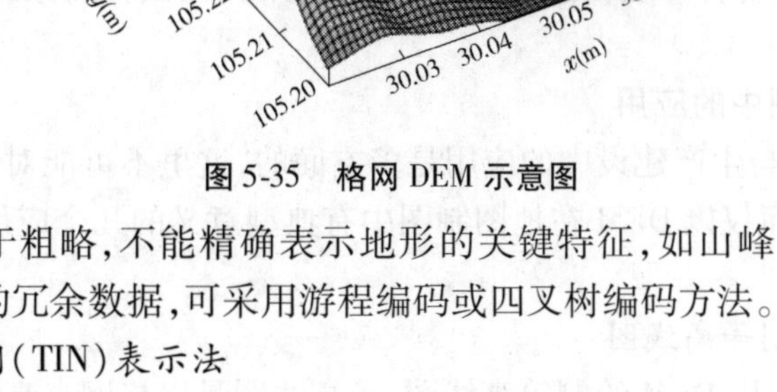

图 5-36　TIN

3　DEM 的应用

3.1　DEM 的应用范围

一般而言,可将 DEM 的主要应用归纳为以下几个方面。

(1)作为国家地理信息的基础数据:我国现在强调 4D 产品的建设,即数字线划图(Digital Linear Graph,简称 DLG)、数字高程模型(Digital Elevation Model,简称 DEM)、数字正射影像(Digital Orthophoto Map,简称 DOM)、数字栅格图(Digital Raster Graph,简称 DRG),并以前 3D 作为国家空间数据基础设施(NSDI)的框架数据。

(2)土木工程、景观建筑与矿山工程的规划与设计。

(3)为军事目的(军事模拟等)而进行的地表三维显示。

(4)景观设计与城市规划。

(5)水文分析、可视性分析。

(6)交通路线的规划与大坝的选址。

(7)不同地表的统计分析与比较。

(8)生成坡度图、坡向图、剖面图,辅助地貌分析,估计侵蚀量和径流量等。

(9)作为背景叠加各种专题信息如土壤、土地利用及植被覆盖数据等,以进行显示与分析等。

3.2　DEM 在地图制图中的应用

DEM 在科学研究与生产建设中的应用是多方面的,这里不可能对其所有的应用方面进行全面、系统的探讨,而仅以 DEM 在地图制图中有典型意义的几个应用为例,说明其应用的基本思路和方法。

3.2.1　利用 DEM 绘制等高线图

如图 5-37 所示,利用 DEM 绘制等高线图,等高线图是以格网点高程数据或者将离散的高程数据由栅格追踪法原理转换为矢量等值线所产生的。该方法适用于所有的利用格网数据方法绘制等高线图。

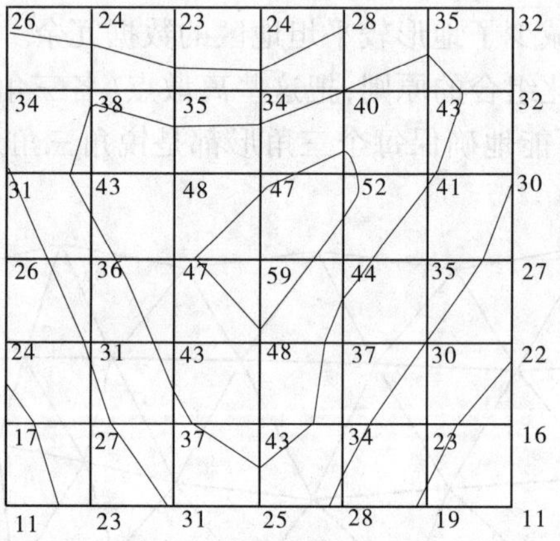

图 5-37　利用 DEM 绘制等高线图

3.2.2　利用 DEM 绘制地面晕渲图

晕渲图是以通过模拟实际地面本影与落影的方法有效反映地形起伏的重要的地图制图方法。它在各种小比例尺地形图、地理图,以及各类有关专题地图上得到非常广泛的应用。利用 DEM 数据作为信息源,以地面光照通量数学函数为自变量,计算该栅格应选用输出的灰度值,由此产生的晕渲图具有相当逼真的立体效果,如图 5-38 所示。

3.2.3　透视立体图的绘制

立体图是表现物体三维模型最直观形象的图形,它可以生动逼真地描述制图对象在平面和空间上分布的形态特征和构造关系。通过分析立体图,我们可以了解地理模型表面的平缓起伏,而且可以看出其各个断面的状况,这对研究区域的轮廓形态、变化规律以及内部结构是非常有益的。

图 5-39 为制作透视立体图的基本流程。计算机自动绘制透视立体图的理论基础是透

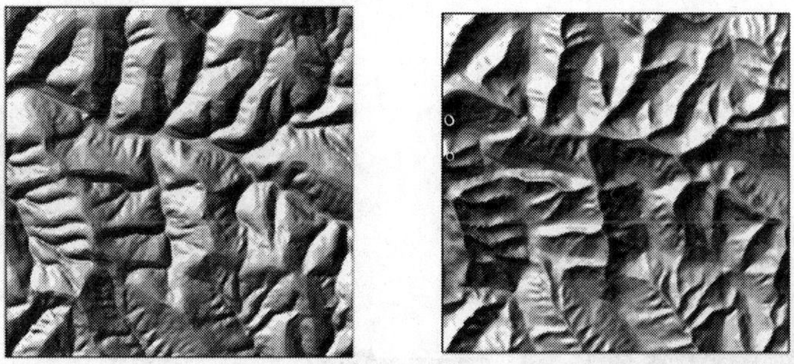

(a)光源来自西北产生正立体　(b)光源来自东南产生反立体

图 5-38　由 DEM 产生的地面晕渲图

视变换原理,如图 5-40 所示,而 DEM 是其绘制的数据基础。

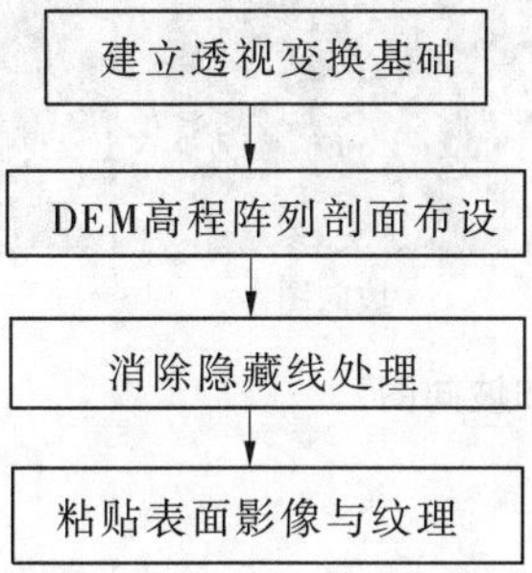

图 5-39　制作透视立体图的基本流程

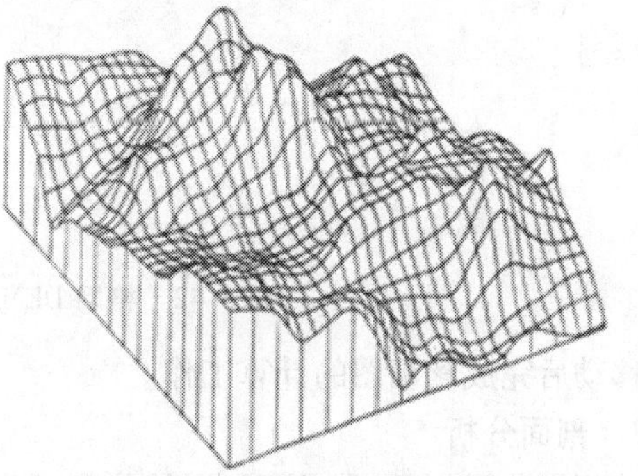

图 5-40　透视变换原理示意图

4　DEM 的地形分析

尽管 DEM 的应用十分广泛,但地形分析是其基本应用,其他应用都可由此推演、扩展。地形分析的内容有地形因子提取、地表类型分类以及剖面图的绘制等。现以栅格结构的 DEM 为例讨论地形分析。

4.1　坡度和坡向分析

坡度定义为地表单元的法向量与 Z 轴的夹角,即切平面与水平面的夹角的正切值。已知格网四个点的高程值和格网的边长,即可求出坡度,如图 5-41 所示。在计算出各地表单元的坡度后,对不同的坡度设定不同的灰度级,可得到坡度图,如图 5-42所示。

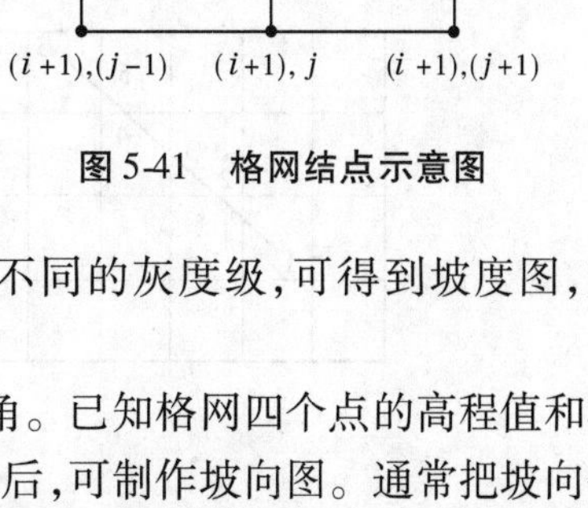

图 5-41　格网结点示意图

坡向为坡面法线在水平面上的投影与正北方向的夹角。已知格网四个点的高程值和格网的边长,也可求出坡向。在计算出每个地表单元的坡向后,可制作坡向图。通常把坡向分为东、南、西、北、东北、西北、东南、西南 8 类,再加上平地,共 9 类,用不同的色彩显示,即可得到坡向图,如图 5-42 所示。

坡度和坡向的计算通常在 3 ×3 的 DEM 格网窗口中进行。窗口在 DEM 数据矩阵中连

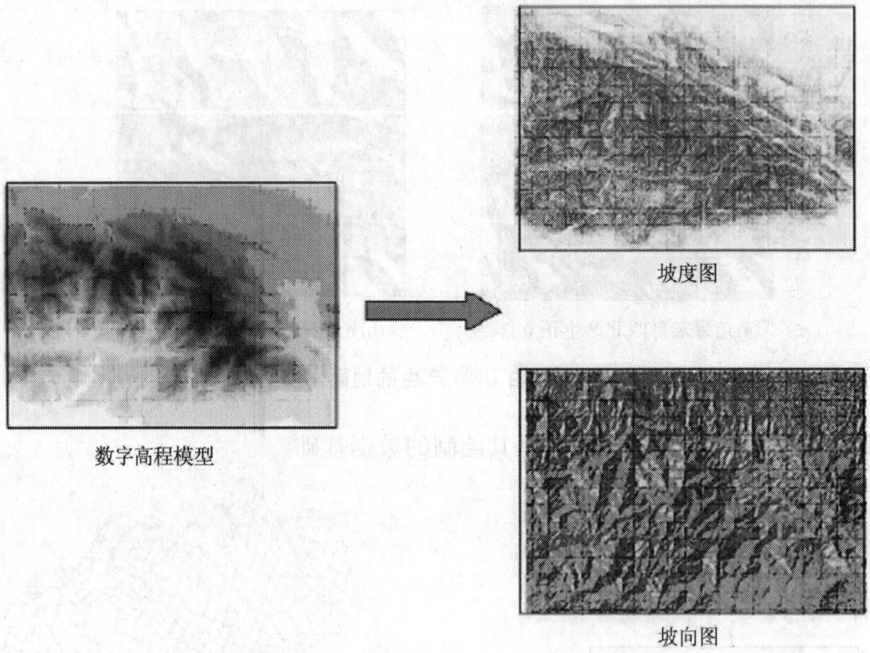

图 5-42　格网 DEM 上制作的坡度图和坡向图

续移动后完成整幅图的计算工作。

4.2　剖面分析

研究地形剖面,常常可以以线代面,研究区域的地貌形态、轮廓形状、地势变化、地质构造、斜坡特征、地表切割强度等。如果在地形剖面上叠加其他地理变量,例如坡度、土壤、植被、土地利用现状等,可以提供土地利用规划、工程选线和选址等的决策依据。

剖面图的绘制可在格网 DEM 或三角网 DEM 上进行。已知两点的坐标 $A(x_1, y_1)$, $B(x_2, y_2)$,则可求出两点连线与格网或三角网的交点,并内插交点上的高程,以及各交点之间的距离,然后按选定的垂直比例尺和水平比例尺,按距离和高程绘出剖面图。如图 5-43 所示为格网 DEM 上剖面图的绘制。

剖面图不一定必须沿直线绘制,也可沿一条曲线绘制。

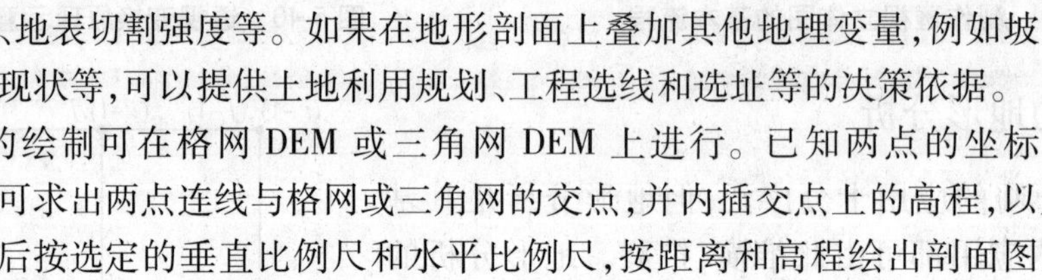

图 5-43　剖面图的绘制

4.3　通视分析

通视分析是指以某一点为观察点,研究某一区域通视情况的地形分析。通视分析也称可视性分析,如图 5-44、图 5-45 所示,以 P 点为观察点,判断 PP' 是否通视。比如设置雷达站、电视台的发射站,道路选择,航海导航,以及在军事上的应用,如布设阵地(炮兵阵地、电子对抗阵地等)、设置观察哨所、铺架通信线路等。

通视分析的核心是通视图的绘制,如图5-46所示。绘制通视图的基本思路是:以 O 为观察点,对格网DEM或三角网DEM上的每个点判断通视与否,通视赋值为1,不通视赋值为0。由此可形成属性值为0和1的格网或三角网。对此以0.5为值追踪等值线,即得到以 O 为观察点的通视图。因此,判断格网或三角网上某一点是否通视成为关键。

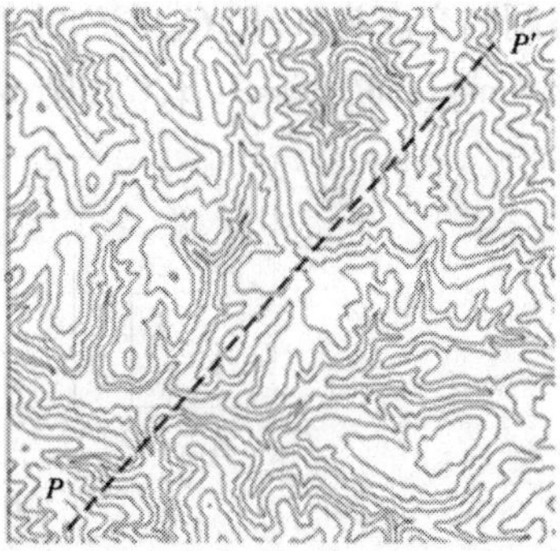

图5-44　地形及 P、P' 两点位置

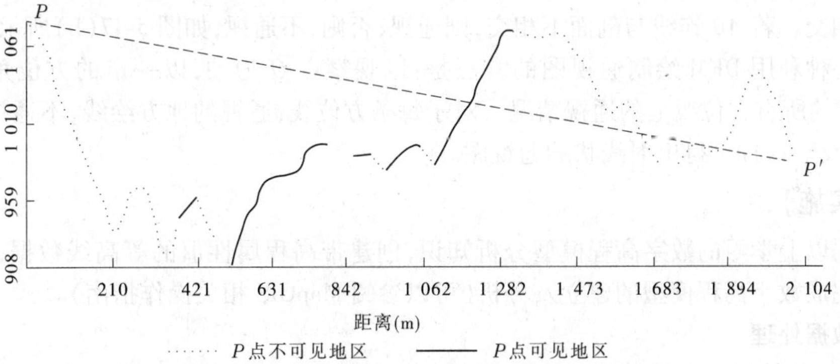

图5-45　P 点可视范围及 P、P' 两点通视情况示意图

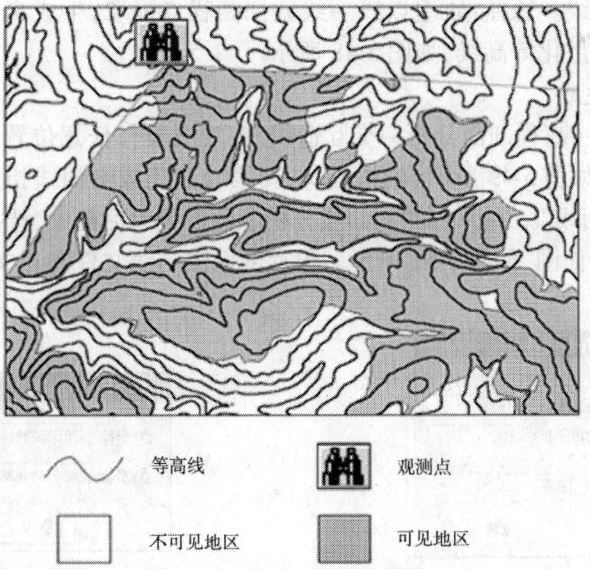

图5-46　ARC/VIEW绘制通视图

判断格网或三角网上的某一点是否通视(两点是否可见)的关键算法有两种。

(1)倾角法。以格网DEM为例,$O(x_o, y_o, z_o)$ 为观察点,$P(x_P, y_P, z_P)$ 为某一格网点,OP

与格网的交点为 A,B,C。OP 的倾角为 α，观察点与各交点的倾角为 $\beta_i(i=A,B,C)$，若 $\tan\alpha>\max(\tan\beta_i, i=A,B,C)$，则 OP 通视；否则，不通视，如图 5-47(a) 所示。

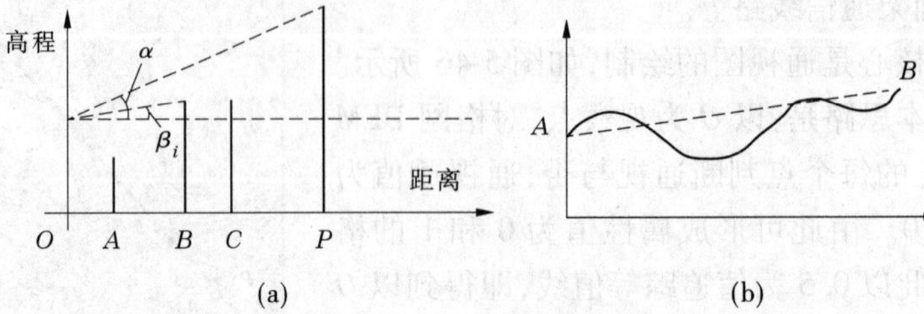

图 5-47　倾角法和剖面图法

(2)剖面图法。以格网 DEM 为例，绘制两点 AB 之间的剖面图，判断 AB 两点连线是否与剖面相交。若 AB 连线与剖面不相交，则通视；否则，不通视，如图 5-47(b) 所示。

另一种利用 DEM 绘制通视图的方法是：以观察点 O 为轴，以一定的方位角间隔算出 0°～360°的所有方位线上的通视情况。对于每条方位线，通视的地方绘线，不通视的地方断开，或相反。这样可得出射线状的通视图。

【任务实施】

根据以上学习的数字高程模型分析知识，创建带高程属性值的等高线数据，在 MapGIS 平台下完成数字高程模型的建立及分析(可以参阅 MapGIS 相关操作指南)。

1. 数据处理

(1)加载数据。选择：空间分析→文件→打开数据文件→装入线数据文件(带高程值属性的线文件“等高线.wl”)。

(2)离散化等高线。选择：处理点线→线数据高程点提取，生成离散数据。注意：设置抽稀系数为 1.25，离散化等高线，如图 5-48 所示。

2. 高程剖面线生成

选择：模型应用→高程剖面分析→交互造线，在视图窗口任意位置点击鼠标，此时系统会弹出坐标显示框，如图 5-49 所示，确认后，选择第二点完成剖面线指定，并将此剖面线保存，文件命名为“剖面线”。在弹出的剖面线分析参数设置对话框中，选择“仅处理剖面”，如图 5-50 所示，得到剖面图，如图 5-51 所示。保存剖面图的线文件和点文件，文件命名为“剖面图”。

图 5-48　离散化等高线

图 5-49　采集剖面点的坐标值

3. GRD 模型

(1)离散数据网格化。选择：GRD 模型→离散数据网格化，网格化处理离散数据，如图 5-52所示。

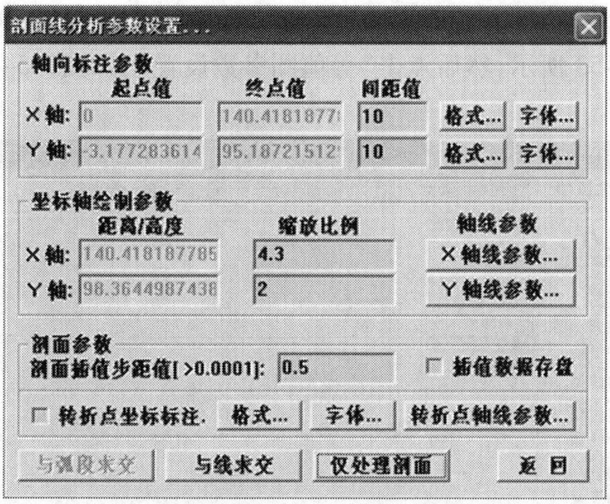

图5-50　剖面线分析参数设置

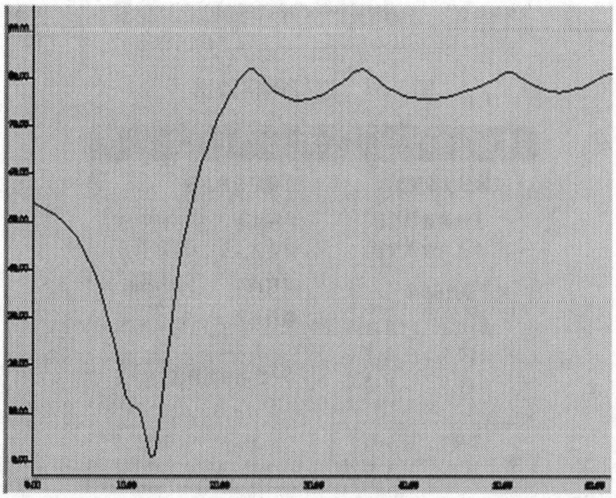

图5-51　剖面图

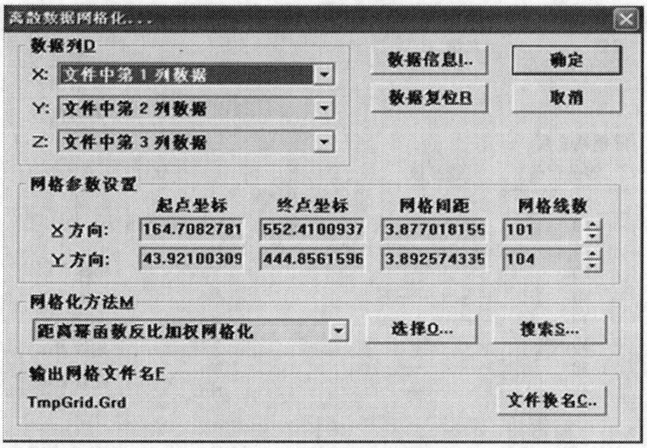

图5-52　离散数据网格化

(2)彩色等值立体图绘制。选择:GRD 模型→彩色等值立体图绘制,首先选择前面所生成的网格数据,如图 5-53 所示,然后点击“等值图参数设置”,如图 5-54 所示,设置等值线参数,如图 5-55 所示。

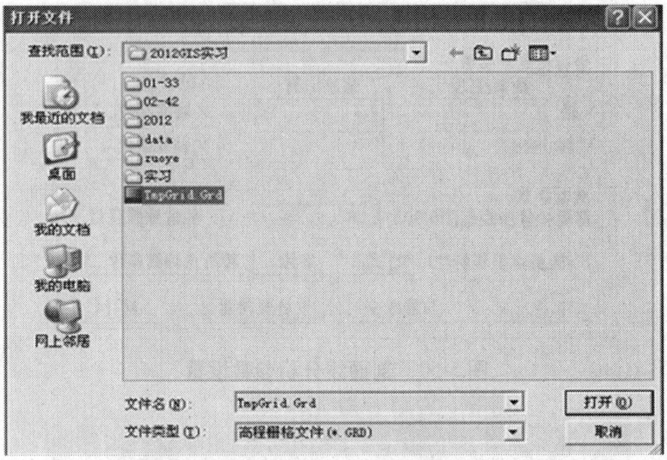

图 5-53　选择网格数据

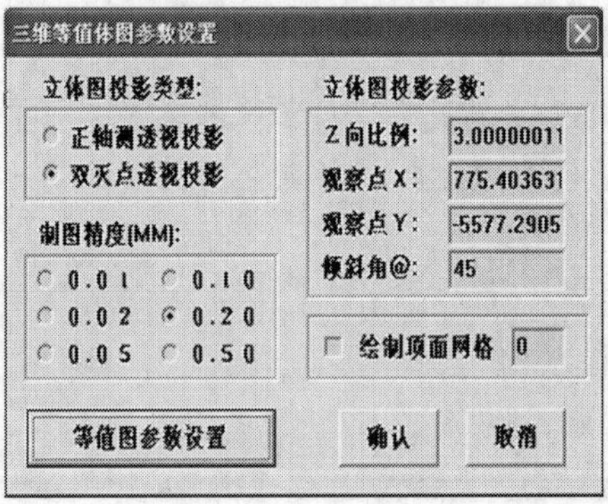

图 5-54　选择等值图参数设置

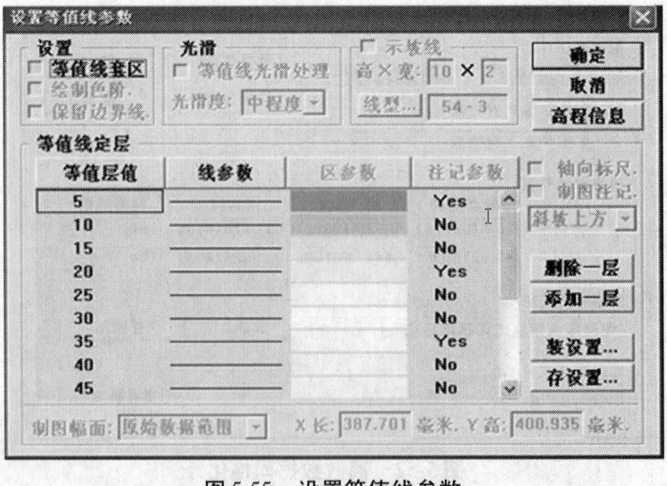

图 5-55　设置等值线参数

要确保"等值线套区"被选中,点击"确定",退出参数设置,系统绘制等立体图,如图5-56所示。

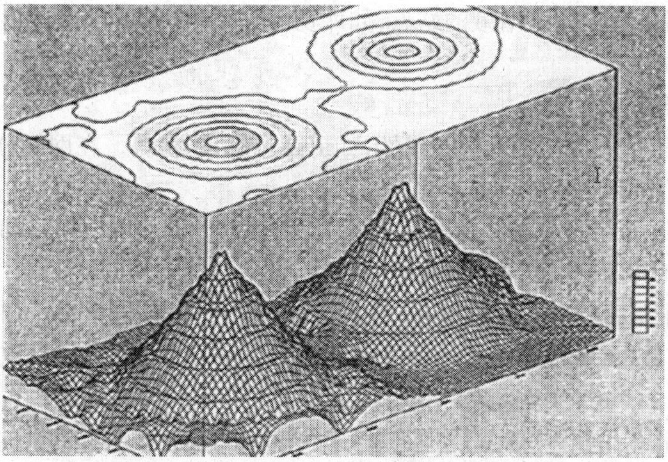

图5-56　等立体图

(3)保存立体图。选择:文件→数据存于→点数据文件,文件命名为"等值线立体图"。以同样方式分别保存线文件和区文件,文件均命名为"等值线立体图"。

任务5　网络分析

【任务描述】

网络分析是GIS中重要的空间分析功能,主要包括最优路径选择、网流量分析、时间和距离计算等。在军事行动中选择越野机动路线就是网络分析的一种具体应用。

MapGIS网络管理分析子系统为管理各类网络提供方便的手段。通过对以上网络分析基础知识的学习,在MapGIS平台下分别完成路径分析、资源分配和定位分配。

【相关知识】

网络分析的主要用途是:选择最佳路径,选择最佳布局中心位置,网流量分析。所谓最佳路径,是指从起点到终点的最短距离或花费最少的路线;最佳布局中心位置是指各中心所覆盖范围内任意一个点到中心的距离最近或花费最小;网流量是指网络上从起点到终点的某个函数,如运输价格、运输时间等。网络上任意点都可以是起点或终点。其基本思想在于人类活动总是趋向于按一定目标选择达到最佳效果的空间位置。

1　网络数据结构

1.1　网络数据结构的基本组成

(1)链(Link):网络中流动的管线,如街道、河流、水管等,其状态属性包括阻力和需求。

(2)结点(Node):有下面几种特殊的类型。

障碍(Barrier):禁止网络中链上流动的点。

拐角点:出现在网络链中所有的分割结点上状态属性的阻力,如拐弯的时间和限制(如不允许左拐)。

中心:接受或分配资源的位置,如水库、商业中心、电站等。其状态属性包括资源容量,如总的资源量;阻力限额,如中心与链之间的最大距离或时间限制。

站点:在路径选择中资源增减的站点,如库房、汽车站等。其状态属性有要被运输的资源需求,如产品数。

1.2　网络中的属性

每种网络要素都有许多相联系的属性,如道路宽度、名称等。在网络分析中有非常重要的 3 个属性。

(1)阻碍强度:指资源在网络中运移时所受阻力的大小,如花费的时间、费用等。它用于描述链、拐角点、资源中心、站点所具有的属性。

(2)资源需求量:指网络中与弧段和停靠点相联系的资源的数量。如在供水网络中每条沟渠所载的水量;在城市网络中沿每条街道所住的学生数;在停靠站点装卸货物的件数等。

(3)资源容量:指网络中心为了满足各弧段的需求,能够容纳或提供的资源总数量。如学校能注册的学生总数、停车场能停放机动车辆的总空间、水库的总容量等。

2　主要网络分析功能

2.1　路径分析

(1)静态求最佳路径:由用户确定权值关系后,即给定每条弧段的属性,当需求最佳路径时,读出路径的相关属性,求最佳路径。

(2)动态分段技术:给定一条路径由多段联系组成,要求标注出这条路上的公里点,或要求定位某一公路上的某一点,或要求标注出某条路上从某一公里数到另一公里数的路段。

(3)N 条最佳路径分析:确定起点、终点,求代价较小的几条路径。在实践中往往仅求出最佳路径并不能满足要求,可能因为某种因素不走最佳路径,而走近似最佳路径。

(4)最短路径:给定起点、终点和所要经过的中间点、中间连线,求最短路径。

(5)动态最佳路径分析:实际网络分析中权值是随着权值关系式变化的,而且可能会临时出现一些障碍点,所以往往需要动态地计算最佳路径。

2.2　地址匹配

地址匹配实质是对地理位置的查询,它涉及地址的编码。地址匹配与其他网络分析功能结合起来,可以满足实际工作中非常复杂的分析要求。所需输入的数据,包括地址表和含地址范围的街道网络及待查询地址的属性值。

这种查询也经常用于公用事业管理、事故分析等方面,如邮政、通信、供水、供电、治安、消防、医疗等领域。

2.3　资源分配

资源分配就是为网络中的网线寻找最近(这里的远近是按权值或称阻碍强度的大小来确定的)的中心(资源发散地)。例如,资源分配能为城市中的每一条街道确定最近的消防站,为一条街道上的学生确定最近的学校,为水库提供其供水区。资源分配模拟资源是如何在中心(学校、消防站、水库等)和它周围的网线(街道、水路等)间流动的。

资源分配根据中心容量及网线的需求将网线分配给中心,分配是沿最佳路径进行的。如网线被分配给某个中心,该中心拥有的资源量就依据网线的需求而缩减,如中心的资源耗尽,分配就停止。

举一个资源分配的例子:一所学校要依据就近入学的原则来决定应该接收附近哪些街道的适龄儿童。这时,可以将街道作为网线构成一个网络,将学校作为一个结点并将其指定为中心,以学校拥有的座位数作为此中心的资源容量,每条街道上的适龄儿童数作为相应网线的需求,走过每条街道的时间作为网线的权值,如此资源分配功能就将从中心出发,依据权值由近及远地寻找周围的网线并把资源分配给它(也就是把学校的座位分配给相应街道的适龄儿童),直至被分配网线的需求总和达到学校的座位总数。

用户还可以通过赋给中心的阻碍限度来控制分配的范围。例如,如果限定儿童从学校走回家所需的时间不能超过20分钟,就可以将这一时间作为学校对应的中心的阻碍限度,这样,当从中心延伸出去的路径的权值到达这一限度时分配就将停止,即使中心资源尚有剩余。阻碍限度体现了中心克服阻力的能力,或者说反映了该中心的影响区域最大能延伸到哪里。

网络中同时存在多个中心时,如果实施资源分配,既可以使各个中心同时进行分配,也可以赋予各中心不同的先后次序,中心的延迟量就体现了这种次序。延迟量为0的中心总是最先开始分配;如果某中心延迟量 $D>0$,则只有当其他延迟量小于该中心的所有中心分配资源时延伸出的路径权值达到0后,这个中心才能开始分配它的资源。

2.4　最佳选址

选址功能是指在一定约束条件下,在某一指定区域内选择设施的最佳位置,它本质上是资源分配分析的延伸,例如连锁超市、邮筒、消防站、飞机场、仓库等的最佳位置的确定。在网络分析中的选址问题一般限定设施必须位于某个结点或某条链上,或者限定在若干候选地点中选择位置。

服务中心选址的步骤具体如下:

(1)对若干候选地点或方案进行资源分配分析。将待规划建设的服务中心与现有的中心合在一起进行资源分配分析,划分服务区,进行不同方案的显示。

(2)由每种选址方案的资源分配或服务区划分结果,计算这些方案中所有参与运行的链的网络运行花费的总和或平均值。

比较各种方案,选择上述花费的总和或平均值最小的方案,即为满足约束条件的最佳地址的选择。

(3)实际中,要考虑到很多实际因素,例如学校选址,需要考虑生源问题、环境嘈杂性、交通性等;商场的选址,要考虑交通状况,以及周围人群的经济能力、消费水平、文化素质问题等。除此之外,选址不但要考虑社会人文因素,还要考虑地形起伏、建筑物的遮挡等,需要将这些实际因素添加进去,得到一个综合指标的最佳选址。

【任务实施】

1. 路径分析

路径分析功能包括三个方面:求最短路径、求最佳路径和求游历方案。

1)求最短路径

(1)打开MapGIS网络分析模块,装入已编辑好的街道网络文件“道路1.wn”。

(2)选择:分析→路径分析,利用鼠标选择路径经过的多个结点,单击鼠标右键,选择“路径分析”,弹出路径分析对话框,如图5-57所示。如果不考虑网线权值、障碍、转角权值、迂回等因素的影响,寻找的是最短路径。系统找到最短路径后将要求用户指定路径以怎样的图形参数来显示,并通过路径详情对话框报告此路径的详细情况,如图 5-58 所示。然后系统将该路径存储到网络工作区内,并在网络中显示路径。

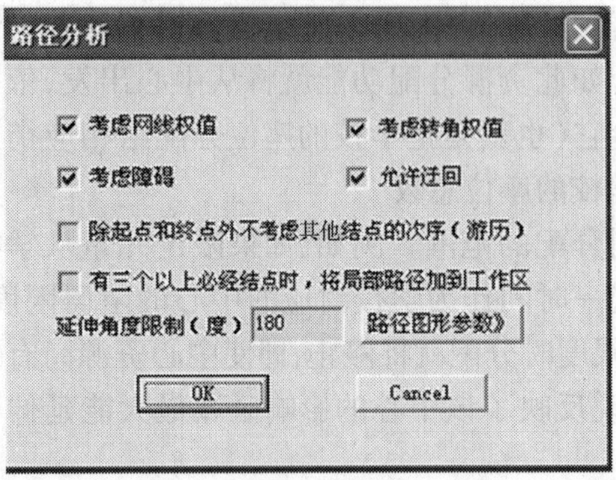

图 5-57　路径分析对话框

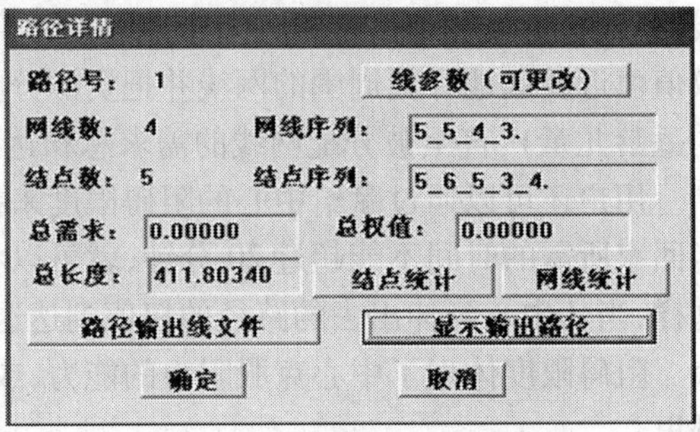

图 5-58　路径详情对话框

2)求最佳路径

与寻找最短路径的方法相同,仅需在路径分析对话框中,通过选中考虑网线权值、考虑障碍、考虑转角权值、允许迂回等项,即可找到最佳路径。网线权值、障碍、转角权值等可通过网络分析模块的"附属元素"菜单以单个或统算的方式来赋值。

3)求游历方案

与寻找最短路径的方法相同,选定起点、中间结点和终点。在路径分析对话框中,通过选中游历选项(其他不选),即可求得游历方案。求得的游历方案也作为一条路径存储到工作区内。

2. 资源分配

(1)打开 MapGIS 网络分析模块,装入已编辑好的街道网络文件"道路 2. wn"。该文件已给定了街道网络中的两所学校 50 号和 100 号为资源分配的中心,中心的容量、阻碍限度和延迟量及街道的权值和需求已知。

(2)选择:分析→资源分配→实施资源分配,在资源分配选项对话框中设置资源分配选项,如图 5-59 所示。单击"OK"按钮,得到资源分配结果,如图 5-60 所示,"中心列表"显示号 50 和 100。当选择一个中心时,"中心分配的网线"显示该中心分配的网线;点击"中心状况",显示中心分配情况,如图 5-61 所示;点击"网线状况",显示网络实体分配情况,如图 5-62所示;点击"显示网线集",查看当前中心分配的网线。

3. 定位分配

在定位分配模型中,中心(供应点)和候选点都位于网络结点上,网线则表示可到达中心的通路或连接,使用的距离是网络上的路径长度,最优的条件可以是总距离最小、总时间最少或总费用最少。根据不同的优化条件,定位分配问题可分为不同的类型,其中加权距离最小是最基本的问题。中心(供应点)和候选点可以是多个,定位分配时可根据候选点的需求,找出最佳的中心。

(1)打开 MapGIS 网络分析模块,装入已编辑好的街道网络文件"道路 3. wn"。在该网络模型中已给定 2 个中心和 6 个候选点,6 个候选点已给定需求。

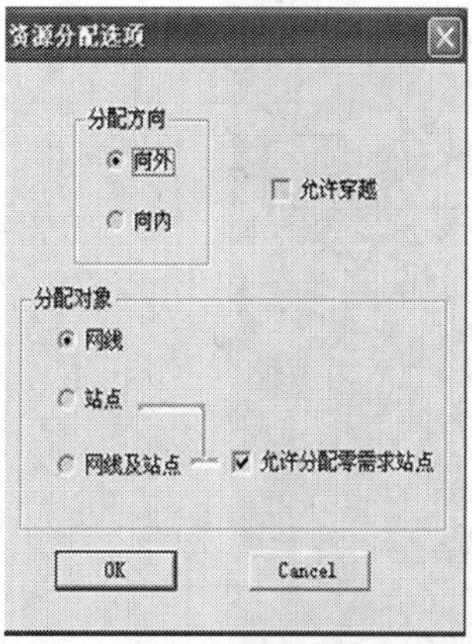

图5-59　资源分配选项对话框

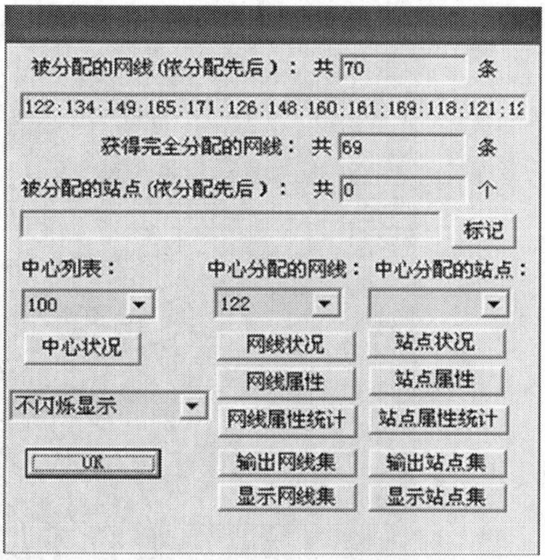

图5-60　资源分配结果

图5-61　中心分配情况

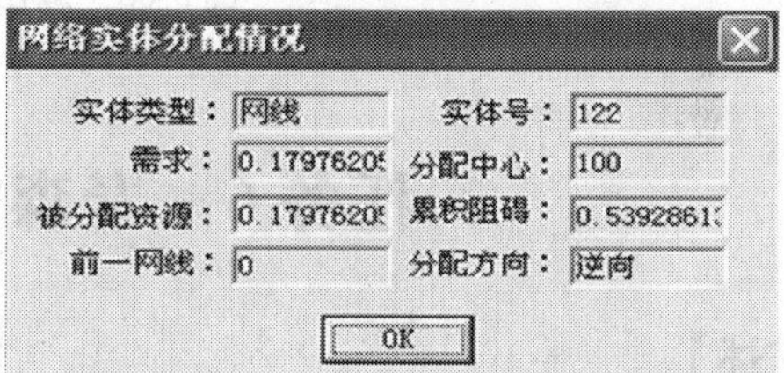

图5-62　网络实体分配情况

(2)选择:分析→定位分配→实施定位分配,弹出实施定位分配对话框,如图5-63所示。单击"OK"按钮,选择要查看的定位分配结果,得到定址分配信息,如图5-64所示。点击"中心点信息",显示中心点信息,如图5-65所示;点击"总体统计信息",显示定位分配统计信息;点击"输出辐射线图",显示分配的中心与候选点连接的辐射线图,如图5-66所示。

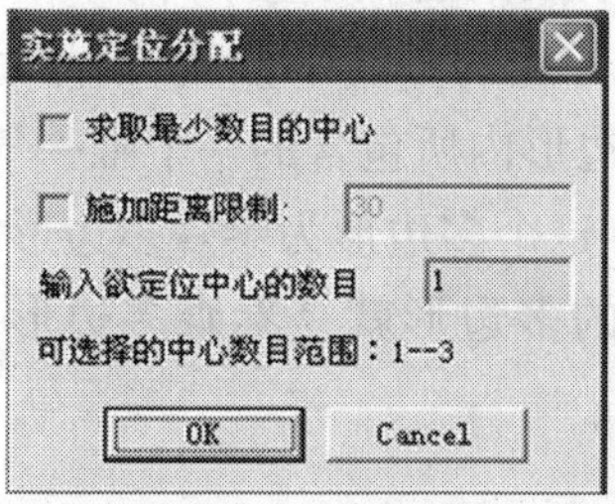

图5-63　实施定位分配对话框

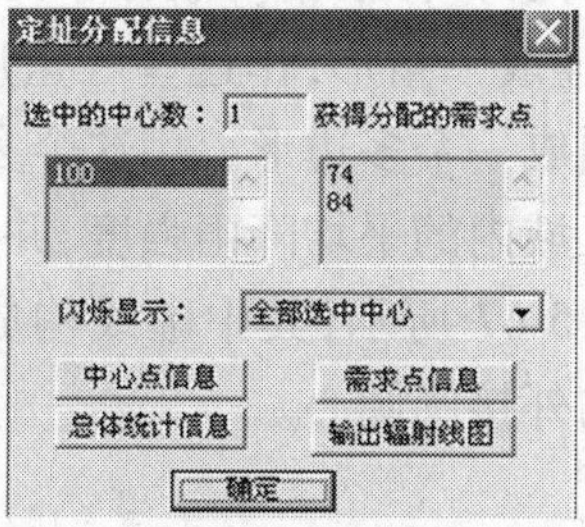

图5-64　定址分配信息

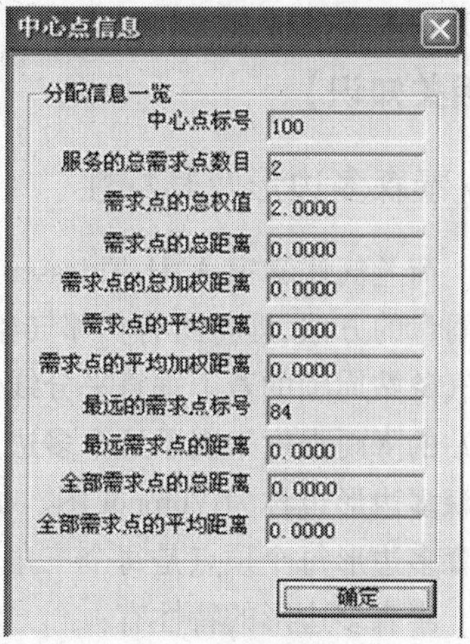

图5-65　中心点信息

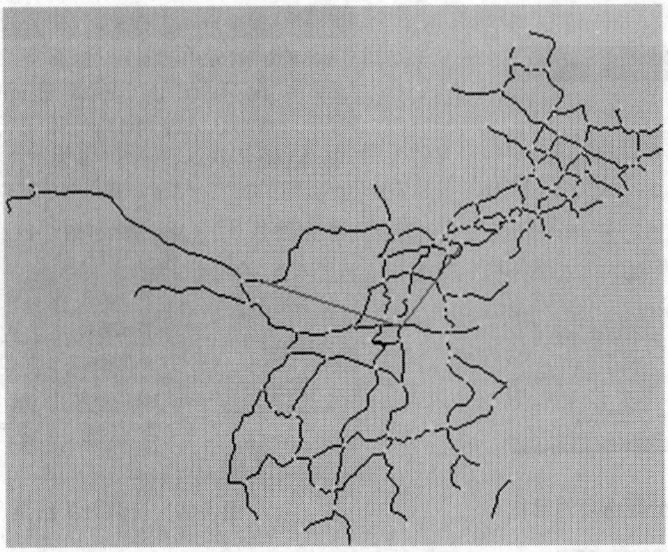

图 5-66 输出辐射线图

任务6 泰森多边形分析

【任务描述】

泰森多边形即 Voronoi 图,具有最近性、邻接性等特性和较完善的理论体系,已在图形学、机械工程、虚拟现实、GIS、机器人、图像处理等领域得到了广泛的应用。

城市公用设施的空间分布与组织直接影响着城市的布局结构以及城市生活的质量。城市学校布局规划作为一项优化配置教育资源的重要措施和内容,受到各级部门和群众的关注。GIS 工具以其特有的空间分析功能在城市规划研究与实践中应用正日渐兴起。本任务选取市区 60 所学校作为研究样本,借助 MapInfo 软件的 Voronoi 分析功能对研究样本进行较为深入的分析。

【相关知识】

1 泰森多边形及其特性

荷兰气候学家 A. H. Thiessen 提出了一种根据离散分布的气象站的降雨量来计算平均降雨量的方法,即将所有相邻气象站连成三角形,作这些三角形各边的垂直平分线,于是每个气象站周围的若干垂直平分线便围成一个多边形。用这个多边形内所包含的一个唯一气象站的降雨强度来表示这个多边形区域内的平均降雨强度,并称这个多边形为泰森多边形。泰森多边形也称为 Voronoi 图。如图 5-67 所示,其中虚线构成的多边形就是泰森多边形。泰森多边形每个顶点是每个三角形的外接圆圆心。

泰森多边形的特性有:

(1)每个泰森多边形内仅含有一个离散点数据。

(2)泰森多边形内的点到相应离散点的距离最近。

(3)位于泰森多边形边上的点到其两边的离散点的距离相等。

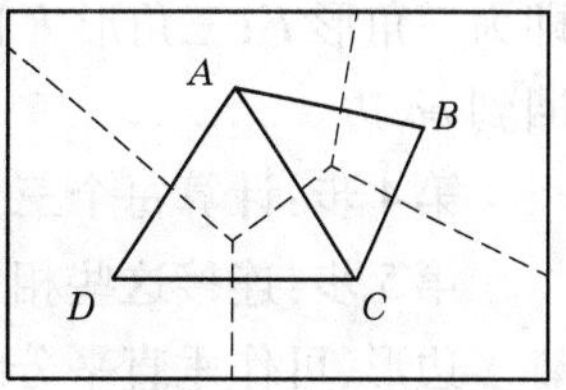

图 5-67　泰森多边形

泰森多边形可用于定性分析、统计分析、邻近分析等。例如,可以用离散点的性质来描述泰森多边形区域的性质;可用离散点的数据来计算泰森多边形区域的数据;判断一个离散点与其他哪些离散点相邻时,可根据泰森多边形直接得出,且若泰森多边形是 n 边形,则就与 n 个离散点相邻;当某一数据点落入某一泰森多边形中时,它与相应的离散点最邻近,无需计算距离。

2　泰森多边形的自动建立

建立泰森多边形的算法的关键是把离散数据点合理地连成三角网(这种三角网称为 Delaunay 三角网),并尽量保证每个三角形为锐角三角形,否则可能因三角网的连接问题而形成奇异三角形。如图 5-68(a)为正常的情况,而图 5-68(b)则出现了问题。

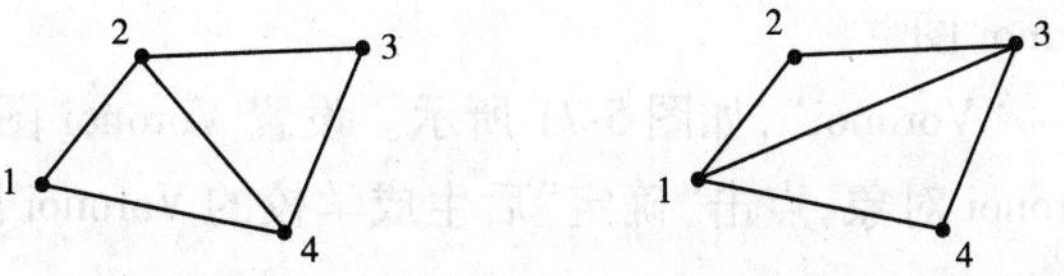

图 5-68　三角网

为了解决该问题,可先用离散点自动构建三角网的算法来建立合理的三角网(见图 5-69)。因此,自动建立泰森多边形的步骤为:

第 1 步:离散点自动构建三角网。对离散点和形成的三角形编号,记录每个三角形是由哪三个离散点构成的。

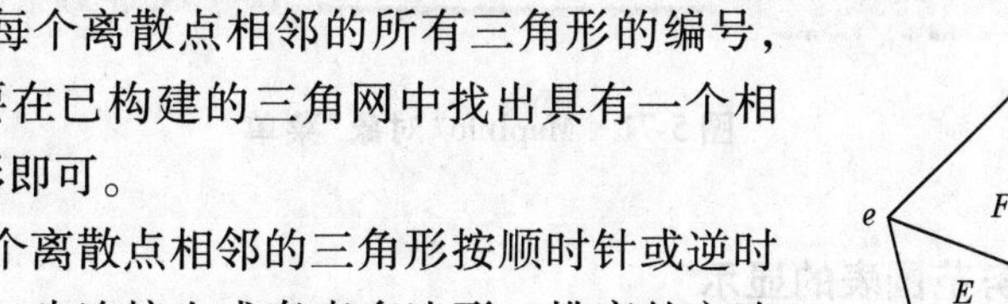

图 5-69　离散点自动构建三角网

第 2 步:找出与每个离散点相邻的所有三角形的编号,并记录下来。这只要在已构建的三角网中找出具有一个相同顶点的所有三角形即可。

第 3 步:对与每个离散点相邻的三角形按顺时针或逆时针方向排序,以便下一步连接生成泰森多边形。排序的方法如图 5-70 所示。设离散点为 o。找出以 o 为顶点的一个三角形,设为 A;取三角形 A 除 o 外的另一顶点,设为 a,则另一个顶点也可找出,即为 f;下一个三角形必然是以 of 为边的,

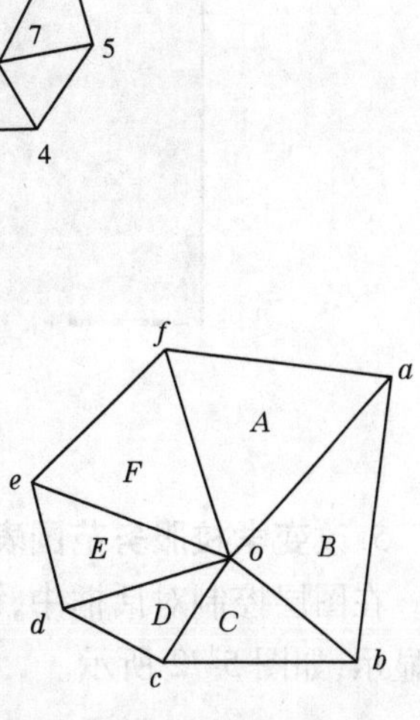

图 5-70　泰森多边形的建立

即为三角形 F；三角形 F 的另一顶点为 e，则下一三角形是以 oe 为边的；如此重复进行，直到回到 oa 边。

第 4 步：计算每个三角形的外接圆圆心，并记录。

第 5 步：连接这些相邻三角形的外接圆圆心，即得到泰森多边形。对于三角网边缘的泰森多边形，可作垂直平分线与图廓相交，与图廓一起构成泰森多边形。

【任务实施】

1. 建立市区学校分布的空间数据

矢量化市区学校表"学校. tab"，建立学校容纳学生最大人数字段(POP 字段)。

2. 新建学校服务范围表

新建学校服务范围表并将其添加到当前地图窗口，在图层控制对话框，将其设为可编辑状态。

3. 选择学校

单击工具条中的"矩形选择"工具，框选学校表中所有的学校。

4. 生成学校的 Voronoi 图

点击菜单："对象"→"Voronoi"，如图 5-71 所示。设置 Voronoi 图字段值，这里将学校表的 POP 字段设置给 Voronoi 对象，点击"确定"后生成学校的 Voronoi 图，即学校的服务范围。

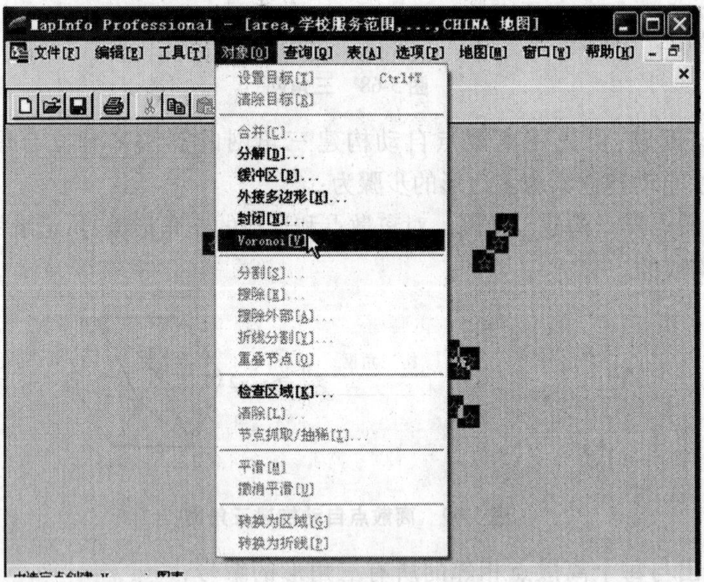

图 5-71　MapInfo"对象"菜单

5. 改变学校服务范围表的显示

在图层控制对话框中，设置学校服务区的显示样式为无填充，则学校和学校服务范围全部显示，如图 5-72 所示。

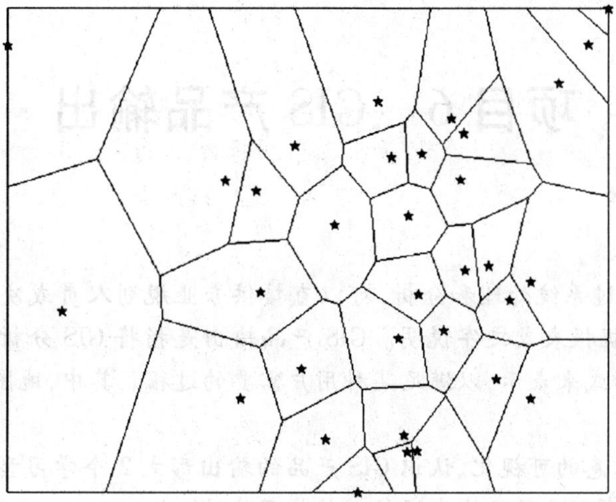

图5-72　Voronoi 图

复习与思考题

1. 什么是空间数据的查询？本书中介绍了哪些空间查询方式？SQL 查询的含义是什么？

2. 简述 DEM 常用的生成方法及其主要优缺点。

3. 什么是 DEM？DEM 有哪些方面的应用？

4. 什么是叠置分析、缓冲区分析？结合实际,举例说明。

5. 网络分析有哪些应用？结合实际,举例说明。

6. 什么是泰森多边形？它有什么特点？如何建立？

项目 6　GIS 产品输出

【项目概述】

GIS 产品是指经过系统处理和分析，可以直接供专业规划人员或决策人员使用的各种地图、图表、图像、数据报表或文字说明。GIS 产品输出是指将 GIS 分析或查询检索的结果以用户可以理解的形式来表示，以满足某种用户需要的过程。其中，地图图形输出是 GIS 产品的主要输出形式。

本项目由地理信息的可视化、认识 GIS 产品的输出形式 2 个学习型任务组成。通过任务的实施，为读者从事 GIS 产品输出岗位工作打下基础。

【学习目标】

知识目标：

(1)掌握 GIS 中地图制图的基本过程。

(2)掌握地理信息可视化的形式。

(3)掌握 GIS 产品的输出类型。

技能目标：

(1)能利用相关 GIS 软件，完成 GIS 专题地图的制作。

(2)能利用相关 GIS 软件，完成 GIS 产品的输出。

任务 1　地理信息的可视化

【任务描述】

要求掌握地理信息可视化的各种类型的知识，具备区别各种地理信息可视化类型的技能。要求在 MapInfo 平台下完成专题地图的制作。

【相关知识】

可视化(Visualization)是指在人脑中形成对某物(某人)的图像，是一个心理处理过程，促进对事物的观察及建立概念等。

地理信息可视化是指运用地图学、计算机图形学和图像处理技术，将地学信息输入、处理、查询、分析以及预测的数据及结果采用图形符号、图形、图像，结合图表、文字、表格、视频等可视化形式显示并进行交互处理的理论、方法和技术。

1　地图可视化

地图是空间信息可视化的最主要的形式，也是最古老的形式。在计算机上，将空间信息用图形和文本表示，在计算机图形学出现的同时就出现了。这是空间信息可视化的较为简单而常用的形式。多媒体技术的产生和发展，使空间信息可视化进入一个崭新的时期。可视化的形式也五彩缤纷，呈现多维化的局面，并正在发展。Taylor 强调了计算机技术支持下的地图可视化,并认为可视化包括交流与认知分析。由于可视化具有交流与认知分析两个特点,因而信息表达交流模型与地理视觉认知决策模型构成了地图可视化的理论基础,这两个模型将应用于计算机技术支持的虚拟地图、动态地图、交互地图以及超地图的制作和应用等。

虚拟地图是计算机屏幕上产生的地图,或者利用双眼观看有一定重叠度的两幅相关地图,从而在人脑中构建的三维立体图像。虚拟地图具有暂时性,实物地图具有静态永久性。虚拟地图和人的心智图像相互联系与作用的原理和过程,同传统的实物地图是不一样的,需要建立新的理论和方法。

动态地图是由于地理数据存储于计算机内存中,可以动态地显示关于地理数据的不同角度的观察、不同方法(如不同颜色、符号等)的表达结果,或者地理现象随时间演变的过程等。由于地图的动态性,地理现象的表达在时间维上展开。所以,传统的关于纸质静态地图的符号制作、符号注记等制作理论和方法在动态时不再完全适用。另外,人又是如何认知分析动态的信息流等需要进一步的探讨和深入研究。

交互地图是人可以通过一定的途径,例如选择观察数据的角度、修改显示参数等来改变地图的显示行为。在这个过程中,屏幕地图(或双眼视觉立体地图)即为虚拟地图。

超地图(Hyper - maps)是基于万维网(WWW)的与地理信息相关的多媒体,可以让用户通过主题和空间进行多媒体数据的导航,这与超文本的概念相对应。超地图提出了万维网上如何组织空间数据并与其他超数据(如文本、图像、声音、动画等)相联系的问题。超地图对地图的广泛传输与使用,以及对公众生活、社会决策、科学研究等产生巨大的作用,具有重要的意义。

1.1　GIS 中地图制图的基本原理及过程

GIS 是从机助制图系统和地图管理系统发展起来的,因而地图制图是 GIS 的主要功能之一。对于所有的 GIS,地图是一个中心,它既是 GIS 的重要数据源,又是 GIS 空间数据最有效的表示形式,并且是 GIS 最主要的输出产品。GIS 的查询和分析也大多是在地图上进行的,其结果也往往以地图的形式显示出来。总之,地图制图是 GIS 的必备功能和基本功能。

1.1.1　基于 GIS 的地图制图过程

专门用于地图生产的数据不一定符合 GIS 的数据要求,但是,GIS 中的空间数据经过适当加工和处理则可以满足地图生产的要求,从而形成 GIS 中从空间数据的采集、建库到地图生产的一体化过程,如图 6-1 所示。

1.1.2　GIS 中地图制图的基本原理

地图可以认为由地图图形和地图注记两部分组成。地图图形是指地图上用来表示自然和人文现象的各种地图符号,通常分为点、线、面三种形式,而地图注记是指对地图符号和地图内容的说明信息。

在 GIS 中,空间数据库中存储着地图、航空像片、遥感图像、统计资料、文本信息等多种数据,GIS 中的地图制图系统的功能就是利用这些数据制作地图。GIS 所制作的地图大多是专题地图。GIS 中利用空间数据库的数据制作地图的流程如图 6-2 所示。

无论制作什么地图,首先都必须根据地图用途确定地图内容,即必须确定地图上应表示哪些要素(如河流、道路等)。对于专题地图来说,地图内容可分为地理底图内容和专题内

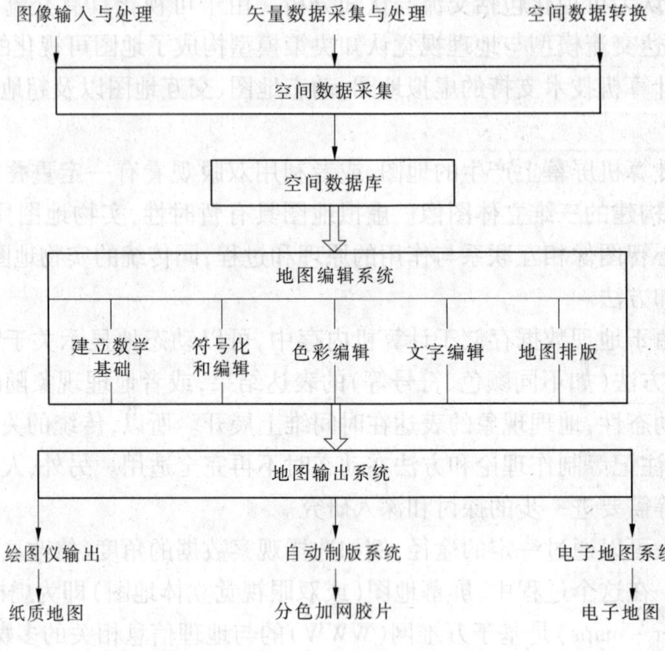

图 6-1　基于 GIS 的地图生产过程

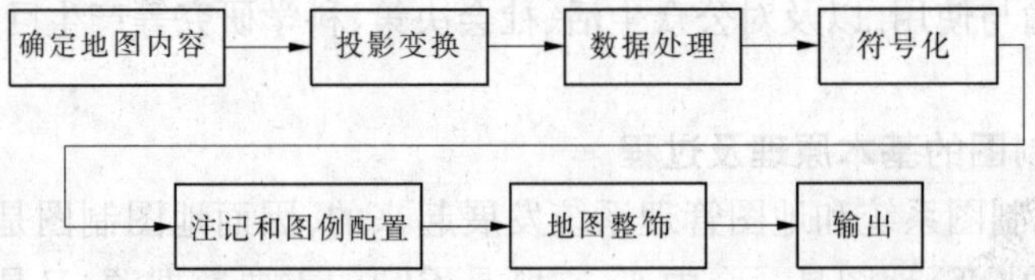

图 6-2　GIS 中利用空间数据库的数据制作地图的流程

容。在 GIS 的地图制图系统中,可以用人机交互的方式确定地图内容。如果是对 GIS 当前的分析结果制图,当前的分析内容就是所需表示的地图内容,当然也可以叠置上一些底图要素。

数据库中的空间数据或者是以地理坐标存储的,或者是以某种地图投影存储的。因此,往往需要对空间数据进行投影变换,以符合当前所需制作地图的要求。

数据处理在这里是指属性数据的处理(如分类和分级)和几何数据的处理(如坡度的计算),是为地图内容的符号化所做的准备工作。

地图内容的符号化,根据其所处理的数据类型和符号化的方法,可分为属性数据的符号化和几何数据的符号化。属性数据的符号化(如道路等级、人口数的符号化)可根据数据的数学属性选择相应的地图符号的视觉变量对其进行表示,而几何数据的符号化很难用视觉变量原理来解释(如地形、气压的符号化),需要用特殊的方法(如等值线、三维立体图等)来表示。

注记和图例是地图不可缺少的,直接影响到用户对地图的理解。要绘制一幅完整的地图往往需要有图廓、图名等,这就是地图的整饰工作。

1.2　GIS 中的地图输出

1.2.1　普通地图的输出

普通地图包括基本比例尺地形图和城市及厂矿的大比例尺地形图等。这种地形图的一个显著特点是标准化,国家和有关行业对各种系列比例尺的地形图的规格、大小、内容以及图式都作了严格的规定,所以 GIS 中要由空间数据生产制作符合规范要求的地形图并非易事。而普通地图的制作就是根据空间和非空间数据,严格按各类制作规范要求进行符号化的过程,也即一般制图处理过程,所以在此不再详细描述。有关详细内容可参照数字地图制图相关书籍。

1.2.2　专题地图的输出

专题地图是为了着重显示制图区域内某种或某几种自然要素或社会要素而设计的地图,由地图和专题内容构成。专题地图涉及的内容极其广泛,可以包括自然界和人类社会方方面面的事物和现象。为了清楚地表示专题地图的内容,使得主次分明、重点突出,地图学家们研究设计了一套专门的表示方法。这套方法结合了专题地图的主要内容、专题要素的空间分布特征等,包括定点符号法、质底法、等值线法、分区统计图表法、点值法、线状符号法、定位图表法、范围法、分级统计图法、动线法等。

在地理信息系统中,专题地图制作过程相当简单和高效。它实际上是对空间对象的属性数据进行符号表达。属性数据通常有两种类型:一种是用字符表示的定性描述数据,另一种是用数值表示的定量数据。定性数据常采用质底法、范围法或面状充填的符号法。定量数据适合采用分级统计图法、定点符号法、线状符号法等。

在专题地图的制作过程中,首先根据图层选择属性表和属性项,然后选择制图方法。如果属性是字符型,选择质底法等方法,则系统会根据空间对象的特性在空间对象内充填相应的颜色或面状符号或晕线等。这种过程与面状地物的符号化过程基本类似。对于数值型属性,制作专题图时,相对复杂一些,需要将属性值的大小转化为符号的大小。有时为了反映空间对象的某些指标值随时间变化的分布规律,需要将多个属性值制作成专题地图符号放置在一个专题地图上。

2　多媒体地理信息

综合、形象地表现空间地理信息的文本、表格、声音、图像、图形、动画、音频、视频等各种形式,逻辑地连接并集成为一个整体概念,是空间信息可视化的重要形式。

各种多媒体形式能够形象、真实地表示空间信息的某些特定方面,是全面地表示空间信息的不可缺少的手段。

3　三维仿真地图

三维仿真地图是基于三维仿真和计算机三维真实图形技术而产生的三维地图,具有仿真的形状、纹理等,也可以进行各种三维的量测和分析。

4　虚拟现实

虚拟现实是指通过头盔式的三维立体显示器、数据手套、三维鼠标、数据衣(Date Suit)、立体声耳机等使人能完全沉浸在计算机生成创造的一种特殊三维图形环境,并且人可以操作控制三维图形环境,实现特殊的目的。多感知性(视觉、听觉、触觉、运动等)、沉浸感(Immersion)、交互性(Interaction)、自主感(Autonomy)是虚拟现实技术的4个重要特征,其中自主感是指虚拟环境中物体依据物理定律动作的程度,如物体从桌面落到地面等。虚拟现实技术、计算机网络技术与地理信息相结合,可产生虚拟地理环境(Virtual Geographical Environment,简称VGE)。虚拟地理环境是基于地学分析模型、地学工程等的虚拟现实,它是地学工作者根据观测试验、理论假设等建立起来的表达和描述地理系统的空间分布以及过程现象的虚拟信息地理世界,是一个关于地理系统的虚拟实验室。它允许地学工作者按照个人的知识、假设和意愿去设计修改地学空间关系模型、地理分析模型、地学工程模型等,并直接观测交互后的结果,通过多次的循环反馈,最后获取地学规律。虚拟地理环境的特点之一是地学工作者可以进入地学数据中,有身临其境之感;另一特点是具有网络性,从而为处于不同地理位置的地学专家开展同时性的合作研究、交流与讨论提供了可能。

虚拟地理环境与地学可视化有着紧密的关系。虚拟地理环境中关于从复杂地学数据、地理模型等映射成三维图形环境的理论和技术,需要空间可视化的支持;而地理可视化的交流传输与认知分析在具有沉浸投入感的虚拟地理环境中,则更易于实现。地理可视化将集成于虚拟地理环境中。

【任务实施】

专题地图是地理信息系统的主要表现形式。通过对以上基础知识的学习,在MapInfo平台下进行专题地图制图。实施步骤如下:

第1步:

(1)打开已添加属性数据的省区图。

选择:窗口→新建统计图窗口,出现如图6-3所示的对话框。

(2)在对话框中选择统计图使用的表名,以及制作统计图使用的数据项,按"确定"后即出现统计图。

(3)选择"统计图"菜单及其各下拉菜单项,调整统计图,直到满意为止。

(4)保存工作空间,取名"统计图"。

(5)选择:文件→全部关闭。

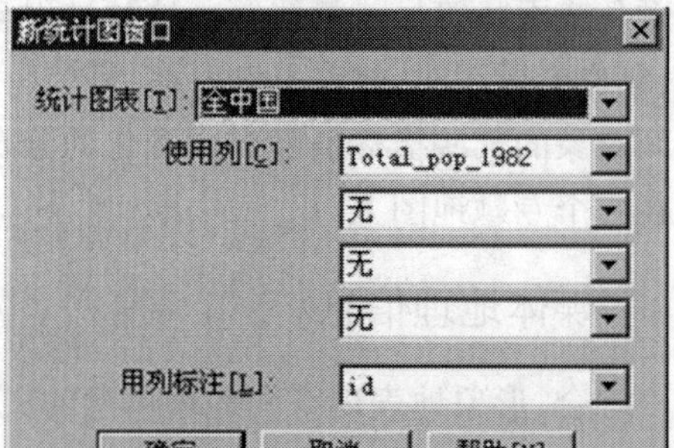

图6-3　新统计图窗口

第2步:

(1)打开已添加属性数据的省区图,将窗口最大化,并使地图在窗口中的大小、位置均适当。

(2)选择:地图→创建专题地图,在对话框中选择"范围法",单击"下一步"按钮,在出现的对话框中选择制图用的数据列为表达式,此时出现表达式对话框,使表达式为:教职工总数/Area(Obj,"sq mi")。按"确定"后回到如图6-4所示的对话框,单击"下一步"按钮,出现如图6-5所示的对话框。

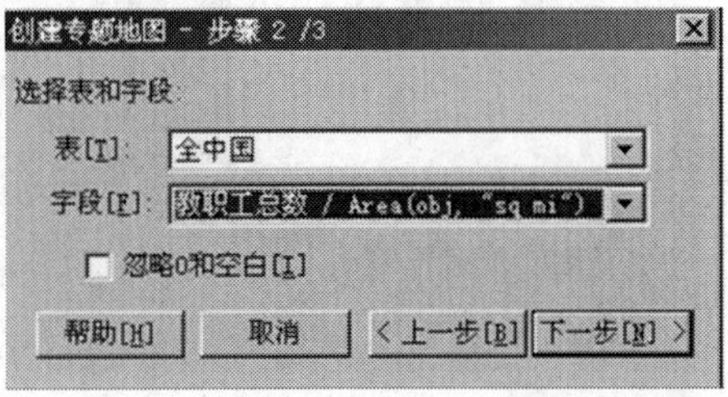

图 6-4　“范围法”创建专题地图步骤 2

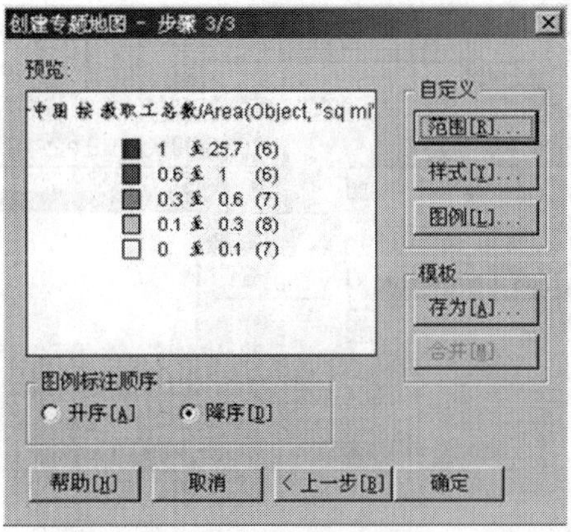

图 6-5　“范围法”创建专题地图步骤 3

(3)在上列对话框中,通过“自定义”栏的三个按钮修改数据分级范围、设色类型、图例形式。确定后若不满意,可在“地图”菜单下选择“修改专题地图”下拉菜单,对地图进行修改。

(4)在同一窗口下重新创建专题地图,选择“饼图”表示教职工总数,如图 6-6 所示。

(5)对饼图的样式及图例做适当编辑修改,满意后保存工作空间,取名“教职工分布图”,如图 6-7 所示。

(6)在“文件”菜单下选择“全部关闭”,或者将图层中的专题图层移去。

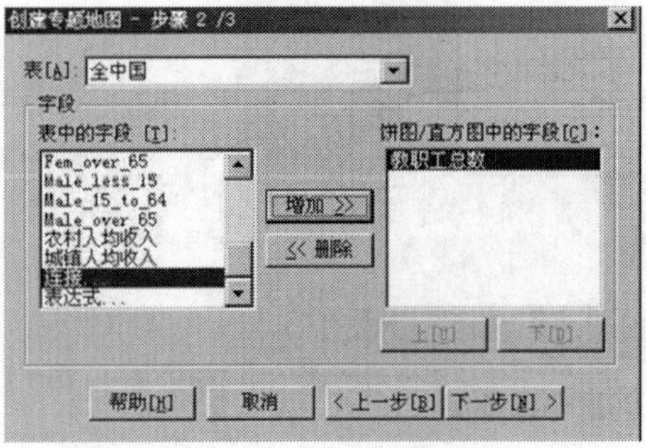

图 6-6　“饼图”创建专题地图步骤 2

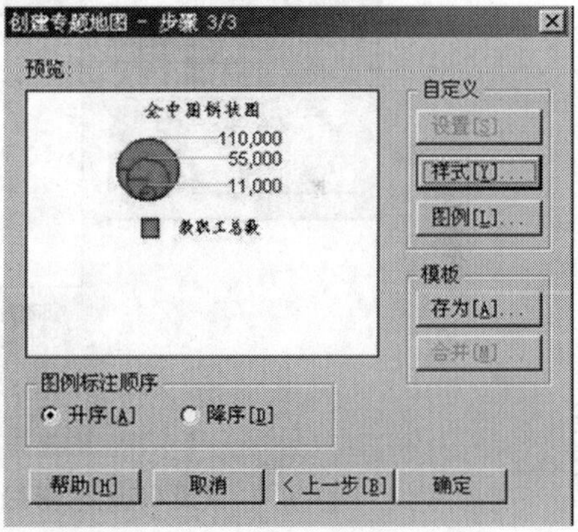

图 6-7　“饼图”创建专题地图步骤 3

第 3 步:

(1)打开省区图,若第 2 步(6)中没有关闭文件,省区图则不用重新打开。

(2)创建专题地图,选择“直方图”制作中国居民收入情况图。

(3)在图 6-8 所示的对话框中,将省区表中的农村人均收入及城镇人均收入两个字段增加到要表示的直方图字段窗口中。

(4)在图 6-9 所示的对话框中,通过“自定义”栏的两个按钮进行直方图的编辑、修改。

(5)确定后直方图便出现在地图窗口中。若不满意,在图层控制中双击该专题图层即可进行修改。满意后保存工作空间,取名“收入图”。

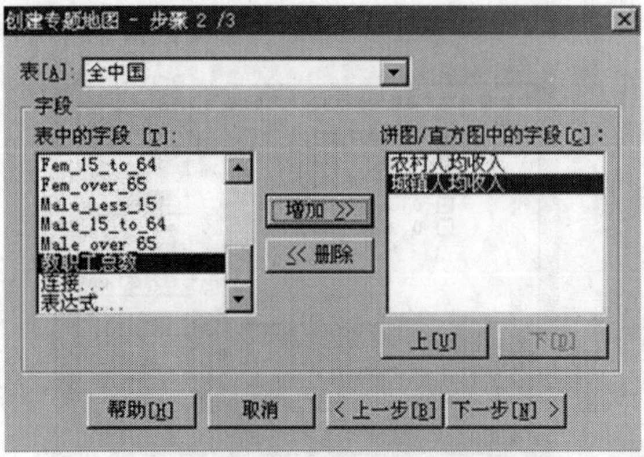

图 6-8　“直方图”创建专题地图步骤 2

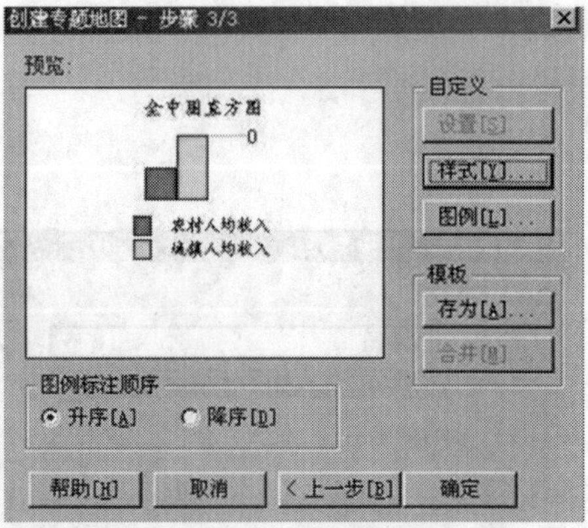

图 6-9　“直方图”创建专题地图步骤 3

第 4 步:

(1)保留省区图,去掉以上制作的专题图层,然后打开数字化城市点位图。

(2)创建专题地图,选择“等级符号法”制作工业产值分布图,如图 6-10 所示。

(3)编辑修改后,保存工作空间,取名“产值图”。

注意:所有地图在保存工作空间前,可用自动注记的方式加上地名注记,并新建一图层,在合适的位置书写图名。

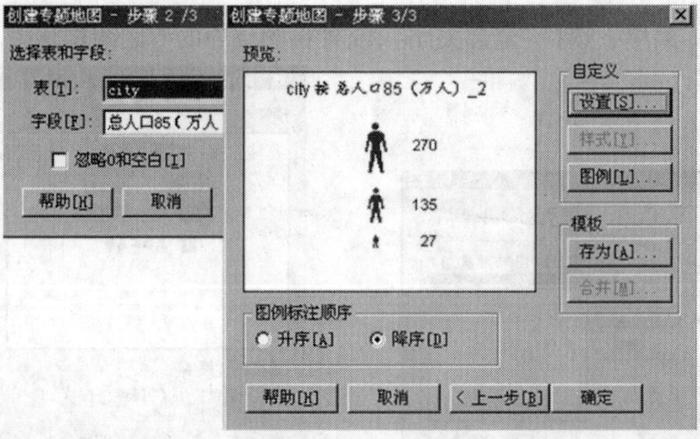

图 6-10　“等级符号法”创建专题地图

任务 2　认识 GIS 产品的输出形式

【任务描述】

GIS 产品输出是指将 GIS 分析或查询检索结果表示为某种用户需要的、可理解的形式的过程。地图输出是 GIS 产品的主要输出形式。本任务通过相关知识的学习,要求在 MapGIS 平台下对前面实训的成果完成地图输出。

【相关知识】

GIS 产品是指经由系统处理和分析,可以直接供专业规划人员或决策人员使用的各种地图、图表、图像、数据报表或文字说明。GIS 的输出内容主要包括空间数据和属性数据两部分。按照不同的标识,地理信息系统产品的输出形式有多种。就其载体形式来说,可分为常规静态的纸质地图和动态的数字地图等类型。

1　纸质地图

纸质地图(常规地图)是地理信息系统产品的重要输出形式。它主要是以线划、颜色、符号和注记等表示地形地物。根据地理信息系统表达的内容,纸质地图可分为全要素地形图、各类专题地图、遥感影像地图以及统计图表、数据报表等。

1.1　全要素地形图

全要素地形图的内容包括水系、地貌、植被、居民地、交通、境界、独立地物等。它们具有统一的大地控制、统一的地图投影和分幅编号、统一的比例尺系统(1∶5 000、1∶1万、1∶2.5 万、1∶5万、1∶10 万、1∶25 万、1∶50 万、1∶100 万等)、统一的编制规范和图式符号,属于国家基本地形图,如图 6-11、图 6-12 所示。它们是编制各类专题地图的基础。

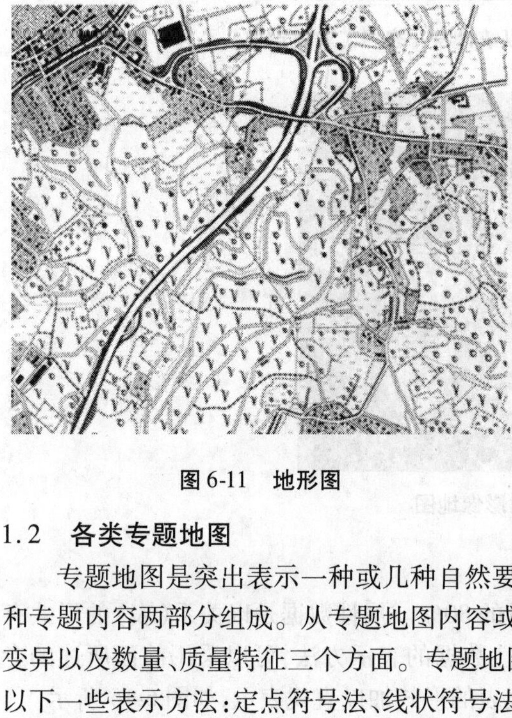

图 6-11　地形图

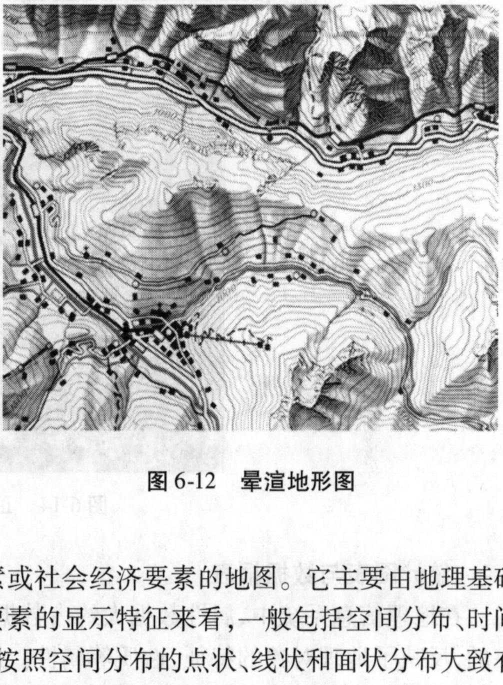

图 6-12　晕渲地形图

1.2　各类专题地图

专题地图是突出表示一种或几种自然要素或社会经济要素的地图。它主要由地理基础和专题内容两部分组成。从专题地图内容或要素的显示特征来看,一般包括空间分布、时间变异以及数量、质量特征三个方面。专题地图按照空间分布的点状、线状和面状分布大致有以下一些表示方法:定点符号法、线状符号法、质底法、等值线法、定位图表法、范围法、点值法、分级统计图法、分区统计图表法和动线法等,如图 6-13 所示。

1.3　遥感影像地图

随着遥感技术,特别是航天遥感技术的发展,遥感影像地图已成为地理信息系统产品的一种表达形式。遥感可以提供及时、准确、综合和大范围的各种资源与环境数据,成为地理信息系统的重要数据源之一。同时,在将遥感图像进行纠正的基础上,按照一定的数学法则,运用特定的地图符号,结合表示地面特征的地图,可以将遥感图像编制成遥感影像地图。遥感影像地图具有遥感图像和地形图的双重优点,既包含了遥感图像的丰富信息内容,又保证了地形图的整饰和几何精度。遥感影像地图按其内容又可分为普通影像地图和专题影像地图。两者的主要区别在于:前者包括等高线等地形内容要素,后者主要反映专题内容。

图 6-14为由喷墨打印机输出的正射影像地图。

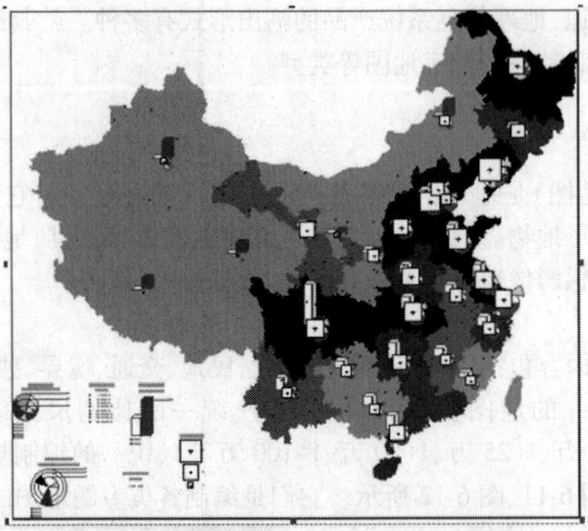

图 6-13　GIS 输出的专题地图(以统计符号表示工农业产值)

图 6-14　正射影像地图

1.4　统计图表与数据报表

在地理信息系统中,属性数据大约占数据量的 80%。属性数据是以关系(表)的形式存在的,反映了地理对象的特征、性质等属性。属性数据的表示方法,可以采用前面所述的专题地图的形式,还可以直接用统计图表和数据报表的形式加以直观表示,如图 6-15 所示。

2　数字地图

地理信息系统的完善和发展,改变了人们对传统地图的认识以及地图的生产工艺,同时也出现了一种崭新的地图形式——数字地图。数字地图的核心是以数字形式来记录和存储地图。与常规地图相比,数字地图有以下几个优点:

(1)数字地图的存储介质是计算机磁盘、磁带等,与纸张相比,其信息存储量大、体积小,易携带。

(2)数字地图以计算机可以识别的数字代码系统反映各类地理特征,可以在计算机软件的支持下借助高分辨率的显示器实现地图的显示。

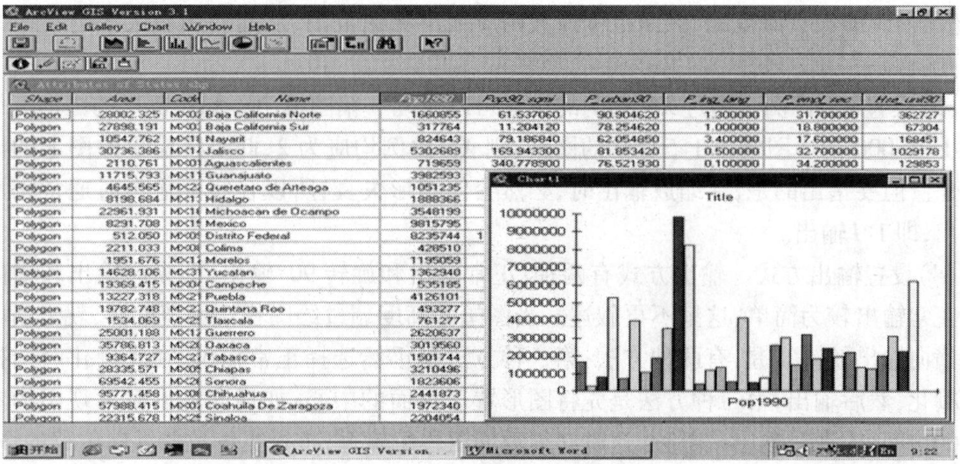

图6-15　ArcView制作的统计表格与直方图

(3)数字地图便于与遥感信息和地理信息系统相结合,实现地图的快速更新,同时也便于多层次信息的复合分析。

与数字地图有着密切关系的另一个地图品种是电子地图。电子地图是数字地图符号化处理后的数据集合,数字地图是电子地图的基础。严格地讲,数字地图是不可视的,而电子地图是可视的。但是,在很多场合人们经常不去严格地区分数字地图与电子地图,因为数字地图是电子地图的基础,电子地图是数字地图的一种最常见的输出或表现形式。除因特殊需要而加以声明外,一般不对二者作严格区分。

【任务实施】

地图输出设计一般包括输出设备类型(打印机、绘图仪等)选择以及输出纸张、输出幅面、比例尺、黑白或彩色等参数的确定。

在MapGIS软件中地图输出的流程为:创建工程文件→添加项目→工程输出编辑→光栅化处理→打印光栅文件→绘图仪绘出。

整个地图输出能否顺利进行,最关键的部分是工程输出编辑参数设置。工程输出编辑对话框左边是页面描述信息,右边可以设置版面,中间可以选择输出方式。

1.工程输出编辑

(1)设置工程矩形参数。在地形图编辑中,图框上的坐标往往要求实际坐标为图角坐标。而在输出系统中,输出范围是从原点开始的第一象限的范围,即工程矩形参数的横向位移和纵向位移的最大值和最小值分别为65535和-65535。如果图的左下角坐标的范围已经超出输出页面的控制范围,绘图仪会一反常态,什么也打不出来。如一幅左下角坐标为(63100,269100)的地形图,输出时就会产生这种情况。解决的办法有两种:一种方法是将原数据拷贝一份单独用作打印输出,随后建立项目文件,在编辑子系统中利用整图变换功能,将其左下角坐标移到(0,0)点附近,再进入输出系统输出,这样既消除了输出时遇到的无图形现象,又避免了对原有数据的破坏;另一种方法是将原图的左下角坐标记录下来后,再转移到原点,打印输出完毕后,再转移到原坐标。显然,第一种方法更为简便。

(2)进行页面设置。可以先在版面定义的选择中选择系统自动检测,由系统自动检测图幅的大小来设定页面的大小,然后设置输出比例,再看图幅是在页面内还是超出页面的范围,超出则应加大页面范围,页面范围过大则应缩小页面范围,从而使图幅大小与页面大小相匹配。

(3)设置 *XY* 比例。通过 *XY* 比例的设置可以用同一幅图输出不同比例尺的图形。例如要用 1∶10 000 的底图输出 1∶5 000 的图纸,则 *XY* 比例均应为 2,此时还应更改图上的比例尺标识。但要指出的是,在缩放输出时,必然会使图形失真,所以在实际输出时通常采用等大输出,即 1∶1输出。

(4)设置输出方式。输出方式有两种:正常输出和旋转 90°输出,即纵向输出和横向输出。正常输出较为简单,这里不再叙述。当图幅的高度超过绘图仪幅面宽度时,就需横向输出。横向输出较难掌握,有两种方法:第一种方法是仍然选择正常输出,在光栅化时选择纵向光栅化,然后输出;第二种方法是先将图形置于页面的中心,如横向输出时发现图形不在图纸的中间,或者只输出一部分,这时必须返回工程编辑框,进行更细致的纵向位移的调整。

具体调整过程:用尺子量测图形偏离图纸中央的距离 *D*,如果图形左偏,则向上移动距离 *D*;若右偏,则向下移动距离 *D*。在具体移动的过程中,往往并不能一次移动到位,熟练之后,就能事半功倍了。

(5)进行光栅化处理。MapGIS 系统在对数据进行光栅化时,能设定颜色的还原曲线参数。在进行分色光栅化前,应根据所用的设备的色相、纸张的吸墨性等特点对光栅设备进行设置。对不同的设备,精心调整不同曲线,能得到满意的色彩效果。

(6)光栅化。光栅化完毕,就会自动生成光栅文件(*. nvi)。

2. 输出系统的基本操作

打印光栅文件即可驱动绘图仪。

MapGIS 输出系统是一个具有 Windows 多文档界面的软件系统,它具有 Windows 多窗口系统操作的基本特征。"多工程输出"和"单工程输出"操作界面及功能不一样,在创建或打开的时候,只要指定版面(*. mpb)或工程(*. mpj)即可进入对应的"多工程输出"文档界面或"单工程输出"文档界面状态。

用 MapGIS 输出系统输出地图时,首先要创建一个版面(*. mpb)或工程(*. mpj)。在版面中,给出组成版面的各幅地图的各个工程文件的文件名及各种版面参数,在工程中,给出组成这幅地图的各个文件(要素层)的文件名、相对位置及在图中的缩放比例、旋转角度等信息,进行拼版。然后,选择需要的输出处理功能,进行输出处理。最后,装入处理后的文件,驱动设备进行输出。MapGIS 的地图输出流程如图 6-16 所示。

3. Windows 输出

打开一个 *. mpb 版面或一个 *. mpj 工程后,可以直接选择打印输出,驱动 Windows 打印设备进行图形输出(必须安装该设备的打印驱动程序)。在打印前,可以使用打印机设置功能对打印机的参数、打印方式等进行设置。设置方法请参考打印机的使用手册。

Windows 输出由于受到输出设备的 Windows 输出驱动程序及输出设备的内部缓存限制,有的图元输出效果可能不令人满意,有的图元不能正确输出。但是对于一些比较简单且幅面较小的图来说,这种方法输出速度快,而且能驱动的设备比较多,适应范围也比较广。

4. 光栅输出

光栅输出是将地图进行分色光栅化而形成栅格文件。将生成的栅格文件在"文件"菜单下打开后,就可以对形成的栅格文件进行显示检查。

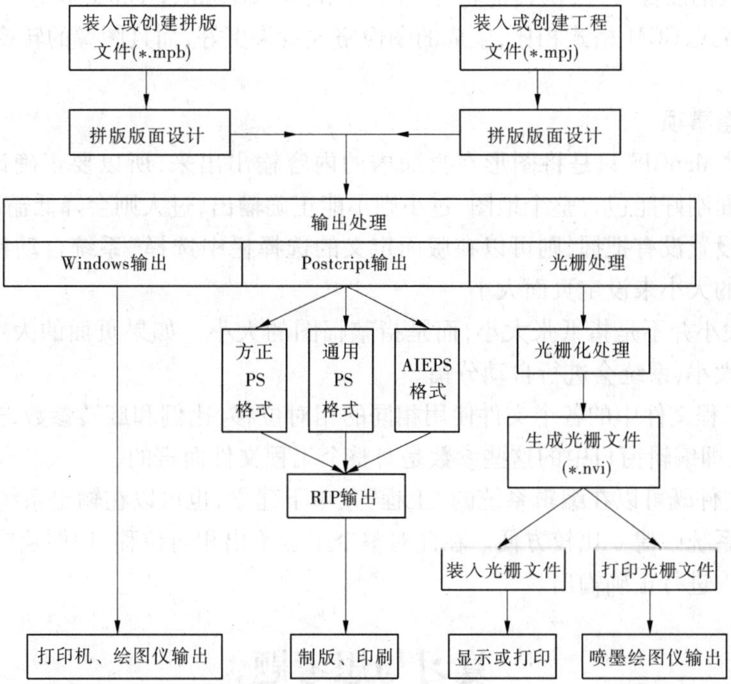

图 6-16 地图输出流程图

MapGIS 系统在对数据进行光栅化时,能设定颜色的彩色还原曲线参数。在进行分色光栅化前,应根据所用的设备的色相、纸张的吸墨性等特点对光栅设备进行设置。系统提供的缺省参数是针对 HP250C 使用 HP 专用绘图纸的情况调整的,调整的效果与印刷结果比较接近,可能会与屏幕显示效果有所差别。这个参数对 HP650C 也较好。

在设置光栅化参数时,可以调整各种颜色的输出的墨量、线性度,进行色相补偿调整及设置机器的分辨率等,设置的参数能以文件形式保存。

光栅化参数设置好后,即可进行光栅化处理,生成光栅文件。

光栅输出中的打印光栅文件功能可以在 HP 系列和 NOVAJET 系列的喷墨绘图仪上输出光栅文件。如果是 NOVAJET 喷墨绘图仪,需在喷墨绘图仪的面板上将绘图命令语言设置为 HPRTL 语言。若要在其他型号的绘图仪或打印机上输出该光栅文件,只要该绘图仪与 HP 系列兼容,能执行 HPRTL 语言,光栅输出就是正常的。

打印光栅文件功能在 HP 系列和 NOVAJET 系列的喷墨绘图仪上输出光栅文件时,应该根据装入的纸张设定正确的纸张大小。这样,当纸张大小比图(这里的图指光栅化前设置的版面)小时,系统就会进行自动拆页处理,就可以用多张纸输出图形,最后还能拼接成一张大图。

打印设置中的设备尺寸(纸长、纸宽)指的是打印机或绘图仪装载的纸的实际长宽。

在 MapGIS6. X 正式版中,设备尺寸(纸长、纸宽)是由系统自动设置的,无须进行人工干预,只要在光栅化处理时设定好参数即可。

5. 生成图像

光栅输出中的生成 GIF、TIFF、JPEG 图像功能可以将 MapGIS 图形文件转换成 GIF、

TIFF、JPEG 格式的图像文件，供其他软件（如 Word、PowerPoint、Photoshop 等）直接调用。与 PS 格式、EPS 格式、CGM 格式相比，生成的图像格式效果更好，而且图像的转换、调用都很方便。

6. 拼版注意事项

（1）输出时 MapGIS 只是将图形在页面内的内容输出出来，所以要正确设置页面的大小。最好是页面刚好能包含整个地图，过小则不能正确输出，过大则会降低输出速度及浪费纸张。如果对设置没有把握，则可以在版面定义的选择栏中选择“系统自动检测”，由系统自动检测图幅的大小来设定页面大小。

（2）页面大小并不是指纸张大小，而是指整幅图的大小。如果页面的大小大于输出设备限制的纸张大小，系统会进行自动分幅。

（3）同一工程文件中的各个文件使用相同的相对位移、比例和旋转参数，这一点和以前的版本不同，也即编辑窗口中的这些参数是对整个工程文件而言的。

（4）工程文件既可以在编辑系统的“工程”菜单下建立，也可以在输出系统中建立，一般情况下在编辑系统中建立比较方便。在此对整个工程给出相对位移、比例及旋转参数，便于在给定的幅面内进行正确输出。

复习与思考题

1. 什么是地理信息的可视化？简述地理信息可视化的主要形式。
2. 简述 GIS 中地图制图的过程。
3. 简述 GIS 产品的输出形式。
4. 什么是数字地图？和常规地图相比，数字地图有哪些特点？

项目7 3S技术综合应用

【项目概述】

地理信息系统已经在社会的方方面面得到了充分的应用,对于大多数人而言,最常见的是手机的GPS导航。在专业应用方面,我国开展的第二次全国土地调查就是在GPS(全球定位系统)、RS(遥感)和GIS技术的支持下进行的。

本项目主要由GIS与RS的结合应用、GIS与GPS的结合应用和3S技术的综合应用3个学习型任务组成。

【学习目标】

知识目标:

(1)掌握3S集成的含义。

(2)掌握3S的含义。

(3)理解GIS与GPS的特点和优势。

(4)理解GIS与RS的特点和优势。

技能目标:

(1)能列举出两个GIS与RS的结合应用案例。

(2)能列举出两个GIS与GPS的结合应用案例。

(3)能列举出3S技术的综合应用案例。

任务1 GIS与RS的结合应用

【任务描述】

本任务通过相关知识的学习和网络自学,要求读者掌握遥感技术(Remote Sensing,简称RS)的含义,理解GIS与RS的结合应用。

【相关知识】

遥感技术的基础,是通过观测电磁波,从而判读和分析地表的目标以及现象,其中利用了地物的电磁波特性,即"一切物体,由于其种类及环境条件不同,因而具有反射或辐射不同波长电磁波的特性"。因而,遥感也可以说是一种利用物体反射或辐射电磁波的固有特性,通过观测电磁波,识别物体以及物体存在环境条件的技术。GIS与RS的操作对象都是空间实体,二者相互联系、支持、补充,它们的结合,在技术上是必需的。

1 遥感技术基本原理

在遥感技术中,接收从目标反射或辐射电磁波的装置叫作遥感器(Remote Sensor),而搭载这些遥感器的移动体叫作遥感平台(Platform),包括飞机、人造卫星等,甚至地面观测车也属于遥感平台。通常用机载平台的称为航空遥感(Aerial Remote Sensing),而用星载平台的称为航天遥感。按照遥感器的工作原理,可以将遥感分为被动式遥感(Passive Remote Sensing)和主动式遥感(Active Remote Sensing)两种,而每种方式又分为扫描方式和非扫描方式,其中陆地卫星使用的 MSS(Multi Spectral Scanner)和 TM(Thematic Mapper)属于被动式、扫描方式的遥感器,而合成孔径雷达(Synthetic Aperture Radar,简称 SAR)属于主动式、扫描方式的遥感器。

遥感图像数据的处理,主要包括纠正(包括辐射纠正和几何纠正)、增强、变换、滤波、分类等,其目的主要是提取各种专题信息,如土地利用情况、植被覆盖率、农作物产量和水深等。遥感图像处理可以采取光学处理和数字处理两种方式。数字处理由于其可重复性好、便于与 GIS 结合等特点,目前被广泛采用。

利用遥感技术,可以更加迅速、更加客观地监测环境信息。同时,由于遥感数据的空间分布特性,其可以作为地理信息系统的一个重要的数据源。例如,在土地调查中遥感数据可用于实时更新土地利用空间数据库。

2　GIS 与 RS 的结合方法

GIS 与 RS 的结合要从两方面来实现:一方面,RS 可为 GIS 的数据更新提供稳定、可靠、丰富的数据源;另一方面,GIS 可以为 RS 影像提供区域背景信息,提高其解译精度。

GIS 与 RS 相结合,既可以保证 GIS 具有高效和稳定的信息源,又可以对遥感信息进行实时处理、科学管理和综合分析,达到监测、预测和决策的目的。地理信息系统与遥感结合的技术方法包括:

(1)遥感图像纠正:在地理信息系统支持下,根据坡向和遥感影像之间的相互关系,采用数字相关技术自动选取控制点,进行遥感影像的几何纠正。

(2)建立数字高程模型:采用视差模型可由遥感立体像对直接生成数字高程模型,免去了地形等高线数字化的繁重工作,同时也避免了地面高程插值造成的误差。

(3)复合显示:遥感与地理信息系统叠加复合显示,可以帮助用户快速而准确地选择训练样区或直接进行分类结果的屏幕编辑。

(4)专题信息提取:在地理信息系统支持下,由遥感影像自动提取专题信息,更新地理信息系统数据库。

(5)遥感影像地理信息系统操作:调用地理信息系统图像操作功能处理遥感影像,包括数字变换、统计量算等。

(6)遥感与地理信息系统集成技术系统:建立融遥感处理与地理信息系统功能为一体的集成系统。

3　应用案例

3.1　在城市环境规划中的应用

GIS 在环境规划中可以应用的领域有:基础环境数据库的建设与信息整合;城市水源地保护区划定;大气污染控制;垃圾填埋场与污水处理厂选址;城市污水管网设计;城市环境风险评估;城市水土流失评价与预测;点源与非点源污染负荷评估;环境规划方案实施的情景模拟。与地理信息系统相比,遥感技术所具备的宏观性、综合性、动态性和多源性等特性,使其被广泛应用于资源调查、环境监测、城市规划等领域。

某市应用RS与GIS结合进行城市环境规划的方法是:将规划区的某个时相的遥感影像信息导入ERDAS IMAGINE软件,通过几何精校正、遥感影像切边、遥感影像增强处理、监督分类、分类后处理等步骤得到规划区土地利用图,最后利用景观分析软件进行数据处理。规划区域内土地利用类型分别是水体、林地(林地1、林地2与竹林)、滩涂、草地、开发用地、建设用地、盐田、水田、旱地、荒草地、海滩、火烧迹地与裸地。其中,林地1主要是郁闭度较高的乔木林或灌木林,林地2是郁闭度相对较低的疏林地。荒草地指的是有杂草生长但其覆盖面积较小的土地利用类型,一般在林地或草地边缘。

整个规划区面积为52 680 hm^2,经过GIS计算分析,各土地利用类型的景观指数情况如下:水体占规划区面积的36.49%;林地占24.48%;其余依次为滩涂、草地、开发用地、建设用地、盐田、水田、旱地、荒草地、海滩、火烧迹地与裸地。斑块总数目达到33 641个,其中开发用地、林地、草地、旱地与建设用地的斑块数较多,占总数的80%左右。规划区最为完整的斑块是水体,其次为滩涂和林地。开发用地斑块数量较大,且比例较高,体现了该区域已受到强烈的人为影响。结合上述景观指数情况,规划人员可以科学、合理、有针对性地提出规划方案。因而,在城市生态环境规划的过程中,GIS和RS技术的结合运用能节约大量的人力和物力,其产生的图件成图利用度高。结合不同时期的影像以及高分辨率影像对城市规划的实施进行监测与管理,能够在宏观与微观上对规划方案的实施情况进行有效的掌握。通过建立专题数据库和信息管理系统,结合GIS的空间分析方法,可以为规划人员提供有效的辅助手段,结合GIS设定约束条件进行条件判断,容易帮助规划人员发现问题并方便改正,此举也有利于进一步发掘信息,提高数据的利用度,为景观系统规划提供决策支持信息。

3.2　在地震灾害中的应用

遥感技术应用于地震灾害,可追溯到20世纪。在国外,开展得较好的是日本、美国以及欧盟等。目前,国际上在轨运行的可用于减灾防灾的民用卫星主要有法国的SPOT,美国的LANDSAT、NOAA、EOS/MODIS,高分辨率卫星IKONOS、QUICK2BIRD、RADARSAT以及我国的气象卫星和中巴地球资源卫星等。近年来,日本政府为提高地震预测水平以及灾后重建的能力,不断加大对高科技防震的投入,并根据数字化、信息化、网络化等高新技术所具有的特点,为防震减灾开辟高速通道。首先,利用卫星、固定摄像、远距离小型图像传送仪以及飞船(UAV)等技术,确保对地震等突发事件的图像、影像、当地情报的收集。其次,构建操作性强的重要情报汇集系统(灵活运用地图信息以及GIS、GPS等技术)、受灾预测系统、救助与搜索支持系统。美国地震应急救援的科技支撑体系主要是向有关部门提供详细的基础资料、信息、科技研究成果与技术人员保障。在减轻地震灾害损失方面,给出了全国强地震灾害地图、全国活动断层分布图、高风险城市地区的地面破坏灾害图等。在大震应急时,进行余震活动监测,估计与区域地质条件有关的灾害模型,评估强余震活动引起的潜在灾害。

2010年4月14日,青海省玉树州玉树县发生7.1级地震。为了及时对地震灾害进行评估和抗震救灾,国家测绘局机载多波段多极化干涉SAR测图系统已于4月17日至4月18日获取了灾区约2 000 km^2 的0.5 m和1 m分辨率机载X、P波段雷达影像。4月18日晚,测绘专家初步完成了对玉树县结古镇区域机载雷达影像的纠正、镶嵌、解译和对比分析工作,对地震灾区的倒塌房屋、学校、医院、道路、基础设施和滑坡体进行了标注,制作完成了首张玉树地震灾情雷达影像解译图并提交国土资源部使用,如图7-1所示。

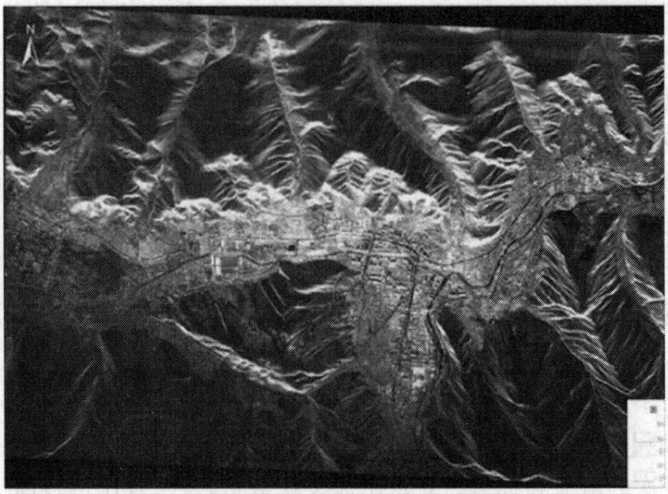

图 7-1　玉树地震灾情雷达影像解译图

经初步解译，专家及时发现地震灾区土木结构房屋损毁严重，钢混结构房屋损毁情况相对较好；灾区未发现重大山体垮塌；灾区交通状况良好，没有严重的拥堵现象。GIS 技术在地震中的应用主要是基于遥感技术建立抗震救灾地理信息系统，通过空间数据引擎和成熟的关系型数据集成实现各种震害信息的高效组织、管理和存储，同时通过 GIS 特有的空间分析和行业地学分析方法研究震害，并将分析结果以图表或其他形式提供给救灾一线指挥部，从震害调查、震害信息管理存储、震害分析建模、震害研究结果展示以及灾后重建规划和救灾决策等方面支持抗震救灾工作。

【任务实施】

利用网络资源搜索工具在网络上搜索关于 GIS 和 RS 结合的应用案例，并结合课程进行阅读学习。

任务 2　GIS 与 GPS 的结合应用

【任务描述】

本任务通过相关知识的学习和网络自学，要求读者掌握 GPS 的含义，理解 GIS 与 GPS 的结合应用。

【相关知识】

GPS 是全球定位系统（Global Positioning System）的简称，是随着现代科学技术的迅速发展而建立起来的新一代精密卫星导航定位系统。

1　GPS 定位系统的原理与方法

1.1　GPS 定位系统的原理

GPS 主要由空间星座部分、地面监控部分和用户部分组成。GPS 空间星座部分由 24 颗 GPS 卫星所组成，21 颗工作卫星和 3 颗在轨备用卫星共同组成了 GPS 卫星星座。GPS 的地面监控部分包括位于美国科罗拉多的主控站以及分布在全球的 3 个注入站和 5 个监测站，实现对GPS卫星运行的监控。GPS的用户部分由GPS接收机、数据处理软件及相应的用户设备,如计算机及其终端设备、气象仪器等所组成。

GPS定位的基本原理是以高速运动的卫星瞬间位置作为已知的起算数据,采用空间距离后方交会的方法,确定待测点的位置。目前,GPS提供的定位精度优于10 m,要得到更高的定位精度,通常采用差分GPS技术:将一台GPS接收机安置在基准站上进行观测,根据基准站已知精密坐标,计算出基准站到卫星的距离改正数,并由基准站实时将这一数据发送出去;用户接收机在进行GPS观测的同时,也接收到基准站发出的改正数,并对其定位结果进行改正,从而提高定位精度。

GPS定位技术与传统定位技术相比具有如下特点:①功能多、用途广;②定位精度高;③实时定位;④观测时间短;⑤观测站之间无需通视;⑥操作简便;⑦可提供全球统一的三维地心坐标;⑧全球、全天候作业。

1.2　GPS定位方法

(1)静态测量模式。采用两台(或两台以上)接收设备,分别安置在一条或数条基线的两个端点,同步观测4颗以上卫星,每时段长45 min至2 h或更多。

(2)实时动态定位测量模式(RTK)。在基准站上安置一台基准站GPS接收机,对所有可见GPS卫星进行连续观测,并将其观测数据通过无线电传输设备实时地发送给用户观测站。在用户站上,GPS接收机在接收GPS卫星信号的同时,通过无线电接收设备接收基准站传输的观测数据和改正数据,然后根据相对定位的原理,实时地计算并显示用户站的三维坐标及其精度。RTK定位精度可达到相对于基准点的瞬时点位精度1~2 cm。

2　GIS与GPS的结合方法

GPS的主要功能是为GIS提供高精度的空间数据,实现GIS的定位和数据更新。GPS在为GIS进行空间数据采集时主要有两种方式:

(1)在用户设备(如PDA和GPS接收机结合)上安装GIS工具软件,把接收机天线接收的定位数字信号直接输入GIS,由GIS对接收机定位信息进行处理并与其数字地图匹配,这样即可实时显示接收机天线位置。这种情况当接收机独立运作时可采用,定位精度要求不高。

(2)系统集中监控方式。当定位精度要求高,移动区域广,需要在GIS中集中显示流动目标的运行状况时,采用系统集中监控方式。该方式下,系统往往由移动站、控制中心和基站组成。其中移动站由电台、天线、通信适配器和GPS接收机组成;控制中心由大屏幕计算机、无线电台、通信适配器、电源和天线系统组成,并配备GIS;基站由电台、通信适配器、电源和天线系统组成。其工作流程是各移动站通过电台将位置信号发送给基站,基站接收信号后无线发送给控制中心,控制中心把收到的定位信号通过处理并与GIS的电子地图相匹配,显示该接收机位置。其中基站作为中继站,视活动覆盖区大小及电台发送信号功率大小,可多可少。当接收机上电台功率大,或活动范围不大时,可不要基站。监控中心在了解移动站的运动后还可通过电台发出移动站动作指令,指挥移动站的运行。

3　GIS与GPS的结合实例——黄冈地区运钞车GPS实时监控系统

1994年初,中国人民银行湖北省分行黄冈支行结合黄冈地区的实际情况,建设了运钞车 GPS 实时监控系统,这是一个 GPS 与 GIS 结合的系统。由于黄冈地区地理位置特殊,从无线通信技术角度讲,有三大不利因素:大山遮挡、通信死角多;与三省交界,频率协调难;跨区范围大。运钞车 GPS 实时监控系统采用多基站集中监控方式(4 个基站),覆盖范围包括黄冈地区的 9 个县市,此外,武汉、鄂州、黄石也在监控的视野内。

系统的主要功能如下:移动站具有数、话兼容功能,既能传输 GPS 定位数据,又能进行无线与有线、无线与无线间的语音通信;车辆监控、调度;误码率从 10^{-2} 纠正到 10^{-5};报警信息具有优先权,响应时间小于 3.5 s;移动站的传输周期为 21 s,即每 21 s 传输一次 GPS 定位信息;自组织网络,路由自动选择,自动中继;采用多媒体技术,使指挥中心的操作界面十分友善;电子地图具有放大、缩小,自动跟踪平移,运行轨迹保存再现及道路添加功能;系统定位精度不低于 30 m,处理能力每秒 20 辆车。

【任务实施】

利用网络资源搜索工具在网络上搜索关于 GIS 和 GPS 结合的应用案例,并结合课程进行阅读学习。

任务 3　3S 技术的综合应用

【任务描述】

本任务通过相关知识学习和网络自学,要求读者掌握 3S 集成技术的基本含义。

【相关知识】

3S 是指全球定位系统(GPS)、遥感(RS)和地理信息系统(GIS)。近几年来,国际上 3S 的研究和应用向集成化方向发展。这种集成应用包括:GPS 主要用于实时、快速地提供目标的空间位置;RS 用于实时地或准实时地提供目标及其环境的语义或非语义信息,发现地球表面上的各种变化;GIS 则对多源时空数据进行综合处理、集成管理、动态存取,形成新的集成系统的基础平台。

1　3S 集成的基本模式

3S 集成,从集成形式上讲,包括三种两要素集成方式(RS + GIS/RS + GPS/GPS + GIS)和一种三要素集成方式(RS + GIS + GPS)。从集成的紧密程度上讲,包括三个层次,即数据层次的集成、平台层次的集成和功能层次的集成。所谓数据层次的集成,是通过数据的传递来建立子系统之间的联系。平台层次的集成是在一个统一的平台中分模块实现两个以上子系统的功能,各模块共用同一用户界面和同一数据库,但彼此保持相对的独立性。功能层次的集成是一种面向任务的集成方式,此种集成方式同样要求平台统一、数据库统一、界面统一,不同的是,它不再保持子系统之间的相对独立性,而是面向应用设计菜单、划分模块,往往在同一模块中包括了属于不同子系统的功能。从集成的同步性上讲是指系统处理数据的时效与现势性,即数据获取与数据处理的时间差,包括完全同步、准同步和非同步三种方式。在大多数情况下,非同步方式都能满足应用要求,且成本远低于同步、准同步方式,是一种恰当的选择。

RS 与 GIS 集成是 3S 集成中最重要也是最核心的内容。RS 与 GIS 集成的基本出发点是:RS可为GIS的数据更新提供稳定、可靠的数据源,而GIS可以为RS影像提供区域背景信息,提高其解译精度。RS与GIS可以在数据、平台和功能三者之中的任一层次上进行集成,其目标是非实时数据处理,故通常采用非同步方式。

GPS和GIS集成是利用GIS中的电子地图,结合GPS的实时定位技术,为用户提供一种组合空间信息服务方式,通常采用实时集成方式。

GPS和RS集成的主要目的是利用GPS的精确定位功能解决RS定位困难的问题,既可以采用同步集成方式,也可以采用非同步集成方式。

3S整体集成包括以GIS为中心的集成方式和以GPS/RS为中心的集成方式。前者的目的主要是非同步数据处理,通过利用GIS作为集成系统的中心平台,对包括RS和GPS在内的多种来源的空间数据进行综合处理、动态存储和集成管理。后者以同步数据处理为目的,通过RS和GPS提供的实时动态空间信息,结合GIS的数据库和分析功能,为动态管理、实时决策提供在线空间信息支持服务。3S整体集成就是"一个大脑,两只眼睛"的框架,如图7-2所示。

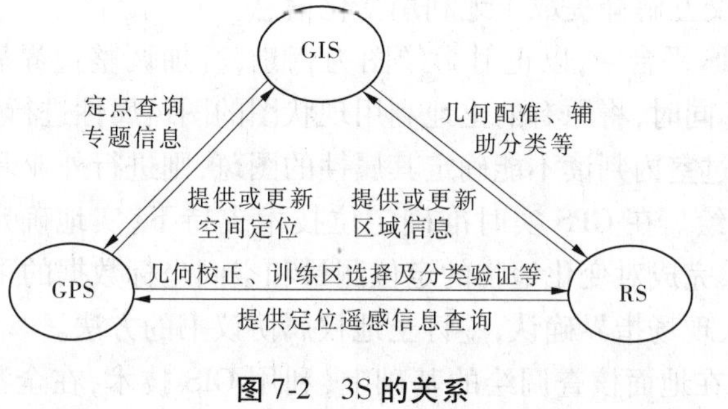

图7-2　3S的关系

2　3S集成的几个问题

对于3S集成的关键技术存在不同的论述。有的专家认为3S集成需要解决以下一些关键问题:

(1)系统的实时空间定位。

(2)系统的一体化数据管理。

(3)语义和非语义信息的自动提取理论与方法。

(4)基于GIS的航空、航天遥感影像的全数字化智能系统及对GIS数据库快速更新的方法。

(5)可视化技术理论与方法。

(6)系统中的数据通信与交换。

(7)系统设计的方法及CASE(Computer Aided Software Engineering)工具的研究。

(8)系统中基于客户机/服务器的分布式网络集成环境。

还有的专家则认为3S集成需要解决以下一些关键问题:

(1)学科的组织。

(2)信息流的描述。

(3)集成系统的开发原型和规范以及计算机辅助集成系统设计及仿真的研究。

(4)系统的同步控制。

(5)多平台异质数据的采集、压缩、编码、存储及数据结构的研究。

(6)多平台的互验、互校。

(7)误差模型、数据质量。

(8)地理信息系统支持下的异质数据的多元多维动态复合分析。

3　3S集成技术在土地利用调查中的应用

3.1　技术实现路线

3S技术在土地利用调查中的主要应用是:利用遥感技术(RS)快速发现土地利用变化信息或变化图斑;在全球定位技术(GPS)引导下快速、准确地获取变化图斑的空间坐标,并实地采集属性信息;利用地理信息系统(GIS)技术建立土地管理数据库,制作土地利用现状图和各种数据图表,进行统计与分析。其具体的技术路线如下:

(1)将3S技术与地面调查相结合,以满足更新调查精度要求的航空、航天遥感数据和已有土地利用现状数据库或土地利用现状图为基础,利用计算机技术自动或交互式地发现变化信息,通过人机交互解译提取土地利用变化信息。

(2)在相应的GIS平台中,以正射影像图为背景,叠加调整边界后的土地利用现状图,制作外业工作底图。同时,将原有的土地利用现状图的图斑属性进行室内分析,判读正确的属性则保留,对于通过室内判读不能确定其属性的图斑,则进行外业调查确认。

(3)外业核查调绘。在GPS实时准确定位技术支持下,实地确定变化图斑的类型、面积、范围和权属界线,完成对变化地物的定位测量和空间坐标数据的采集。土地权属界线的调查采用有关权利人现场指界确认,签订土地权属协议书的方法。

(4)内业工作。在地面核查调绘的基础上,利用GIS技术,在全数字化环境下,对多源信息(遥感信息、土地利用数据库信息、GPS定位测量信息、其他数字化方法获取的信息)进行融合、叠加、空间分析等处理,按照国土资源部新的土地分类体系,在空间数据库技术的支持下,实现对基础图件的数字化更新,建立现势性强的土地利用现状数据库。

3.2　基于SPOT5影像的技术流程

与其他较高分辨率卫星影像相比,SPOT5影像具有明显的价格优势,并且利用SPOT5卫星影像制作1:1万正射影像图,变更数据比较容易获取,方法易于掌握,制作的影像精度符合要求,地物界限分明,色彩鲜明,一级土地利用调查面积精度可达96%左右,二级可达95%左右。按照国土资源部颁发的《土地利用更新调查技术规定》的要求,SPOT5卫星的分辨率完全能满足我国1:10 000土地利用更新调查的需要。因而,在我国大多采用SPOT5影像结合GIS技术和GPS技术进行新一轮的土地利用更新调查。利用SPOT5卫星影像进行土地利用更新调查的技术流程如图7-3所示。

(1)将土地利用基础资料(纸质土地利用基础图件:土地利用现状图和历年变更图)和地形图经过扫描、纠正、数字化和投影变换后,制作土地利用数字地图和数字地形图。数字化时,可直接利用建库软件进行数字化,直接生成建库所需的地理空间数据和属性数据。如果调查区域已经建立土地利用数据库,此时必须按照国家相关的规范和规程要求检查数据库的完整性、现势性、地理空间数据的坐标系统、图形数据和属性数据等多项内容。将土地利用数据库中的数据转换成变更调查处理系统应用所需要的数据格式,生成调查和建库所需的基础地理空间数据。

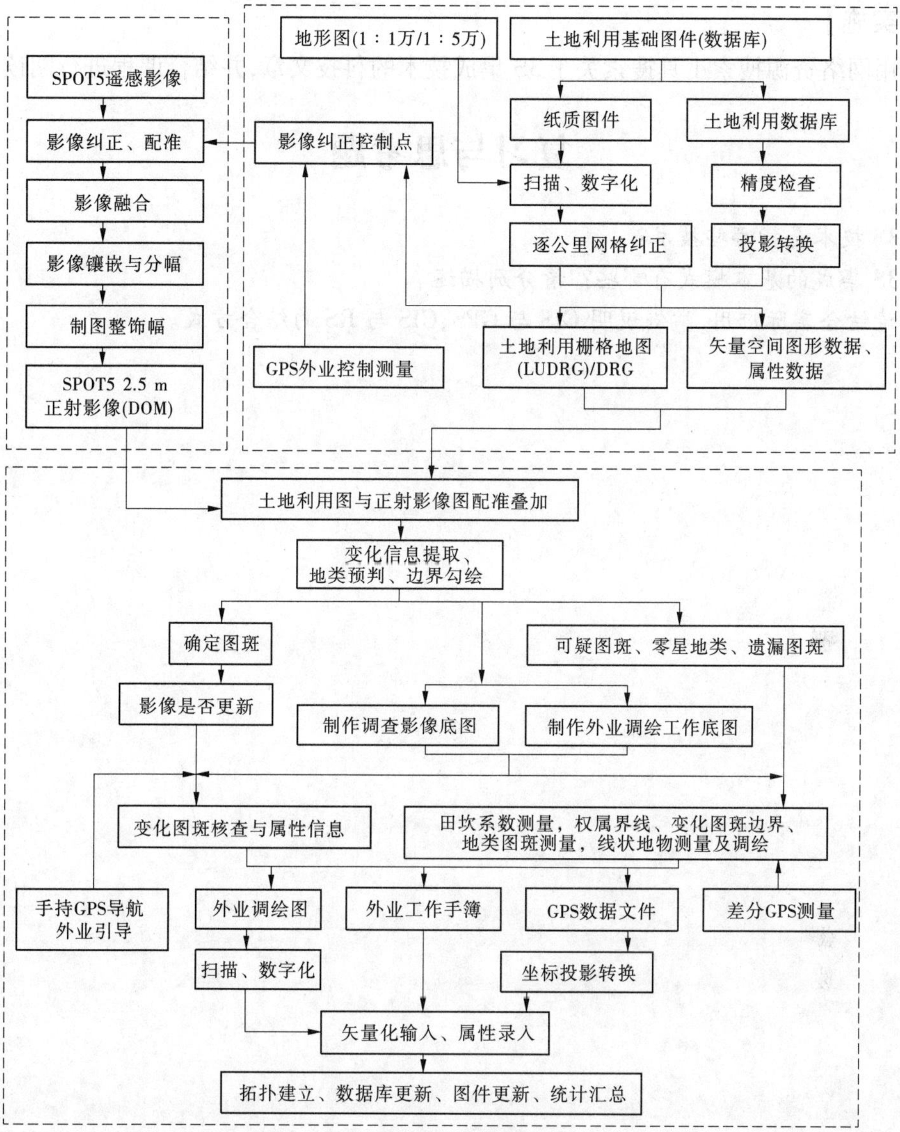

图7-3　技术流程

(2)用数字高程模型(DEM)、DRG以及GPS测量控制点对SPOT5 2.5 m分辨率卫星遥感影像数据进行正射校正,生成彩色合成的正射影像图。

(3)在GIS中人机交互遥感变更解译,生成调查影像底图和外业调绘工作底图。变化信息分为确定图斑与可疑图斑,如果在室外可以确定变化图斑,则利用导航型GPS接收机进行导航引导,在野外实地核实变化图斑,采集属性信息;如果不能确定,与可疑图斑、零星地类以及遗漏图斑一起利用差分GPS进行定位测量与属性采集。

(4)将外业调绘成果在调查影像底图和外业调绘工作底图上进行反映,实地填写《土地变更调查表》;将外业调绘成果在GIS中进行矢量化输入、属性录入。

(5)对土地变更调查数据层进行拓扑建立、空间分析,建立更新后的土地利用数据库、更新土地利用图;最后进行统计汇总,生成土地变更上报表格。

【任务实施】

利用网络资源搜索工具搜索关于3S集成技术的科技文章,并结合课程进行阅读学习。

复习与思考题

1. 3S 技术是指哪些技术?
2. 3S 集成的基本模式有哪些? 请分别描述。
3. 请结合实际应用,举例说明 GIS 与 GPS、GIS 与 RS 的结合方式。

参考文献

[1] 胡鹏,黄杏元,华一新.地理信息系统教程[M].武汉:武汉大学出版社,2002.
[2] 李建辉.地理信息系统技术应用[M].武汉:武汉大学出版社,2013.
[3] 汤国安,赵牡丹,杨昕,等.地理信息系统[M].北京:科学出版社,2010.
[4] 张超.地理信息系统实习教程[M].北京:高等教育出版社,2000.
[5] 汤国安,刘学军,闾国年,等.地理信息系统教程[M].北京:高等教育出版社,2007.
[6] 邬伦,刘瑜,张晶,等.地理信息系统——原理、方法和应用[M].北京:科学出版社,2001.
[7] 刘光.地理信息系统——基础篇[M].北京:中国电力出版社,2003.
[8] 黄杏元,马劲松,汤勤.地理信息系统概论(修订版)[M].北京:高等教育出版社,2001.
[9] 华一新.地理信息系统原理与技术[M].北京:解放军出版社,2001.
[10] 龚健雅.地理信息系统基础[M].北京:科学出版社,2001.